Sven Bodo Wirsing

Separabilität in kommutativen und auflösbaren Algebren.

Unter Berücksichtigung nicht-unitärer assoziativer Algebren

Mit 241 Übungsaufgaben

disserta
Verlag

Wirsing, Sven Bodo: Separabilität in kommutativen und auflösbaren Algebren. Unter Berücksichtigung nicht-unitärer assoziativer Algebren. Mit 241 Übungsaufgaben. Hamburg, disserta Verlag, 2015

Buch-ISBN: 978-3-95935-176-8
PDF-eBook-ISBN: 978-3-95935-177-5
Druck/Herstellung: disserta Verlag, Hamburg, 2015

Bibliografische Information der Deutschen Nationalbibliothek:
Die Deutsche Nationalbibliothek verzeichnet diese Publikation in der Deutschen Nationalbibliografie; detaillierte bibliografische Daten sind im Internet über http://dnb.d-nb.de abrufbar.

© disserta Verlag, Imprint der Diplomica Verlag GmbH
Hermannstal 119k, 22119 Hamburg
http://www.disserta-verlag.de, Hamburg 2015
Printed in Germany

Inhaltsverzeichnis

2

Einleitung

In der Strukturtheorie assoziativer Algebren spielen das Nilradikal und seine Faktorstruktur eine zentrale Rolle. Das Nilradikal führt zur Untersuchung nilpotenter und seine Faktorstruktur zur Untersuchung halbeinfacher Algebren. Ist die Radikalfaktorstruktur einer endlich-dimensionalen assoziativen unitären Algebra separabel, so besagt der Satz von Wedderburn-Malcev, daß die Algebra eine zur Radikalfaktorstruktur isomorphe Teilalgebra besitzt und daß je zwei solche Teilalgebren, die in dieser Arbeit auch Radikalkomplemente genannt werden, unter der Einheitengruppe der Algebra konjugiert sind. Eine Einführung in diese Theorie wird im ersten Kapitel dieser Arbeit bereitgestellt. Dort betrachten wir auch Beispiele separabler Algebren und Beispiele zur Thematik des Satzes von Wedderburn-Malcev.

In der gängigen Literatur wird der Satz von Wedderburn-Malcev durchweg nur für unitäre Algebren bewiesen. Anschließend wird kurz erwähnt, daß jede Algebra in eine unitäre eingebettet und demzufolge der Satz auch für nicht notwendig unitäre Algebren gilt (vgl. z.B. [4], erster Absatz auf Seite 3). Somit ist ein Vorschlag für diese Erweiterung vorhanden, doch existiert in der gängigen Literatur kein Beweis dazu. Deswegen widmen wir uns diesem Beweis in Kapitel 2 dieses Werkes.

Durch eine genaue Analyse der im ersten Abschnitt dieses Kapitels (Adjunktion einer Eins) vorgestellten Einbettung sowie durch eine Untersuchung halbeinfacher Algebren in Hinblick auf die Existenz eines Einselementes können wir im zweiten Abschnitt die Existenzaussage des Satzes von Wedderburn-Malcev für nicht notwendig unitäre Algebren beweisen.

Danach stellt sich die Frage, in welchem Sinne zwei Radikalkomplemente in nicht-unitären Algebren konjugiert sein könnten. Deswegen betrachten wir im dritten Abschnitt die Sterngruppe, eine Verallgemeinerung der Einheitengruppe einer assoziativen Algebra. Das Zusammenspiel der Sterngruppe mit der Adjunktion einer Eins wird untersucht mit dem Ergebnis, daß je zwei Radikalkomplemente unter der Sterngruppe konjugiert sind. Das bedeutet, daß die Sterngruppe vermöge Konjugation transitiv auf der Menge der Radikalkomplemente operiert.

Demzufolge widmen wir uns im vierten Abschnitt dieser Operation und bestimmen den zugehörigen Stabilisator und somit auch die Kardinalität der Menge der Radikalkomplemente. Im Falle der Algebra der unteren Dreiecksmatrizen werden wir diese Kardinalität explizit berechnen.

Im letzten Abschnitt des zweiten Kapitels beginnen wir mit der Untersuchung von Verträglichkeitsbeziehungen des Satzes von Wedderburn-Malcev mit Teil- und Faktorstrukturen. Dabei liegt dieser Untersuchung die Idee zu Grunde, aus Radikalkomplementen der Algebra Radikalkomplemente für Teil- und Faktorstrukturen zu gewinnen. Daß keine allgemeinen Resultate für Teilalgebren zu erwarten sind, wird an einem Beispiel gezeigt. Allerdings liefern eine Schnittbildung bei zentralen Teilalgebren und Idealen sowie eine Faktorisierung bei Faktorstrukturen befriedigende Ergebnisse.

Da unter den Voraussetzungen des Satzes von Wedderburn-Malcev die Existenz eines Radikalkomplementes garantiert wird, stellen sich sofort zwei Fragen: Wie berechnet man konkret ein Radikalkomplement und wie stellt man ein Element der Algebra als Summe aus einem Radikalelement und einem Element eines Radikalkomplementes konstruktiv dar? Diesen Fragen und der der Verträglichkeit mit Teilstrukturen gehen wir in den nächsten Kapiteln nach, sie sind die Hauptfragen dieser Arbeit. Allerdings spezialisieren wir nun die betrachteten Algebren und erhalten dadurch Antworten auf unsere Fragestellungen.

In Kapitel 3 betrachten wir auflösbare assoziative Algebren, die in der einschlägigen Literatur noch nicht behandelt wurden. Lediglich in [2] werden einige verblüffende Strukturaussagen über auflösbare Algebren hergeleitet, nicht zuletzt motiviert durch Solomons Algebra und deren enge Verknüpfung mit der Darstellungstheorie symmetrischer Gruppen. Der Begriff der auflösbaren Algebra erweitert in natürlicher Weise den der kommutativen Algebra. Deshalb dient die Einführung und Analyse dieser Algebren hier auch der Vorbereitung des letzten Kapitels.

Im ersten Abschnitt des dritten Kapitels sehen wir, daß die endlich-dimensionalen auflösbaren Algebren diejenigen mit kommutativer Radikalfaktorstruktur sind. In Abschnitt zwei zeigt sich dann, dass eine endlich-dimensionale assoziative Algebra für einen Körper der Charakteristik ungleich 2 genau dann auflösbar ist, wenn ihre assoziierte Lie-Algebra auflösbar ist. Mit dem Satz von Cartan erhalten wir daraus eine Kennzeichnung auflösbarer assoziativer Algebren mittels einer gewissen symmetrischen Bilinearform. Die Kennzeichnung auflösbarer assoziativer Algebren durch ihre assoziierte Lie-Algebra wirft die Frage auf, wie die auflösbaren Stufen der beiden Algebren zusammenhängen. Dieser Frage gehen wir durch Behandlung der Dreiecksmatrizen nach, und es zeigt sich, daß in den Beispielen diese Stufen und die ihrer auflösbaren Einheitengruppe übereinstimmen.

An einem etwas größeren Beispiel werden die Resultate des dritten Kapitels konkretisiert und abschließend die Bedeutung der Dreiecksmatrizen für auflösbare assoziative Algebren untersucht.

Die in Kapitel 4 betrachteten Algebren, die von den verallgemeinerten Quaternionenalgebren abgeleitet werden können, liefern Beispiele für kommutative Algebren. Mit diesen Algebren werden die Resultate des fünften Kapitels illustriert. Des Weiteren wird eine Algebra, die zwei nicht-konjugierte Radikalkomplemente besitzt, vorgestellt. In der gängigen Literatur findet man zu dieser Fragestellung nur sehr wenige Beispiele. Schließlich werden in einem Exkurs die in Kapitel 4 betrachteten Algebren in Hinblick auf Isomorphie klassifiziert.

Bezüglich der Hauptfragen dieser Arbeit werden die meisten Ergebnisse bei kommutativen Algebren (Kapitel 5) erzielt. Diese Algebren zeichnen sich dadurch aus, daß sie genau ein Radikalkomplement besitzen. Standardbeispiele kommutativer Algebren sind Zentren von Algebren. Mit der Idee der Verträglichkeit können wir das Radikalkomplement des Zentrums von 'außen' beschreiben: Schnittbildung jedes Radikalkomplementes mit dem Zentrum liefert das Radikalkomplement des Zentrums. Bei auflösbaren assoziativen Algebren ist das Radikalkomplement des Zentrums schlicht der Schnitt aller Radikalkomplemente der Algebra. Nach dieser externen Beschreibung beschäftigen wir uns mit dem Innenleben kommutativer Algebren. Das Radikalkomplement wird als die Menge der Elemente, deren Minimalpolynom quadratfrei und separabel ist, identifiziert. Solche Elemente werden in dieser Arbeit auch vollseparabel genannt. Auch die Zerlegungsfrage kann beantwortet werden, indem die Jordan-Zerlegung für Zerfallsendomorphismen verallgemeinert wird. Diese Zerlegung kann durch Lösen von Kongruenzen im Polynomring berechnet werden. In der vorgestellten allgemeineren Version müssen, grob gesagt, zusätzlich nur Divisionen mit Rest durchgefürt werden. Bei der Verallgemeinerung der Jordan-Zerlegung treten zwei Teilalgebren auf, die den Zusammenhang mit der bekannten Jordan-Zerlegung für Zerfallsendomorphismen klären: die Teilalgebra der diagonalisierbaren und die der zerfallenden Elemente. Deswegen untersuchen wir die Beziehungen zwischen diesen beiden Teilalgebren, dem Radikal sowie dem Radikalkomplement. Dabei werden wir zunächst voraussetzen, daß die Algebra unitär ist. Mit einer Untersuchung von Minimalpolynomen bei Algebren werden schließlich die gewonnenen Ergebnisse mit der Methode aus Kapitel 2 (Adjunktion einer Eins) auf nicht notwendig unitäre Algebren erweitert. Zum Abschluß dieser Arbeit untersuchen wir auflösbare assoziative Algebren bezüglich unserer Hauptfragen. Es zeigt sich, daß wir die Zerlegungsfrage mittels der verallgemeinerten Jordan-Zerlegung beantworten und die Radikalkomplemente mit der Menge der vollseparablen Elelemente kennzeichnen können.

Notation

Zahlbereiche und Mengen

$\mathbb{P}$	Menge der Primzahlen
$\mathbb{N}$	Menge der natürlichen Zahlen ohne 0
$\mathbb{Z}$	Menge der ganzen Zahlen
$\mathbb{Q}$	Menge der rationalen Zahlen
$\mathbb{R}$	Menge der reellen Zahlen
$\mathbb{C}$	Menge der komplexen Zahlen
$\mathbb{H}$	Menge der reellen Quaternionen
$\underline{n}$	$\{a \mid a \in \mathbb{N}, a \leq n\}$
$[x]$	größte ganze Zahl kleiner gleich x (Gauss-Klammer)
$A \times B$	Menge aller Paare $(a; b)$ mit $a \in A$ und $b \in B$
M^n	Menge der n-Tupel über der Menge M

Körper und Polynomringe

$(K; L)$	Körpererweiterung mit Oberkörper L und Unterkörper K
$K[t_1, ..., t_n]$	Polynomring in den Variablen $t_1, ..., t_n$ über dem Körper K
$K(t_1, ..., t_n)$	Quotientenkörper von $K[t_1, ..., t_n]$
$grad(f)$	Grad des Polynoms $f \in K[t]$
$char(K)$	Charakteristik des Körpers K
(f)	Schreibweise für das Hauptideal $fK[t]$ von $K[t]$
$K[a]$	kleinste unitäre Teilalgebra einer K-Algebra, die a enthält
$GF(p), p \in \mathbb{P}$	andere Bezeichnung für den Körper $\mathbb{Z}/p\mathbb{Z}$
$halb(f)$	Produkt der verschiedenen irreduziblen Teiler des Polynoms f
$max(f)$	größte Vielfachheit der irreduziblen Teiler in der Primfaktorzerlegung des Polynoms f

Gruppen und Magmen

G/U	Menge der Rechtsrestklassen der Untergruppe U in der Gruppe G
$G \times H$	äußeres direktes Produkt der Gruppen G und H
$Stab_G(m)$	Stabilisator des Elementes m einer G-Menge
mG	Bahn des Elementes m einer G-Menge

$st(G)$	auflösbare Stufe der auflösbaren Gruppe G
$[g,h]$	Kommutator der Elemente g, h einer Gruppe
G'	Kommutatorgruppe der Gruppe G
$G^{(n)}$	n-te Ableitung der Gruppe G
S_n	symmetrische Gruppe auf $\underline{n}$
A_n	alternierende Gruppe auf $\underline{n}$
D_{2n}	Diedergruppe der Ordnung $2n$
Q_{4n}	Quaternionengruppe der Ordnung $4n$
$O_p(G), p \in \mathbb{P}$	Schnitt aller p-Sylow-Untergruppen der endlichen Gruppe G
$Aut(M)$	Menge der Automorphismen des Magmas M

Vektorräume und Matrizen

$\langle T \rangle_K$	K-Erzeugnis einer Menge T von Vektoren
Kv	abkürzend für $\langle v \rangle_K$
$End_K(V)$	Menge der K-Endomorphismen des K-Vektorraums V
$f(k)$	Einsetzen von k in das Polynom f
$dim_K(V)$	Dimension des K-Vektorraums V
$U \oplus_K W$	innere direkte Summe der Teilräume U und W eines Vektorraums
$V \otimes_K W$	Tensorprodukt der K-Vektorräume V und W
$v \otimes w$	Tensoren eines Tensorproduktes
$\alpha \otimes \beta$	Tensorprodukt der linearen Abbildungen α und β
$Spur$	die Spurabbildung
$M_B(\alpha)$	darstellende Matrix der linearen Abbildung α in der Basis B
A_{ij}	$(i; j)$-Eintrag der Matrix A
a_{ij}	$(i; j)$-Eintrag der Matrix $A = (a_{ij})$
$K^{n \times m}$	$n \times m$-Matrizenraum über K
$GL(n, K)$	Einheitengruppe von $K^{n \times n}$
$rad(f)$	Radikal der symmetrischen Bilinearform f
$QA(K)$	Menge der Quadrate des Körpers K
$Pot(n, K)$	Menge der n-ten Potenzen des Körpers K
τ	das Transponieren auf $K^{n \times n}$

Algebren

$(K, A), A^K$	Adjunktion einer Eins
φ	Einbettung von A in (K, A)
$\bigoplus_{i=1}^{r} A_i$	äußere direkte Summe der Algebren A_i
A^-, A^{op}	die zu der Algebra A entgegengesetzte/inverse Algebra
$\cdot_{op}$	$a \cdot_{op} b := ba$
A_L	Grundringerweiterung von A, $A \otimes_K L$
$Aut_K(A)$	Menge der K-Algebrenautomorphismen der K-Algebra A
$Z(A)$	Zentrum der Algebra A
$C_A(T)$	Zentralisator der Teilmenge T der Algebra A

$N_A(T)$	Normalisator der Teilmenge T der Algebra A
$\langle T \rangle_{\unlhd_A}$	Idealerzeugnis der Teilmenge T in einer Algebra
α_a	Verschiebung um a in einer Algebra
$N(A)$	Nullteilermenge der Algebra A
$J(A)$	Jacobson-Radikal der Algebra A

Assoziative Algebren

D_n	Solomon-Algebra
$\Delta u, n$	Menge der unteren Dreiecksmatrizen von $K^{n \times n}$
$\Delta o, n$	Menge der oberen Dreiecksmatrizen von $K^{n \times n}$
$D(n, K)$	Menge der Diagonalmatrizen von $K^{n \times n}$
$E(A)$	Einheitengruppe der assoziativen unitären Algebra A
κ_e	Konjugation mit der Einheit e in einer assoziativen Algebra
a^e bzw. T^e	abkürzend für $a\kappa_e$ bzw. für $T\kappa_e$
$*$	die Sternverknüpfung
$Q(A)$	quasireguläre Gruppe der assoziativen Algebra A
$A^\star$	A als Sterngruppe
$e^{(-1)}$	das Inverse zum quasiregulären Element e
$\kappa_{(e)}$	Konjugation mit dem quasiregulären Element e
$a^{(e)}$ bzw. $T^{(e)}$	abkürzend für $a\kappa_{(e)}$ bzw. für $T\kappa_{(e)}$
$rad(A)$	Nilradikal der assoziativen Algebra A
$Nil(A)$	Menge der nilpotenten Elemente der assoziativen Algebra A
KG	Gruppenalgebra der Gruppe G über dem Körper K
$Aug(KG)$	Augmentationsideal von KG
$cl(A)$	Nilpotenzklasse der assoziativen Algebra A
$cl(a)$	Nilpotenzklasse des Elementes a in einer assoziativen Algebra
ρ	rechtsreguläre Darstellung einer assoziativen Algebra
λ	linksreguläre Anti-Darstellung einer assoziativen Algebra
$\mathfrak{R}_1$	Klasse der unitären Ringe
$\mathcal{A}$	Klasse der assoziativen Algebren
$\mathcal{A}_1$	Klasse der assoziativen unitären Algebren
$\mathcal{A}$-isomorph, $\cong_{\mathcal{A}}$	Isomorphie innerhalb der Klasse $\mathcal{A}$
$\mathcal{A}_1$-isomorph, $\cong_{\mathcal{A}_1}$	Isomorphie innerhalb der Klasse $\mathcal{A}_1$
$\langle T \rangle_{\mathcal{A}_1}$	Algebrenerzeugnis von T bezüglich $\mathcal{A}_1$
$\langle T \rangle_{\mathcal{A}}$	Algebrenerzeugnis von T bezüglich $\mathcal{A}$
$A^{<n>}$	n-te Potenz der assoziativen Algebra A
$<, >_\rho$	Standard-Spurform bezüglich ρ
$<, >_\lambda$	Standard-Spurform bezüglich λ
$< a, b >_{\lambda,\rho}$	$= Spur(a\lambda\,b\rho + a\rho\,b\lambda)$
$A(a, b, K), A(a, b)$	verallgemeinerte Quaternionenalgebra
$S(A_i, n)$	vgl. 8
Z_A	vgl. 8

$A^{n \times m}$ $\hspace{4cm}$ $n \times m$-Matrizen über A

Lie-Algebren

A°	die zur assoziativen Algebra A assoziierte Lie-Algebra
$\circ$	$a \circ b := ab - ba$
$L^{(n)}$	Reihe der Ableitungen
$cl(L)$	Nilpotenzklasse
$S \circ T$	K-Erzeugnis der Menge $\{s \circ t \mid s \in S, t \in T\}$
ad	adjungierte Darstellung einer Lie-Algebra
$st(L)$	auflösbare Stufe

Auflösbare Algebren

$AUF(A)$	auflösbares Radikal der assoziativen Algebra A
$auf(A)$	auflösbares Residuum der assoziativen Algebra A
A'	Ableitung der Algebra A
$A^{(n)}$	n-te Ableitung der Algebra A
$st(A)$	auflösbare Stufe der auflösbaren Algebra A

Kommutative Algebren

$H(A)$	Menge der halbeinfachen Elemente der Algebra A
$D(A)$	Menge der diagonalisierbaren Elemente der Algebra A
$Sep(A)$	Menge der separablen Elemente der Algebra A
$VSep(A)$	Menge der vollseparablen Elemente der Algebra A
$ZF(A)$	Menge der zerfallenden Elemente der Algebra A
$min_{a,K}, \widetilde{min}_{a,K}$	Minimalpolynom von a über dem Körper K
F_a	Isomorphismus zwischen $K[a]$ und $K[t]/(min_{a,K})$
$\widetilde{F}_a$	das Einsetzen von a in Elemente von $tK[t]$
χ	der Isomorphismus aus dem Chinesischen Restsatz
$char_{a,K}$	charakteristisches Polynom von a über dem Körper K
aug	Augmentationsabbildung von KG auf K
χ_i	irreduzibler Charakter
e_i	Idempotent zu χ_i
ω_d	primitive d-te Einheitswurzel
ϕ	Phi-Funktion
$Gal(L;K)$	Galois-Gruppe von $(K;L)$
$h(G)$	Klassenzahl von G
$K(\omega_d)$	Adjunktion einer primitiven d-ten Einheitswurzel
$Irr_K(G)$	irreduzible Charktere von KG.

Kapitel 1

Separable Algebren und der Satz von Wedderburn-Malcev

1.1 Separable Algebren

1.1.1 Eigenschaften, Kennzeichnungen, Beispiele

In diesem Abschnitt geben wir zunächst eine kurze Einführung zu separablen Algebren, wie sie zum Beispiel in den Standardwerken von Richard Pierce [16] und Yurij Drozd [4] zu assoziativen Algebren nachzulesen ist.

Definitionen 1 Für alle $n \in \mathbb{N}$ sei $\underline{n} := \mathbb{N}_{\leq n}$. Des Weiteren bezeichnen wir mit $\mathcal{R}_1$, $\mathcal{A}$ bzw. $\mathcal{A}_1$ die Klasse der unitären Ringe, die Klasse der assoziativen Algebren bzw. die Klasse der assoziativen unitären Algebren. Ist $\mathcal{K}$ eine der Klassen $\mathcal{R}_1$, $\mathcal{A}$ oder $\mathcal{A}_1$, so sei $\langle...\rangle_{\mathcal{K}}$ bzw. $\cong_{\mathcal{K}}$ das Erzeugnis bzw. die Isomorphie innerhalb der Klasse $\mathcal{K}$. Des Weiteren sprechen wir auch von $\mathcal{K}$-Isomorphismen oder sagen, daß zwei der Klasse $\mathcal{K}$ zugehörigen Strukturen $\mathcal{K}$-isomorph sind. Mit A^- bzw. A^{op} bezeichnen wir die entgegengesetzte Algebra einer Algebra A, wobei $a \cdot_{op} b := ba$ für alle $a, b \in A$ gilt. Das Zentrum einer Algebra A geben wir durch die Notation $Z(A)$ an.◇

In dieser Arbeit verwenden wir modultheoretische Begriffe wie Modul, Algebrenmodul, halbeinfacher Modul, projektiver Modul, irreduzibler Modul etc. Der Leser mag diese Begriffswelt sowie auch deren grundlegende Theorie z.B. in den Standardwerken [16] oder [4] nachlesen.

Definition 1 *(separable Algebra)* Eine assoziative unitäre K-Algebra A heißt separabel, falls A ein projektiver $A^- \otimes_K A$-Algebren-Modul ist (vgl. [16], Kapitel 10.2, Definition). Der nächste Satz gibt mehr Aufschluß darüber, woher der Begriff der separablen Algebra stammt. Insbesondere erlaubt er es uns, diese Definition mit Hilfe von Eigenschaften der Radikal-faktorstruktur nachzuprüfen. Es zeigt sich, dass die Definition mit der der separablen Körpererweiterung in enger Beziehung steht.◇

Satz 1 *(Kennzeichnungen separabler Algebren)* *Seien K ein Körper und A eine assoziative unitäre K-Algebra. Es sind äquivalent:*

(i) *A ist separabel.*

(ii) *$A^- \otimes_K A$ ist halbeinfach und endlich-dimensional.*

(iii) *Für jede endlich-dimensionale Körpererweiterung $(K; L)$ ist die L-Algebra $A_L := A \otimes_K L$ (Grundringerweiterung) halbeinfach.*

(iv) *Es existieren $r \in \mathbb{N}$ und assoziative endlich-dimensionale unitäre ein-fache K-Algebren $A_1, ..., A_r$ derart, daß $A \cong_{A_1} \bigoplus_{i=1}^{r} A_i$ gilt und für jedes $i \in \underline{r}$ das Paar $(K1_{A_i}; Z(A_i))$ eine separable Körpererweiterung ist.*

Beweis: Die Behauptung folgt aus dem Theorem 6.1.2 aus [4].◇

Aus diesem Satz ergeben sich einige Eigenschaften und Beispiele separabler Algebren.

Korollar 1 *(Eigenschaften und Beispiele separabler Algebren)* *Seien K ein Körper und A eine assoziative unitäre K-Algebra.*

(i) *Ist A separabel, so ist A halbeinfach und endlich-dimensional.*

(ii) *Ist A separabel, so ist $Z(A)$ separabel.*

(iii) *Direkte Produkte separabler Algebren sind separabel.*

(iv) *Für jedes $n \in \mathbb{N}$ ist K^n separabel.*

(v) *Direkte Produkte von vollen Matrixalgebren über K sind separabel.*

(vi) *Sei K algebraisch abgeschlossen. A ist genau dann separabel, wenn A endlich-dimensional und halbeinfach ist.*

(vii) *Sei K perfekt. A ist genau dann separabel, wenn A endlich-dimensional und halbeinfach ist.*

(viii) *Sei $(K; L)$ eine endlich-dimensionale Körpererweiterung. Es sind äqui-valent:*

(a) *$(K; L)$ ist eine separable Körpererweiterung.*

(b) *L ist als $K-$Algebra separabel.*

(ix) *Direkte Produkte von separablen Körpererweiterung von K sind separabel als K-Algebra.*

Beweis. Dieses Korollar folgt direkt mit Aussage (iv) von Satz 1.◇

Beispiele 1 (i) $\mathbb{C}$ ist nach Teil (ii) von Korollar 1 eine separable $\mathbb{R}$-Algebra.

(ii) Da $\mathbb{R}$ eine unendlich-dimensionale $\mathbb{Q}$-Algebra ist, ist $\mathbb{R}$ nach Teil (i) von Korollar 1 keine separable $\mathbb{Q}$-Algebra.

(iii) Seien K ein Körper und A eine assoziative n-dimensionale unitäre zentral-einfache K-Algebra. Dann ist A nach Teil (iv) von Korollar 1 separabel. Insbesondere ist die Quaternionenalgebra $\mathbb{H}$ eine separable $\mathbb{R}$-Algebra und für alle $n \in \mathbb{N}$ die K-Algebra $K^{n \times n}$ separabel.◇

1.1.2 Gruppenalgebren und Separabilität

Wir untersuchen nun, wann die Gruppenalgebra separabel ist. Seien K ein Körper und G eine endliche Gruppe. Mit $char(K)$ bezeichnen wir die Charakteristik des Körpers K. Für die Gruppenalgebra verwenden wir das Symbol KG.

Bemerkung 1 *Seien K ein Körper und G eine endliche Gruppe. Es gelten folgende Aussagen:*

(i) $KG \cong_{\mathcal{A}_1} (KG)^-$

(ii) *Für jede Gruppe H gilt $K(G \times H) \cong_{\mathcal{A}_1} KG \otimes_K KH$.*

Beweis. Durch die K-lineare Fortsetzung der Abbildung

$$G \longrightarrow KG, g \longmapsto g^{-1}$$

erhalten wir einen $\mathcal{A}_1$-Isomorhismus von KG auf $(KG)^-$. Des Weiteren sind die K-Algebren $K(G \times H)$ und $KG \otimes_K KH$ vermöge der K-linearen Fortsetzung der Abbildung

$$G \times H \longrightarrow KG \otimes_K KH, (g; h) \longmapsto g \otimes h$$

$\mathcal{A}_1$-isomorph.◇

Satz 2 *(Separabilität der Gruppenalgebra) Seien K ein Körper und G eine endliche Gruppe. Es sind äquivalent:*

(i) *KG ist separabel.*

(ii) *KG ist halbeinfach.*

(iii) char(K) teilt nicht die Gruppenordnung von G.

Beweis. Die Äquivalenz von (ii) und (iii) ist der Satz von Maschke, und die Implikation von (i) nach (ii) ist in Teil (i) von Korollar 1 enthalten. Es verbleibt also, die Implikation von (ii) nach (i) zu zeigen. Mit Bemerkung 1 folgt $KG \otimes_K (KG)^- \cong_{A_1} K(G \times G)$. Da $char(K)$ entweder Null oder eine Primzahl ist, folgt aus der Halbeinfachheit von KG mit dem Satz von Maschke auch die von $K(G \times G)$. Aus Aussage (ii) von Korollar 1 folgt die Behauptung.◇

1.1.3 Matrixalgebren separabler Algebren

Wir zeigen, dass Matrixalgebren separabler Algebren wieder separabel sind.

Bemerkung 2 *Seien K ein Körper, $n, m \in \mathbb{N}$ und A eine assoziative unitäre endlich-dimensionale K-Algebra. Dann ist die Matrixalgebra $A^{n \times n}$ zu $K^{n \times n} \otimes_K A$ isomorph. Des Weiteren ist $K^{n \times n} \otimes_K K^{m \times m}$ zu $K^{(nm) \times (nm)}$ isomorph.*

Beweis. Der Beweis verbleibt als Übungsaufgabe.◇

Innerhalb der assoziativen Algebrentheorie ist das Radikal der Matrixalgebra bekannt:

Bemerkung 3 *Seien $n \in \mathbb{N}$ und A eine assoziative rechtsartinsche K-Algebra. Dann ist das Radikal der Matrixalgebra $A^{n \times n}$ genau $rad(A)^{n \times n}$, also die Matrixalgebra zum Radikal von A. Insbesondere ist A genau dann halbeinfach, wenn $A^{n \times n}$ halbeinfach ist.*

Beweis. Der Beweis verbleibt als Übungsaufgabe, bei dem der Leser dies als Literaturrecherche nachlesen vermöge.◇

Satz 3 *(Separabilität von Matrixalgebren) Seien K ein Körper, $n \in \mathbb{N}$ und A eine assoziative separable K-Algebra. Dann ist die Matrixalgebra $A^{n \times n}$ wieder separabel.*

Beweis. Nach Satz 1 müssen wir einsehen, dass $(A^{n \times n}) \otimes (A^{n \times n})^-$ halbeinfach ist. Der Leser möge als Übungsaufgabe beweisen, dass $(A^{n \times n})^-$ zu $(A^-)^{n \times n}$ isomorph ist. Damit und zusammen mit Bemerkung 2 sowie der Kommutativität und Assoziativität des Tensorproduktes erhalten wir nun: $(A^{n \times n}) \otimes (A^{n \times n})^- \cong_A K^{n^2 \times n^2} \otimes A \otimes K^{n \times n} \otimes A^- \cong_A K^{n^2 \times n^2} \otimes (A \otimes A^-) \cong_A (A \otimes A^-)^{n^2 \times n^2}$. Da nach Voraussetzung A separabel ist, ist somit $A \otimes A^-$ halbeinfach nach Satz 1. Wegen Bemerkung 3 ist somit auch die Matrixalgebra $(A \otimes A^-)^{n^2 \times n^2}$ halbeinfach, und wir haben den Satz bewiesen.◇

1.2 Radikalkomplemente und der Satz von Wedderburn-Malcev

Um den Satz von Wedderburn-Malcev (vgl. [12]) formulieren zu können, sind die folgenden Definitionen hilfreich.

Definitionen 2 *(Radikalkomplement)* Seien A eine K-Algebra und U ein K-Teilraum von A. Eine K-Teilalgebra T von A nennen wir ein Algebrenkomplement von U in A, falls T ein K-Raumkomplement von U in A ist. Sind speziell A assoziativ und $U = rad(A)$ das Nilradikal von A, so sprechen wir auch von Radikalkomplementen in A. Entsprechend definieren wir Linksidealkomplemente, Rechtsidealkomplemente und Idealkomplemente von Teilräumen von A.⋄

Definition und Bemerkung 1 *(Konjugation)* Sei A eine assoziative unitäre K-Algebra. Mit $E(A)$ bezeichnen wir die Einheitengruppe von A. Für alle $e \in E(A)$ sei

$$\kappa_e : A \longrightarrow A, x \longmapsto x^e := e^{-1}xe.$$

Des Weiteren sei

$$\kappa : E(A) \longrightarrow Aut_K(A), e \longmapsto \kappa_e.$$

Dabei ist $Aut_K(A)$ die Gruppe der K-Algebrenautomorphismen von A. Für alle $e \in E(A), a \in A$ und $T \subseteq A$ schreiben wir statt $a\kappa_e$ bzw. $T\kappa_e$ auch a^e bzw. T^e. Ist $e \in E(A)$, so nennen wir die Abbildung κ_e Konjugation mit e.⋄

Satz 4 *(Der Satz von Wedderburn-Malcev für unitäre Algebren)* *Seien K ein Körper und A eine endlich-dimensionale assoziative unitäre K-Algebra. Ist $A/rad(A)$ separabel, so gelten:*

(i) $rad(A)$ besitzt ein Algebrenkomplement in A.

(ii) Der nilpotente Normalteiler $1_A + rad(A)$ von $E(A)$ operiert vermöge Konjugation transitiv auf der Menge der Algebrenkomplemente von $rad(A)$ in A.

Beweis. Da A endlich-dimensional ist, gilt $rad(A) = J(A)$, wobei $J(A)$ das Jacobson-Radikal von A ist. Die Behauptung folgt daher mit Corollary a aus Kapitel 11.5 in [16] und dem Theorem aus Kapitel 11.6 in [16].⋄

Anmerkung 1 Der Satz von Wedderburn-Malcev findet häufig in folgender Situation seine Anwendung: Sind K ein perfekter Körper und A eine assoziative endlich-dimensionale unitäre K-Algebra, so sind die Voraussetzungen von Satz 4 nach Teil (ii) von Korollar 1 erfüllt. Des Weiteren findet er auch dann Anwendung, wenn die Radikalfaktorstruktur sich wie in den Teilen (iii)-(v) dieses Korollars verhält oder sie zu einer der separablen Algebren dieses Abschnittes isomorph ist.⋄

1.3 Beispiele zur Thematik des Satzes von Wedderburn-Malcev

Zum Abschluß dieses einführenden Kapitels betrachten wir Beispiele zur Thematik des Satzes von Wedderburn-Malcev. Wir behandeln zunächst ein Beispiel für eine Algebra aus den Übungen zu Kapitel 11.6 aus [16], die kein Radikalkomplement besitzt. Eine Algebra, die zwei nicht-konjugierte Radikalkomplemente besitzt, werden wir in dem Kapitel über die Verallgemeinerten Quaternionenalgebren entdecken.

Das zweite Beispiel, das wiederum aus den Übungen zu Kapitel 11.6 aus [16] stammt, zeigt die Wirkungsweise des Satzes von Wedderburn-Malcev. Dieses Beispiel wird durch den Abschnitt über Dreiecksmatrizen verallgemeinert. Dort berechnen wir bei den unteren und oberen Dreiecksmatrizen die Radikalkomplemente explizit.

Auch in modernen Gebieten der interdisziplinären Mathematik wie bei 'Dynamischen Netzwerken' wird der Satz von Wedderburn-Malcev zu dessen Analyse benutzt. Ian Stewart und Martin Golubitsky demonstrieren dies bei sog. Koordinaten-Veränderungen in ihrem Artikel [19]. Ihre mit dem Satz von Wedderburn-Malcev im Zusammenhang stehenden Ergebnisse skizzieren wir im letzten Abschnitt dieses Kapitels.

1.3.1 Ein Abspiel und ein Beispiel

Bemerkung 4 *Sind A eine assoziative unitäre K-Algebra und C ein Algebrenkomplement von $rad(A)$ in A, so C eine unitale Teilalgebra.*

Beweis. Wegen $A = rad(A) \oplus_K C$ gibt es genau ein Paar $(c; r) \in C \times rad(A)$, so daß $1_A = c + r$ gilt. Es folgt $c + r = 1_A = 1_A{}^2 = c^2 + cr + rc + r^2$. Da $rad(A)$ ein Ideal von A ist, folgt nun $c = c^2$ und $r = cr + rc + r^2$. Aus $r = 1_A r = (c + r)r = cr + r^2$ ergibt sich $rc = 0_A$, und aus $r = r1_A = r(c + r) = rc + r^2$ folgt $cr = 0_A$. Dies zeigt $r^2 = r$. Also ist r zugleich nilpotent und idempotent in A, woraus wir $r = 0_A$ schließen. Es folgt die Behauptung.◇

Definition 2 Seien $n \in \mathbb{N}$ und K ein Körper. Es seien $Pot(n, K) := \{x \mid \exists k \in K : x = k^n\}$ und $QA(K) := Pot(2, K)$. Wir nennen $Pot(n, K)$ die Menge der n-ten Potenzen und speziell $QA(K)$ die Menge der Quadrate von K.◇

Abspiel 1 *(Eine Algebra ohne Radikalkomplement)* Seien K ein Körper mit $char(K) = 2$, $F := K(t)$ der Quotientenkörper der Polynomalgebra $K[t]$ in der Variablen t und A die 4-dimensionale unitäre F-Algebra mit F-Basis $\{1_A, d, y, z\}$ und der Multiplikation

$\cdot$	1_A	d	y	z
1_A	1_A	d	y	z
d	d	$t1_A + y + z$	z	ty
y	y	z	0_A	0_A
z	z	ty	0_A	0_A.

Man rechnet leicht nach, daß A assoziativ und kommutativ ist.

Als nächstes zeigen wir $rad(A) = \langle y, z \rangle_F$.
Aus der Multiplikationstafel ergibt sich leicht, daß $\langle y, z \rangle_F$ ein Ideal von A ist.
Weiter gilt für $f_1, f_2 \in F$: $(f_1 y + f_2 z)^2 = f_1{}^2 y^2 + f_1 f_2 yz + f_2 f_1 zy + f_2{}^2 z^2 = 0_A$.
Also ist $\langle y, z \rangle_F$ ein niles, und daher auch nilpotentes Ideal von A. Es verbleibt, die Halbeinfachheit von $A/\langle y, z \rangle_F$ zu zeigen. Sei $B := A/\langle y, z \rangle_F$.
Angenommen, B wäre nicht halbeinfach. Da 1_A nicht nilpotent ist, hätte B ein ein-dimensionales Radikal. Dann wäre $rad(B)$ ein Zero-Ideal von B.
Somit gäbe es ein $r \in rad(B)$ mit $r \neq 0_B$ und $r^2 = 0_B$. Seien $h_1, h_2 \in F$ mit $r = (h_1 1_A + h_2 d) + \langle y, z \rangle_F$. Aus $r^2 = 0_B$ folgt nun $h_1{}^2 + h_2{}^2 t = 0_K$.
Wäre $h_2 \neq 0_K$, so würde $t \in QA(K(t))$ gelten, was ein Widerspruch ist.
Also gilt $h_2 = 0_K$ und damit auch $h_1 = 0_K$. Somit würde $r = 0_B$ gelten, was den Widerspruch ergibt. Also gilt $rad(A) = \langle y, z \rangle_F$.

Nun zeigen wir, daß $rad(A)$ kein Algebrenkomplement in A besitzt.
Angenommen, es existiere ein Algebrenkomplement C von $rad(A)$ in A. Aus Bemerkung 4 folgt $1_A \in C$. Sei nun $\{1_A, c\}$ eine F−Basis von C, und seien $f_1, f_2, f_3, f_4 \in F$ mit $c = f_1 1_A + f_2 d + f_3 y + f_4 z$. Aus $c^2 = (f_1{}^2 + f_2{}^2 t)1_A + f_2{}^2(y + z) \in C$ folgt $f_2{}^2(y + z) \in C \cap rad(A) = \{0_A\}$, also $f_2 = 0_K$. Somit gilt $f_1 1_A + f_3 y + f_4 z \in C$, also auch $f_3 y + f_4 z \in C$. Dies zeigt $f_3 y + f_4 z \in C \cap rad(A) = \{0_A\}$, woraus $f_3 = f_4 = 0_K$ folgt. Nun sind aber 1_A und c linear abhängig, was den Widerspruch zeigt.

Ein wichtiger Grund für diese Nichtexistenz ist, daß die Radikalfaktor-struktur von A nicht separabel ist. Dazu zeigen wir, daß die kommutative F-Algebra $T := A/rad(A) \otimes_F A/rad(A)$ ein von Null verschiedenes nilpotentes Element besitzt. also nicht halbeinfach ist (vgl. Teil (ii) von Satz 1). Es gilt:

$$
\begin{aligned}
(((d + rad(A)) \otimes (1_A + rad(A)) + (1_A + rad(A)) \otimes (d + rad(A)))^2 &= \\
(d^2 + rad(A)) \otimes (1_A + rad(A)) + (d + rad(A)) \otimes (d + rad(A)) &+ \\
(d + rad(A)) \otimes (d + rad(A)) + (1_A + rad(A)) \otimes (d^2 + rad(A)) &= \\
2t((1_A + rad(A)) \otimes (1_A + rad(A))) &= \\
0_T.
\end{aligned}
$$

Da eine zwei-dimensionale unitäre F-Algebra entweder nicht halbeinfach, ein Körper oder zu $F \times F$ $\mathcal{A}_1$-isomorph ist, zeigen das Vorherige und Teil (iv) von Satz 1, daß $A/rad(A)$ ein inseparabler Oberkörper von $F(1_A + rad(A))$ ist. In der Tat folgt aus einer einfachen Rechnung, daß ein $f \in F \setminus QA(F)$ existiert, so daß $t^2 - f$ das Minimalpolynom von $d + rad(A)$ über F ist und $A/rad(A) = F(1_A + rad(A))[d + rad(A)]$ gilt.$\diamond$

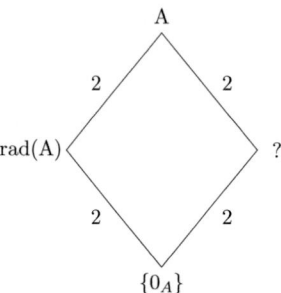

Beispiel 1 Seien F ein Körper und A die drei-dimensionale unitäre F-Algebra mit F-Basis $\{1_A, e, r\}$ und der Multiplikation

$\cdot$	1_A	e	r
1_A	1_A	e	r
e	e	e	r
r	r	0_A	0_A.

Man rechnet leicht nach, daß A assoziativ ist, und wegen $er = r \neq 0_A = re$ ist A nicht kommutativ.

Wir zeigen nun, daß $rad(A) = \langle r \rangle_F$ gilt und daß $A/rad(A)$ separabel ist. Aus der Multiplikationstafel erkennt man leicht die Idealeigenschaft von $\langle r \rangle_F$. Wegen $r^2 = 0_A$ ist daher $\langle r \rangle_F$ ein nilpotentes Ideal von A. Es wird nun die Faktorstruktur dieses Ideals von A untersucht. Es ist $\{1_A + \langle r \rangle_F, e + \langle r \rangle_F\}$ eine F-Basis von $A/\langle r \rangle_F$. Durch die F-lineare Fortsetzung der Abbildung

$$A/\langle r \rangle_F \longrightarrow F^2, \quad 1_A + \langle r \rangle_F \longmapsto (1_F, 1_F), e + \langle r \rangle_F \longmapsto (0_K, 1_K)$$

erhalten wir einen F-Algebrenisomorphismus, d.h. $A/rad(A) \cong_{\mathcal{A}_1} F^2$. Aus Aussage (iv) von Satz 1 folgt nun, daß $A/\langle r \rangle_F$ separabel ist. Insbesondere ergibt sich nach Teil (i) von Korollar 1, daß $rad(A) = \langle r \rangle_F$ gilt und $A/rad(A)$ separabel ist.

Der Satz 4 von Wedderburn und Malcev zeigt, daß $rad(A)$ ein Algebrenkomplement C in A besitzt und daß alle Algebrenkomplemente von $rad(A)$ in A die Form $C^{1_A + fr}$ (mit $f \in F$) haben. Offenbar ist $C := \langle 1_A, e \rangle_F$ ein Algebrenkomplement von $rad(A)$ in A. Nun bestimmen wir alle Algebrenkomplemente von $rad(A)$ in A.

Für alle $f \in F$ gelten $(1_A + fr)(1_A - fr) = (1_A - fr)(1_A + fr) = 1_A$ und $(1_A - fr)e(1_A + fr) = (e - fre)(1_A + fr) = e + fer - fre - f^2 rer = e + fr$. Dies zeigt $C^{1_A + fr} = \langle 1_A, e + fr \rangle_F$.

Abschließend sei noch angemerkt, daß die Abbildung

$$f \longmapsto \langle 1_A, e + fr \rangle_F$$

eine Bijektion von F auf die Menge der Algebrenkomplemente von $rad(A)$ in A ist, denn: Wie eben gezeigt, ist diese Abbildung surjektiv. Sind nun $f, f' \in F$ mit $\langle 1_A, e + fr \rangle_F = \langle 1_A, e + f'r \rangle_F$, so existieren $k, l \in F$ mit $e + fr = k1_A + le + lf'r$. Daraus folgt nun $k = 0_K$, $l = 1_K$ und $f = lf'$, also insbesondere $f = f'$. Auf diese Bijektivitätsaussage kommen wir in Kapitel 2 noch einmal zu sprechen.$\diamond$

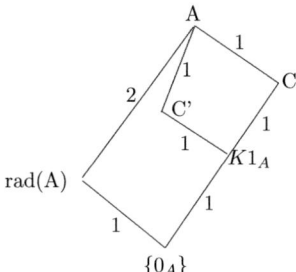

Der folgende Abschnitt erweitert das zuvor betrachtete Beispiel.

1.3.2   Dreiecksmatrizen

Seien im Folgenden K ein Körper und $n \in \mathbb{N}$. Mit $\Delta_{u,n}$ bzw. $\Delta_{o,n}$ bezeichnen wir die Menge der unteren bzw. oberen Dreiecksmatrizen von $K^{n \times n}$. Beides sind Teilalgebren der K-Algebra $K^{n \times n}$. Weiter ist $rad(\Delta_{u,n})$ bzw. $rad(\Delta_{o,n})$ die Menge der strikt unteren bzw. der strikt oberen Dreiecksmatrizen von $K^{n \times n}$. In beiden Fällen ist die Radikalfaktorstruktur $\mathcal{A}_1$-isomorph zur separablen K-Algebra K^n (vgl. Aussage (iv) von Satz 1) und $D(n, K)$, die Menge der Diagonalmatrizen von $K^{n \times n}$, ein Algebrenkomplement beider Radikale. Die Struktur wird durch das folgende Hasse-Diagramm veranschaulicht:

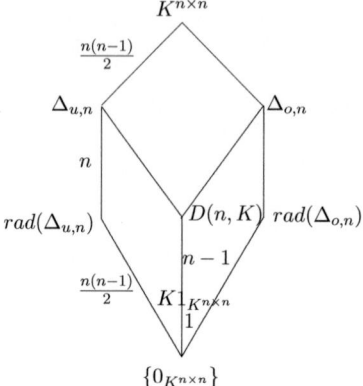

Offenbar ist es sehr leicht, ein Element der K-Algebra $\Delta_{u,n}$ bzw. $\Delta_{o,n}$ als Summe aus einer strikt unteren bzw. strikt oberen Dreiecksmatrix und einer Diagonalmatrix darzustellen. Es stellt sich vielmehr die Frage, wie sämtliche Algebrenkomplemente der beiden Radikale zu berechnen sind. Die Bemerkung 5 impliziert, daß wir diese Frage nur für eine der beiden Algebren beantworten müssen.

Definition 3 *(Transponieren)* Das Transponieren auf $K^{n \times n}$ sei durch

$$\tau : K^{n \times n} \longrightarrow K^{n \times n}, A \longmapsto A^t$$

definiert.◇

Bemerkung 5 *Sei* $A := \begin{pmatrix} 0_K & \cdot & \cdot & \cdot & 0_K & 1_K \\ 0_K & \cdot & \cdot & \cdot & 1_K & 0_K \\ \cdot & \cdot & \cdot & \cdot & \cdot & \cdot \\ 0_K & 1_K & \cdot & \cdot & 0_K & 0_K \\ 1_K & 0_K & \cdot & \cdot & 0_K & 0_K \end{pmatrix} \in K^{n \times n}.$

Es gelten:

(i) A ist selbstinvers und symmetrisch, und κ_A ist ein involutorischer $\mathcal{A}_1$-Automorphismus von $K^{n \times n}$. (Das Bild einer Matrix M unter κ_A bestimmt man durch eine Punktspiegelung der Einträge von M am Mittelpunkt von M.)

(ii) $\kappa_A \tau = \tau \kappa_A$

(iii) $\Delta_{u,n} \tau = \Delta_{o,n}$
Insbesondere sind die K-Algebren $\Delta_{u,n}$ und $\Delta_{o,n}$ antiisomorph.

(iv) $\Delta_{u,n}\,\kappa_A = \Delta_{o,n}$

    Insbesondere sind die K-Algebren $\Delta_{u,n}$ und $\Delta_{o,n}$ isomorph.

(v) Die Einschränkung von $\kappa_A\,\tau$ auf $\Delta_{u,n}$ bzw. auf $\Delta_{o,n}$ ist ein involuto-
    rischer $\mathcal{A}_1$-Antiautomorphismus von $\Delta_{u,n}$ bzw. von $\Delta_{o,n}$.
    Insbesondere sind diese beiden K-Algebren zu ihrer inversen Algebra
    isomorph.

Beweis. ad(i): Eine leichte Rechnung zeigt, daß A selbstinvers und
symmetrisch ist, woraus (i) folgt.

ad(ii): Für alle $M \in K^{n \times n}$ folgt mit (i): $M\kappa_A\,\tau = (AMA)^t = A^t M^t A^t = AM^t A = M\tau\,\kappa_A$. Also gilt (ii).

ad(iii): Dies ist offensichtlich.

ad(iv): Wegen (iii) reicht es aus Dimensionsgründen aus, eine Inklusi-
on zu zeigen. Sei $M \in \Delta_{u,n}$. Dann gilt für alle $i,j \in \underline{n}$:
$(i;j)AMA = \sum\limits_{k=1}^{n} \sum\limits_{s=1}^{n} a_{is}m_{sk}a_{kj}$. Weiter gilt $a_{ij} = 1_K$ bzw. $a_{ij} = 0_K$ genau
dann, wenn $i = n - j + 1$ bzw. wenn $i \neq n - j + 1$ gilt. Es ergibt sich
$(i;j)AMA = m_{(n-i+1)(n-j+1)}$. Ist nun $i < j$, so folgt $n - i + 1 > n - j + 1$.
Wegen $M \in \Delta_{u,n}$ folgern wir $m_{(n-i+1)(n-j+1)} = 0_K$, also auch $AMA \in \Delta_{o,n}$.

ad(v): Dies folgt aus (ii), (iii) und (iv).$\diamond$

Im Folgenden werden wir uns mit der K-Algebra $\Delta_{u,n}$ beschäftigen.
Es ist für jedes $r \in rad(\Delta_{u,n})$ die K-Algebra $D(n,K)^{1_{\Delta_{u,n}}+r}$ zu berechnen.
Dazu ist es zunächst notwendig, die Matrix $1_{\Delta_{u,n}} + r$ zu invertieren, was
durch das folgende Rekursionsverfahren geleistet wird. In Abschnitt 3.3.1
werden wir noch eine andere Möglichkeit zur Berechnung der Inversen
kennenlernen.

Konstruktion 1 *(Radikalkomplemente in unteren Dreiecksmatrizen)* Sei-

en K ein Körper, $n \in \mathbb{N}_{\geq 2}$, $M :=$
$\begin{pmatrix} 1_K & 0_K & \cdots & 0_K & 0_K \\ a_{2,1} & 1_K & \cdots & 0_K & 0_K \\ \cdot & \cdot & \cdots & \cdot & \cdot \\ a_{n-1,1} & a_{n-1,2} & \cdots & 1_K & 0_K \\ a_{n,1} & a_{n,2} & \cdots & a_{n,n-1} & 1_K \end{pmatrix} \in$

$K^{n \times n}$,

$A := \begin{pmatrix} 1_K & 0_K & \cdots & 0_K \\ a_{2,1} & 1_K & \cdots & 0_K \\ \cdot & \cdot & \cdots & \\ a_{n-1,1} & a_{n-1,2} & \cdots & 1_K \end{pmatrix} \in K^{(n-1)\times(n-1)}$,

$B := \begin{pmatrix} 0_K & 0_K & \cdots & 0_K \end{pmatrix} \in K^{1 \times (n-1)}$,

$C := \begin{pmatrix} a_{n,1} & a_{n,2} & \cdots & a_{n,n-1} \end{pmatrix} \in K^{1 \times (n-1)}$ und

$D := (1_K) \in K^{1 \times 1}$. Es gilt dann in ungenauer, aber bequemer Notation

$$M = \begin{pmatrix} A & B^t \\ C & D \end{pmatrix}.$$

Mit dem Theorem 2.11 aus [25] folgt

$$M^{-1} = \begin{pmatrix} X & Y \\ U & V \end{pmatrix}, \text{ wobei}$$

$X = A^{-1} + A^{-1}B^t(D - CA^{-1}B^t)^{-1}CA^{-1}$,
$Y = -A^{-1}B^t(D - CA^{-1}B^t)^{-1}$,
$U = -(D - CA^{-1}B^t)^{-1}CA^{-1}$ und
$V = (D - CA^{-1}B^t)^{-1}$ gelten.

Durch Einsetzen ergibt sich $X = A^{-1}$, $Y = 0_{K^{(n-1) \times 1}}$, $U = -CA^{-1}$ und $Y = D$. Dies liefert ein Rekursionsverfahren für die Berechnung der Inversen von M. Es gilt $M^{-1} = \begin{pmatrix} A^{-1} & 0_{K^{(n-1) \times 1}} \\ -CA^{-1} & (1_K) \end{pmatrix}$.

Ist $r \in rad(\Delta_{u,n})$ und haben wir mittels des Rekursionsverfahrens das Inverse von $1_{\Delta_{u,n}} + r$ berechnet, so ist nun $D(n,K)^{1_{\Delta_{u,n}} + r}$ zu bestimmen. Ist für alle $i \in \underline{n}$, e_i die $n \times n$-Matrix über K, deren $(i;i)$-Eintrag gleich 1_K ist, und die sonst nur aus Nullen besteht, so ist $\{e_i \mid i \in \underline{n}\}$ eine K-Basis von $D(n,K)$. Folglich ist $\{e_i^{1_{\Delta_{u,n}} + r} \mid i \in \underline{n}\}$ eine K-Basis von $D(n,K)^{1_{\Delta_{u,n}} + r}$. Es ist also noch $e_i^{1_{\Delta_{u,n}} + r}$ für jedes $i \in \underline{n}$ zu berechnen. Sei also $i \in \underline{n}$. Definieren wir

$$C := \begin{pmatrix} (1_{\Delta_{u,n}} + r)_{i,1}(1_{\Delta_{u,n}} + r)^{-1}_{i,i} & \cdots & (1_{\Delta_{u,n}} + r)_{i,i}(1_{\Delta_{u,n}} + r)^{-1}_{i,i} \\ \cdots & \cdots & \cdots \\ (1_{\Delta_{u,n}} + r)_{i,1}(1_{\Delta_{u,n}} + r)^{-1}_{n,i} & \cdots & (1_{\Delta_{u,n}} + r)_{i,i}(1_{\Delta_{u,n}} + r)^{-1}_{n,i} \end{pmatrix} \in$$

$K^{(n-i+1) \times i}$,

$A := 0_{K^{(i-1) \times i}}$, $B := 0_{K^{(i-1) \times (n-i)}}$ und $D := 0_{K^{(n-i+1) \times (n-i)}}$, so gilt, wie eine leichte Rechnung zeigt,:

$$e_i^{1_{\Delta_{u,n}} + r} = \begin{pmatrix} A & B \\ C & D \end{pmatrix}.$$

Abschließend sei noch angemerkt, daß die Algebra aus Beispiel 1 zu der Algebra $\Delta_{u,2}$ isomorph ist. Sind nämlich

$$I := \begin{pmatrix} 1_K & 0_K \\ 0_K & 1_K \end{pmatrix}, E := \begin{pmatrix} 0_K & 0_K \\ 0_K & 1_K \end{pmatrix} \text{ und } R := \begin{pmatrix} 0_K & 0_K \\ 1_K & 0_K \end{pmatrix}, \text{ so gelten}$$

$R^2 = 0_{K^{2 \times 2}}, E^2 = E, ER = R$ und $RE = 0_{K^{2 \times 2}}$, woraus die Isomorphie ersichtlich wird (vgl. die Multiplikationstafel in Beispiel 1).

1.3.3 Dynamische Netzwerke

Wie angekündigt, stellen wir in diesem Abschnitt die Ergebnisse von Ian Stewart und Martin Golubitsky aus [19] zusammen, die im Zusammenhang mit dem Satz von Wedderburn-Malcev stehen.

Definitionen 3 Seien K ein Körper, $n \in \mathbb{N}$ und $M \in K^{n \times n}$. Eine Teilmenge S von $\underline{n} \times \underline{n}$ heisst eine Gestalt oder auch Form (im Englischen 'Shape') der Länge n, wenn für alle $i \in \underline{n}$ die Bedingung $(i;i) \in S$ gilt. Anders formuliert ist S eine reflexive Relation auf $\underline{n}$. Die Gestalt S heisst abgeschlossen, falls für alle $i, j, k \in \underline{n}$ aus $(i;j), (j;k) \in S$ auch $(i;k) \in S$ folgt. Dies ist gleichbedeutend damit, dass S transitiv ist.
M hat die Gestalt S, falls für alle $(i;j) \in \underline{n} \times \underline{n}$ die Bedingung $M_{i,j} = 0$ zu $(i;j) \notin S$ gleichbedeutend ist. Mit $K^{n \times n}(S)$ bezeichnen wir die Menge der Matrizen von $K^{n \times n}$, die die Gestalt S besitzen.
Eine Gestalt S visualisieren Stewart und Golubitsky durch die sogenannte symbolische Matrix, deren $(i;j)$-Eintrag entweder $\star$ oder 0 ist, je nachdem, ob $(i;j)$ zu S oder nicht zu S gehört. ◇

Beispiel 2 Seien K ein Körper und $n := 3$. Wir betrachten folgende symbolische Matrizen: $\begin{pmatrix} \star & 0 & 0 \\ \star & \star & 0 \\ 0 & \star & \star \end{pmatrix}$ und $\begin{pmatrix} \star & 0 & 0 \\ 0 & \star & 0 \\ \star & 0 & \star \end{pmatrix}$. Die erste symbolische Matrix beruht auf einer abgeschlossenen, die zweite auf einer nicht abgeschlossenen Gestalt. ◇

Abgeschlossene Gestalten führen zu unitalen Teilalgebren von $K^{n \times n}$, was Stewart und Golubitsky in Lemma 5.6, [19] mit Hilfe elementarer Matrizenrechnungen beweisen und wir hier dem Leser als Übungsaufgabe überlassen:

Satz 5 *(Stewart, Golubitsky, 2015) Seien K ein Körper, $n \in \mathbb{N}$ und S eine Gestalt der Länge n. Dann ist $K^{n \times n}(S)$ ein K-Teilraum, der die Einheitsmatrix enthält. Die Elementarmatrizen $E_{i,j}$ mit $(i;j) \in S$ bilden eine K-Basis von $K^{n \times n}(S)$. Daher besitzt dieser Teilraum die Dimension $\mid S \mid$. $K^{n \times n}(S)$ ist genau dann eine unitale K-Teilalgebra von $K^{n \times n}$, wenn S abgeschlossen ist.*◇

In der Theorie der dynamischen Netzwerke treten abgeschlossene Gestalten in Form von sog. Herzen auf. Das mag der Leser in Kapitel 2 des Artikels [19] nachlesen. Aus Gestalten können neue Gestalten erzeugt werden (vgl. Defintion 12.1 und Kapitel 13 in [19]):

Definitionen und Bemerkungen 1 Seien $n \in \mathbb{N}$, K ein Körper und S eine Gestalt der Länge n. Wir definieren $S^\tau := \{(j;i) \mid (i;j) \in S\}$. Dann ist auch S^τ eine Gestalt, die die zu S duale Gestalt genannt wird. Genau dann ist S abgeschlossen, wenn S^τ abgeschlossen ist. Ist S abgeschlossen, so gilt $K^{n\times n}(S^\tau) = K^{n\times n}(S)^\tau$.

Sei $\pi \in S_n$. Wir definieren $S^\pi := \{(i\pi; j\pi) \mid (i;j) \in S\}$. Dann ist auch S^π eine Gestalt, die genau dann abgeschlossen ist, wenn S es ist. Die symmetrische Gruppe vom Grade n operiert also auf den Gestalten der Länge n, und die Menge der abgeschlossenen Gestalten ist S_n-invariant. Sei P_π die Permutationsmatrix bzgl. π in $K^{n\times n}$. Mit Hilfe des Basistransformationssatzes gilt dann $K^{n\times n}(S^\pi) = P_\pi^{-1} \cdot K^{n\times n}(S) \cdot P_\pi$. Die zugehörigen Algebren sind also konjugiert.$\diamond$

Grundlegend für die vorgestellte Theorie ist die folgende Eigenschaft abgeschlossener Gestalten, die letztlich auch den Satz von Wedderburn-Malcev anwendbar macht. Dazu wird vermöge der abgeschlossenen Gestalt eine Äquivalenzrelation auf $\underline{n}$ definiert, die dann eine Halbordnung ist. Dies ist ein generelles Verfahren, um aus eine reflexiven und transitiven Relation eine Halbordnung zu gewinnen. Die Äquivalenzklassen dieser Halbordnung nennen Stewart und Golubitsky Cluster. Man kann die Elemente von $\underline{n}$ nun so permutieren, dass wir eine sog. block-triangulierbare Form erreichen. Es gilt folgender Satz (siehe Theorem 8.8 in [19]):

Satz 6 *(Stewart, Golubitsky, 2015) Seien K ein Körper, $n \in \mathbb{N}$ und S eine abgeschlossene Gestalt der Länge n. Dann gibt es eine Permutation $\pi \in S_n$, $p \in \mathbb{N}$, $n_1, \cdots, n_p \in \mathbb{N}$, so dass $K^{n\times n}(S)$ bis auf Konjugation mit P_π block-triangulierbar ist:*

$$\begin{pmatrix} K^{n_1\times n_1} & 0 & 0 & \cdots & 0 \\ \star & K^{n_2\times n_2} & 0 & \cdots & 0 \\ \vdots & \vdots & \vdots & \ddots & \vdots \\ \star & \star & \star & \cdots & K^{n_p\times n_p} \end{pmatrix}. \diamond$$

Für derartige Algebren ist das Radikal und ein Radikalkomplement leicht zu bestimmen: man kann es aus der vorliegenden Form quasi ablesen. Insbesondere erweist sich die Radikalfaktorstruktur als separabel, was den Satz von Wedderburn-Malcev anwendbar macht. Das Radikal besteht aus den Matrizen unterhalb der Block-Diagonalen. Ein Radikalkomplement ist die Block-Diagonale, welche zu $\bigoplus_{i=1}^{p} K^{n_i\times n_i}$ isomorph ist. Das direkte Produkt der vollen Matrixalgebren über K ist nach Teil (v) von Korollar 1 separabel.

1.4 Zusammenhänge zum Satz von Schur-Zassenhaus und Levi-Malcev

Der Satz von Wedderburn-Malcev der assoziativen Algebrentheorie findet sein Pendant auch in der Gruppentheorie und der Lie-Algebrentheorie wieder.

Der Satz von Schur-Zassenhaus besagt, dass in einer endlichen Gruppe G jeder hallsche Normalteiler (ein Normalteiler, dessen Ordnung zu der seiner Faktorgruppe teilerfremd ist) ein Komplement besitzt. Ist der hallsche Normalteiler oder seine Faktorgruppe auflösbar, so sind je zwei Komplemente konjugiert. Durch den Satz von Feit-Thompson (zur Auflösbarkeit Gruppen ungerader Ordnung) ist sogar möglich, die Auflösbarkeit für die Konjugiertheit nicht zu fordern, da sie automatisch gilt. Die Separabilität in der assoziativen Algebrentheorie wird in der Gruppentheorie durch die Teilerfremdheit ersetzt. Schaut man sich zudem moderne Beweise basierend auf der Kohomologie-Theorie an, so erkennt man auch hier weitere Parallelitäten. Der Existenz-Teil des Satz von Wedderburn-Malcev wird auf ein Zero-Radikal, der des Satzes von Schur-Zassenhaus auf einen abelschen Normalteiler reduziert.

Der Satz von Levi-Malcev behandelt endlich-dimensionale Lie-Algebren über Körpern der Charakteristik 0. Er besagt, dass das auflösbare Radikal ein Komplement besitzt und je zwei solcher Komplemente unter einen Automorphismus der Form $exp(ad(x))$ zusammenhängen, wobei x aus dem nilpotenten Radikal stammt. Hier könnte man die Parallele ziehen, dass die Separabilität durch die Charakteristik gleich Null-Bedingung ersetzt worden ist. Auch hier wird der Beweis mittels Kohomologie-Theorie auf abelsche Lie-Algebren reduziert.

K.W. Roggenkamp hat in der Seminar Series [17] eine möglichst gemeinsame Kohomologie-Theorie erarbeitet, auf dessen Basis alle drei Theoreme erschlossen werden können.

Wir wollen nun noch weitere Beziehungen zwischen dem Satz von Wedderburn-Malcev und dem von Schur-Zassenhaus aufzeigen. Dabei stellen wir uns die Frage, ob aus dem einen Theorem das andere folgt und umgekehrt. Um zwischen Gruppentheorie und Algebrentheorie zu vermitteln, werden wir dabei zu einer Algebra ihre Einheitengruppe betrachten, und zu einer Gruppe die Gruppenalgebra (über einen zu wählenden Körper) konstruieren.

Um den Satz von Schur-Zassenhaus benutzen zu können, benötigen wir endliche Gruppen. Daher versuchen wir, den Satz von Wedderburn-Malcev für assoziative Algebren über endlichen Körpern aus dem Schur-Zassenhaus abzuleiten. (Endliche Körper sind perfekt, weswegen die Radikalfaktorstruktur separabel ist und der Satz von Wedderburn-Malcev in diesem Fall auch anwendbar ist.) Wir betrachten also eine endlich-dimensionale assoziative unitäre K-Algebra A über einem Körper K der Mächtigkeit p^r, wobei p eine

Primzahl ist und $r \in \mathbb{N}$ gilt. Da nach einem Satz von Wedderburn endliche Schiefkörper kommutativ sind, erhalten wir aus dem Satz von Wedderburn-Artin $s \in \mathbb{N}$, $n_1, \cdots, n_s \in \mathbb{N}$ und Erweiterungskörper $K_1, \cdots, K_s$ von K, so dass $A/rad(A)$ zu $\bigoplus_{i=1}^{s} K_i^{n_i \times n_i}$ gilt. Es gilt $E(A)/(1+rad(A)) = E(A/rad(A))$ (siehe Lemma 9 im Anhang). Man überlegt sich leicht, dass $\mid rad(A) \mid$ eine p-Potenz, dagegen $E(A)/(1 + rad(A))$ eine p'-Gruppe ist. In der Gruppe $E(A)$ ist also $1 + rad(A)$ ein hallscher Normalteiler, der ein Komplement U besitzt. Eine leichte Rechnung zeigt $\langle E(A) \rangle_K = rad(A) \oplus \langle U \rangle_K$, und $\langle U \rangle_K$ ist eine unitale Teilalgebra. Haben wir zwei Komplemente S, T von $rad(A)$ in A, so zeigt eine einfache Überlegung, dass ihre Einheitengruppen Komplemente von $1 + rad(A)$ in $E(A)$ sind. Somit sind $E(S)$ und $E(T)$ konjugiert. Damit sind auch ihre K-Erzeugnisse konjugiert. Würde also das K-Erzeugnis der Einheitengruppe einer unitalen assoziativen Algebra wieder die ganze Algebra sein, so hätten wir den Satz bewiesen. Im vorliegenden Fall genügt es offenbar, dies für eine halbeinfache Algebra zu zeigen. In unserem Fall reduziert sich diese Frage auf $L^{n \times n}$, wobei $n \in \mathbb{N}$ und L ein endlicher Erweiterungskörper des endlichen Körpers K ist. Elementare Zeilen- und Spaltenumformung erfolgen als Multiplikation mit invertierbaren Matrizen von links bzw. von rechts. Daher benügt es, die

Matrix $\begin{pmatrix} b & 0 & 0 & \cdots & 0 \\ 0 & 0 & 0 & \cdots & 0 \\ \vdots & \vdots & \vdots & \ddots & \vdots \\ 0 & 0 & 0 & \cdots & 0 \end{pmatrix}$ zu betrachten. Dabei ist b ein Element von

L ungleich Null. Diese Matrix ist das Produkt von $\begin{pmatrix} 1 & 0 & 0 & \cdots & 0 \\ 0 & 0 & 0 & \cdots & 0 \\ \vdots & \vdots & \vdots & \ddots & \vdots \\ 0 & 0 & 0 & \cdots & 0 \end{pmatrix}$

mit $b \cdots I_{n \times n}$ (wobei $I_{n \times n}$ die Einheitsmatrix ist). Letztere ist invertierbar. Besitzt nun L mindestens drei Elemente, so wählen wir ein $a \in L$, welches

von 1 und 0 verschieden ist. Es ist $\begin{pmatrix} 1 & 0 & 0 & \cdots & 0 \\ 0 & 0 & 0 & \cdots & 0 \\ \vdots & \vdots & \vdots & \ddots & \vdots \\ 0 & 0 & 0 & \cdots & 0 \end{pmatrix}$ genau die Summe

aus $\begin{pmatrix} a & 0 & 0 & \cdots & 0 \\ 0 & a & 0 & \cdots & 0 \\ \vdots & \vdots & \ddots & \vdots & \vdots \\ 0 & 0 & 0 & \cdots & a \end{pmatrix}$ und $\begin{pmatrix} 1-a & 0 & 0 & \cdots & 0 \\ 0 & -a & 0 & \cdots & 0 \\ \vdots & \vdots & \ddots & \vdots & \vdots \\ 0 & 0 & 0 & \cdots & -a \end{pmatrix}$. Diese

Matrizen sind beide invertierbar. Somit haben wir den Schluss für einen Körper mit mindestens drei Elementen bewiesen.

Für die umgekehrte Richtung – also den Satz von Schur-Zassenhaus

aus dem von Wedderburn-Malcev zu folgern – ist dem Autor leider kein Beweis bekannt, hat aber die folgenden Idee dazu. Sei G eine endliche Gruppe mit einem hallschen Normalteiler N. Wie oben erwähnt wird der Beweis induktiv auf den Fall reduziert, dass N abelsch (und bei genauerer Analyse) und eine p-Gruppe ist. Wir wählen einen endlichen Körper der Charakteristik p, etwa $K = GF(p)$. Wir betrachten die Projektion von G auf G/N und erweitern diese K-linear von KG auf $K(G/N)$. Der Kern dieses Algebrenhomomorphismus ist bekannt, und es ist $KG \cdot Aug(KN) = Aug(KN) \cdot KG$, wobei $Aug(KN)$ das sog. Augmentationsideal von KN ist. In dieser Situation ist nach einem Satz von Wallace dieses Ideal nilpotent. Wegen $KG \cdot Aug(KN) = Aug(KN) \cdot KG$ ist also auch der Kern nilpotent. Da wir einen hallschen Normalteiler vorliegen haben, ist $K(G/N)$ halbeinfach und sogar separabel nach Satz 2. Damit haben wir $rad(KG) = Aug(KN) \cdot KG$ gezeigt. Nach dem Satz von Wedderburn-Malcev besitzt daher $rad(KG)$ ein Komplement T in A. Die Vermutung ist, dass es ein $j \in rad(KG)$ gibt, so dass $E(T^{1+j}) \cap G$ ein Komplement des hallschen Normalteilers in G ist. Der Beweis dafür ist dem Autor leider nicht bekannt. In der Tat führt jedoch ein Komplement U des hallschen Normalteiler zu einem Radikalkomplement KU, welches sogar separabel ist. Für dieses gilt offenbar $E(KU) \cap G = U \dots$

1.5 Offene Fragen und Übungsaufgaben

Offene Frage 1 *(i) Kann das Rekursionsverfahren zur Bestimmung der inversen Matrix aus der Konstruktion 1 auf beliebige Dreiecksmatrizen erweitert werden?*

(ii) Kann aus einem der Sätze 'Wedderburn-Malcev', 'Schur-Zassenhaus' oder 'Levi-Malcev' die jeweils anderen bewiesen werden?

Übungsaufgabe 1 *Man beweise Beispiel 2 und gebe die Gestalten explizit an.*

Übungsaufgabe 2 *Seien $n \in \mathbb{N}$ und K ein Körper. Ist jede unitale Teilalgebra von $K^{n \times n}$ von der Form $K^{n \times n}(S)$ für eine Gestalt S von $\underline{n} \times \underline{n}$?*

Übungsaufgabe 3 *Man beweise den Satz 5.*

Übungsaufgabe 4 *Seien K ein Körper und $n \in \underline{5}$. Man bestimme alle Gestalten und abgeschlossenen Gestalten der Länge n. Wieviele sind dies?*

Übungsaufgabe 5 *Man löse Übungsaufgabe 4 erneut und schränke nun die Gestalten auf solche ein, die oberhalb der Hauptdiagonalen nur Nullen besitzen.*

Übungsaufgabe 6 *Man löse Übungsaufgabe 4 erneut und schränke nun die Gestalten auf solche ein, die unterhalb der Hauptdiagonalen nur Nullen besitzen. (Tip: Transponieren)*

Übungsaufgabe 7 *Für den Fall $n = 3$ überlege man sich, wie die symmetrische Gruppe auf den (abgeschlossenen) Gestalten operiert. Man bestimme die Bahnen der Operation explizit.*

Übungsaufgabe 8 *Man beweise Definition und Bemerkung 1.*

Übungsaufgabe 9 *Man überlege sich, wie man die Ergebnisse des Abschnittes zu den Dreiecksmatrizen 1.3.2 auf unitale Teilalgebren von $K^{n \times n}$ anwenden kann, die auf abgeschlossenen Gestalten beruhen, die oberhalb (oder unterhalb) der Diagonalen nur Nullen besitzen. Ein natürliches Radikalkomplement ist die Menge der Diagonalmatrizen, das Radikal ergibt sich als die Menge der zugehörigen strikt unteren Dreiecksmatrizen. Die Komplemente lassen sich also mit Hilfe der vorgestellten Konstruktion berechnen. Man führe dies exemplarisch für den Fall $n = 3$ durch.*

Übungsaufgabe 10 *Seien K ein Körper, S eine abgeschlossene Gestalt und $n \in \mathbb{N}$. Dann gilt $E(K^{n \times n}(S)) = K^{n \times n}(S) \cap E(K^{n \times n})$. Mit anderen Worten: Ist eine Matrix der abgeschlossenen Gestalt S invertierbar, so hat ihr Inverses auch wieder die Gestalt S. (Tip: nachrechnen oder allgemeiner beweisen für beliebige unitale endlich-dimensionale Teilalgebren)*

Übungsaufgabe 11 *Welche abgeschlossenen Gestalten sind total, injektiv, surjektiv, bijektiv, Funktionen, antisymmetrisch?*

Übungsaufgabe 12 *Man führe an einer abgeschlossenen Gestalt der Länge 7 (die noch keine block-triangulierbare Gestalt besitzt) eine Permutation aus, die die Gestalt block-trianguliert. Ggfs. benutze man dazu die Aussagen aus Kapitel 7 und 8 von [19].*

Übungsaufgabe 13 *Ist die Invers-Algebra einer assoziativen separablen Algebra wieder separabel?*

Übungsaufgabe 14 *Seien K ein Körper, $n \in \mathbb{N}$, A, B endlich-dimensionale assoziative unitäre K-Algebren, e ein zentrales Idempotent von A, M ein endliches Monoid und G eine endliche Gruppe. Bei den folgenden Algebren A entscheide man, ob A zu seiner Invers-Algebra isomorph ist:*

(i) $\Delta_{u,n}$

(ii) $\Delta_{o,n}$

(iii) KM für kommutatives idempotentes M

(iv) KG *für abelsches* G

(v) KG *für* $G = Q_8$ *und* $K := \mathbb{Q}$

(vi) KG *für* $G = D_8$ *und* $K := \mathbb{R}$

(vii) KG *für* $G = SD_8$ *und* $K := \mathbb{C}$

(viii) $K^{n \times n}$

(ix) $\mathbb{H}$

(x) eAe, *wobei* A *zu* A^{op} *isomorph ist (siehe Übungsaufgabe 102)*

(xi) *Zero-Erweiterung für* A, *wobei* A *separabel und zu* A^{op} *isomorph ist (siehe Übungsaufgabe 103).*

Falls die Bedingung $A \cong A^{op}$ *nicht erfüllt ist, untersuche man weiter, unter welchen Voraussetzungen sie erfüllbar ist.*

Übungsaufgabe 15 *In Übungsaufgabe 14 überlege man sich, ob die Algebren separabel sind.*

Übungsaufgabe 16 *In Übungsaufgabe 14 überlege man sich, was die Radikale der Algebren sind.*

Übungsaufgabe 17 *In Übungsaufgabe 14 überlege man sich, ob die Radikalfaktorstrukturen der Algebren separabel sind.*

Übungsaufgabe 18 *Seien* K *ein Körper,* A *eine separable* K-*Algebra und* e *ein Idempotent von* A. *Sind dann* eA *und* Ae *wieder separabel? (Tip: Matrixringe)*

Übungsaufgabe 19 *Seien* A *eine assoziative* K-*Algebra und* e *ein Idempotent von* A. *Ist dann* eAe *genau der Schnitt von* eA *und* Ae? *Ist* eAe *ein Ideal von* A? *Ist* eAe *ein Ideal von* $eA + Ae$?

Übungsaufgabe 20 *Was gilt in Übungsaufgabe 18, wenn* e *zusätzlich zentral ist?*

Übungsaufgabe 21 *Man beweise Korollar 1 ausführlich.*

Übungsaufgabe 22 *Man beweise Bemerkung 1 ausführlich.*

Übungsaufgabe 23 *Man beweise Bemerkung 2.*

Übungsaufgabe 24 *Man führe die Literaturrecherche zu Bemerkung 3 durch.*

Übungsaufgabe 25 *Seien A eine assoziative K-Algebra und $n \in \mathbb{N}$. Dann ist $(A^{n \times n})^-$ zu $(A^-)^{n \times n}$ isomorph.*

Übungsaufgabe 26 *Seien A eine assoziative K-Algebra und $n, m \in \mathbb{N}$. Wozu ist $A^{n \times n} \otimes A^{m \times m}$ isomorph?*

Übungsaufgabe 27 *Seien A, B assoziative K-Algebra und $n, m \in \mathbb{N}$. Wozu ist $A^{n \times n} \otimes B^{m \times m}$ isomorph?*

Übungsaufgabe 28 *Seien K ein Körper und G, H endliche Gruppen. Sind KG und KH halbeinfach, so ist auch $K(G \times H)$ halbeinfach. Gilt diese Aussage auch für die Separabilität?*

Übungsaufgabe 29 *Was gilt von dem Beweis in Bemerkung 4, wenn man die Eins durch ein Idempotent ersetzt? Sind alle Idempotenten in einem fest vorgegeben Radikalkomplement enthalten? Gibt es zu jedem Idempotent mindestens ein Radikalkomplement, in dem es liegt?*

Übungsaufgabe 30 *Sind Potenzen eines Körpers wieder Teilkörper? Gilt dies ggfs. unter gewissen Bedingungen?*

Übungsaufgabe 31 *Man wende die Konstruktion 1 in folgender Form in der Algebra $\Delta_{u,4}$ an: zunächst bestimme man eine Basis des Radikals und berechne die Inversen Matrizen der um Eins verschobenen Basismatrizen des Radikals. Mit diesen berechne man dann eine Basis der jeweils Konjugierten von $D(4, K)$.*

Übungsaufgabe 32 *Man führe Übungsaufgabe 31 mit $\Delta_{o,4}$ durch!*

Übungsaufgabe 33 *Seien A eine assoziative endlich-dimensional unitäre K-Algebra mit separabler Radikalfaktorstruktur und $n \in \mathbb{N}$. In der Matrixalgebra $A^{n \times n}$ betrachte man den ersten Zeilenraum, also diejenigen Matrizen über A, die höchstens in der ersten Zeile Einträge ungleich Null besitzen. Ist der erste Zeilenraum eine Teilalgebra? Was ist ggfs. sein Radikal? Kann man es mit dem von A beschreiben? Was ist ein Radikalkomplement? Kann man eines mittels eines von $\mathrm{rad}(A)$ in A gewinnen oder beschreiben? Diese Aufgabe kann auch zunächst für kleine Werte von n oder speziellen Algebrentype von A – wie etwa $A = K$, A separabel etc. – gelöst werden.*

Übungsaufgabe 34 *Man führe die Übungsaufgabe 33 mit dem ersten Spaltenraum aus!*

Übungsaufgabe 35 *Man definiere die Begriffe unitäre Algebra, unitäre und unitale Teilalgebra und erläutere die Zusammenhänge und Unterschiede mit Beispielen.*

Übungsaufgabe 36 *Unter den Voraussetzungen des Satzes 1 prüfe man, was für Algebren entstehen, wenn die Grundringserweiterung stets sogar einfach und nicht nur halbeinfach ist.*

Übungsaufgabe 37 *Wie könnte man mit Hilfe der Grundringserweiterung einen separablen Algebren-Modul definieren? Man zeige anschliessend, dass diese Algebren-Moduln genau die halbeinfachen Moduln sind, deren Endomorphismen-Algebra separabel ist.*

Übungsaufgabe 38 *Man übertrage Übungsaufgabe 36 auf Algebren-Moduln.*

Übungsaufgabe 39 *Man untersuche die Beziehungen der Begriffe 'nilpotentes Element', 'idempotentes Element' und 'Einheit'.*

Übungsaufgabe 40 *Wir betrachten das Radikal der Algebra $\Delta_{u,3}$. Was ist seine Nilpotenzklasse? Man zeige, dass die Nilpotenzklasse jedes Elementes des Radikals höchstens so gross wie die des gesamten Radikals ist. Gibt es ein Element, dessen Nilpotenzklasse mit der des gesamten Radikals übereinstimmt?*

Übungsaufgabe 41 *Man löse die Übungsaufgabe 40 für $\Delta_{u,4}$ und anschliessend für $\Delta_{u,n}$, wobei jetzt $n \in \mathbb{N}$ beliebig ist.*

Übungsaufgabe 42 *Man berechne die Menge und ihre Anzahl von*

(i) $\underline{5} \setminus \underline{3}$,

(ii) $\underline{17} \cap \underline{13}$,

(iii) $P(\underline{3})$

(iv) $\underline{42} \cup \underline{111}$,

(v) $\underline{2} \times \underline{3}$.

Kann diese Aufgabe auf beliebige $n, m \in \mathbb{N}$ verallgemeinert werden?

Übungsaufgabe 43 *Ist jede halbeinfache Algebra separabel?*

Übungsaufgabe 44 *Ist jede separable Algebra halbeinfach?*

Übungsaufgabe 45 *Die Konjugation mit einer Einheit in einer assoziativen unitären K-Algebra ist K-linear.*

Übungsaufgabe 46 *Ist jede Algebra zu ihrer Invers-Algebra isomorph?*

Übungsaufgabe 47 *Warum ist die Dimension der reellen Zahlen über den rationalen Zahlen unendlich?*

Übungsaufgabe 48 *Seien* $A := \begin{pmatrix} 0_K & 0_K & 1_K \\ 0_K & 1_K & 0_K \\ 1_K & 0_K & 0_K \end{pmatrix}$ *und* $M :=$ $\begin{pmatrix} 1_K & 2_K & 3_K \\ 4_K & 5_K & 6_K \\ 7_K & 8_K & 9_K \end{pmatrix}$. *Man stelle das Konjugieren mit A mit Hilfe der Standardbasis von $K^{3\times 3}$ dar und berechne das Bild von M unter dieser Konjugation. Ist A invertierbar? Ist M invertierbar?*

Übungsaufgabe 49 *Seien A und M wie in Übungsaufgabe 48. Man berechne $M\alpha$, $M\alpha\beta$ und $M\alpha\beta\gamma$, woebei α, β, γ verschieden sind und das Transponieren, Invertieren oder Konjugieren mit A darstellen.*

Übungsaufgabe 50 *Sind $\Delta_{u,3}$ und $\Delta_{o,3}$ anti-isomorph? Wenn ja, stelle man einen Anti-Isomorphismus mit Hilfe geeigneter Basen dar.*

Übungsaufgabe 51 *Sind $\Delta_{u,4}$ und $\Delta_{o,4}$ isomorph? Wenn ja, stelle man einen Isomorphismus mit Hilfe geeigneter Basen dar.*

Übungsaufgabe 52 *Das Transponieren auf $\mathbb{C}^{4\times 4}$ stelle man mit einer geeigneten Basis dar!*

Übungsaufgabe 53 *Man berechne das Inverse der folgenden Matrizen:*

(i) $\begin{pmatrix} 1_K & 0_K & 0_K & 0_K \\ 2_K & 1_K & 0_K & 0_K \\ 3_K & 4_K & 1_K & 0_K \\ 5_K & 6_K & 7_K & 1_K \end{pmatrix}$ *über $K = GF(7)$*

(ii) $\begin{pmatrix} 1_K & 0_K & 0_K & 0_K \\ i_K & -1_K & 0_K & 0_K \\ -i_K & 1_K & 1_K & 0_K \\ 0_K & 0_K & (1+i)_K & 1_K \end{pmatrix}$ *über $K = \mathbb{Q}(i)$*

(iii) $\begin{pmatrix} 1_K & 0_K & 0_K & 0_K \\ 2_K & 1_K & 0_K & 0_K \\ \sqrt{2}_K & -\sqrt{2}_K & 1_K & 0_K \\ 0.1_K & 6.5_K & \frac{1}{3}_K & 1_K \end{pmatrix}$ *über $K = \mathbb{R}$*

(iv) $\begin{pmatrix} 1_K & 0_K & 0_K & 0_K \\ i_K & 1_K & 0_K & 0_K \\ \sqrt{2}i_K & 4_K & 1_K & 0_K \\ -0.1i_K & 6_K & \frac{16}{17}i_K & 1_K \end{pmatrix}$ *über $K = \mathbb{C}$.*

Übungsaufgabe 54 *In Übungsaufgabe 53 berechne man zu den jeweiligen Dreiecksmatrizen die konjugierte Teilalgebra unter den angegebenen Matrizen.*

Kapitel 2

Nicht-unitäre Algebren

In diesem Kapitel stellen wir uns zunächst die Frage, ob der Satz von Wedderburn-Malcev auf nicht notwendig unitäre Algebren erweitert werden kann. Es stellt sich heraus, daß dann ein ähnliches Resultat wie im unitären Fall gilt. Wir führen keinen neuen Beweis, sondern benutzen den bereis bewiesenen Satz. Für unsere Analyse ist die Adjunktion einer Eins die Grundidee der Verallgemeinerung. Wir werden dabei sehen, dass die Existenz von Einselementen für halbeinfache Algebren eine zentrale Rolle spielen.

2.1 Adjunktion einer Eins

Satz 7 *(Adjunktion einer Eins) Sei A eine K-Algebra. Der K-Raum $K \times A$ wird mit der Multiplikation $(c; x)(d; y) := (cd; cy + dx + xy)$ zu einer K-Algebra mit Einselement $(1_K; 0_A)$. Weiterhin ist die Abbildung*

$$\varphi : A \longrightarrow K \times A, \, a \longmapsto (0_K; a)$$

ein Algebrenmonomorphismus von A in $K \times A$. Wir bezeichnen diese unitäre K-Algebra mit (K, A). Man sagt, daß sie aus A durch Adjunktion einer Eins entsteht. Des Weiteren erhalten wir mit dem Entgiftungssatz und anschließendem Strukturtransport eine unitäre K-Algebra A^K, die A als Teilalgebra enthält und die zu (K, A) $\mathcal{A}_1$-isomorph ist.

Beweis. siehe [11], wo auch die Konzepte 'Entgiftungssatz' und 'Strukturtransport' erläutert werden.◇

In der nächsten Bemerkung listen wir einfache Eigenschaften der K-Algebra (K, A) auf.

Bemerkung 6 *Seien A eine K-Algebra und φ wie bei Satz 7. Es gelten:*

(i) $A \cong_A A\varphi$.

(ii) A assoziativ bzw. kommutativ $\Longleftrightarrow$ (K, A) assoziativ bzw. kommutativ

(iii) Teilalgebren, Linksideale, Rechtsideale und Ideale von A werden unter φ auf entsprechende Teilstrukturen in (K, A) abgebildet. Insbesondere ist $A\varphi$ ein Ideal von (K, A).

(iv) Sei K ein Körper. A ist genau dann endlich-dimensional, wenn (K, A) endlich-dimensional ist. Ist A endlich-dimensional, so gilt $dim_K((K, A)) = dim_K(A) + 1$.

(v) $E((K, A)) \cap A\varphi = \emptyset$

Beweis. ad(i): Dies folgt direkt aus Satz 7.

ad(ii): Die Rückrichtung folgt aus (i). Seien $c, d, e \in K$ und $x, y, z \in A$. Ist A kommutativ, so gilt $(c; x)(d; y) = (cd; cy + dx + xy) = (dc; dx + cy + yx) = (d; y)(c; x)$. Also ist auch (K, A) kommutativ.
Ist A assoziativ, so gelten
$$((c; x)(d; y))(e; z) = (cd; cy + dx + xy)(e; z)$$
$$= ((cd)e; (cd)z + e(cy + dx + xy) + (cy + dx + xy)z)$$
$$= (cde; (cd)z + (ec)y + (ed)x + e(xy) + c(yz) + d(xz) + xyz) \text{ und}$$
$$(c; x)((d; y)(e; z)) = (c; x)(de; dz + ey + yz)$$
$$= (cde; c(dz + ey + yz) + (de)x + x(dz + ey + yz))$$
$$= (cde; (cd)z + (ce)y + c(yz) + (de)x + d(xz) + e(xy) + xyz).$$
Ein Vergleich liefert (ii).

ad(iii): Nach (i) sind die φ-Bilder der angegebenen Strukturen Teilalgebren von (K, A). Da für alle $k \in K$ und $t, a \in A$ die Gleichungen $(0_K; t)(k; a) = (0_K; kt + ta)$ und $(k; a)(0_K; t) = (0_K; kt + at)$ gelten, ergibt sich (iii).

ad(iv): Dies folgt mit grundlegenden linear-algebraischen Methoden.

ad(v): Wegen $A\varphi \neq (K, A)$ folgt dies aus (iii).$\diamond$

In dem nächsten Lemma betrachten wir weitere Eigenschaften der K-Algebra (K, A). Die Punkte (i) und (ii) aus diesem Lemma werden eine wichtige Rolle bei der Untersuchung des Radikals von (K, A) spielen. Der letzte Punkt des folgenden Lemmas ist für die Konjugiertheitsaussage wichtig.

Lemma 1 *Seien A eine K-Algebra und φ wie beim Satz und Definition 7. Es gelten:*

(i) Ist A unitär, so gilt $(K, A) \cong_{A_1} K \oplus A$.
Ist $J := \langle(1_K; -1_A)\rangle_K$, so ist $\{J, A\varphi\}$ eine direkte Zerlegung in Ideale von (K, A), und es gilt $A \cong_{A_1} A\varphi$ sowie $K \cong_{A_1} J$.

(ii) Sei I ein Ideal von A. Es gilt $(K, A)/I\varphi \cong_{\mathcal{A}_1} (K, A/I)$.

(iii) Sei T eine Teilalgebra von A. Es sind $T\varphi$ und (K, T) Teilalgebren von (K, A), und (K, T) ist unital.[1]

Beweis. ad(i): Wir definieren

$$\alpha : (K, A) \longrightarrow K \oplus A, \ (k; a) \longmapsto (k; k1_A + a).$$

Dann ist α ein Algebrenisomorphismus, wie wir im Folgenden zeigen werden. Seien $k, k', l \in K$, $a, a' \in A$. Es gilt $((k; a) + (k'; a'))\alpha = (k + k'; (k + k')1_A + (a + a')) = (k; a)\alpha + (k'; a')\alpha$. Weiter ist $(l(k; a))\alpha = (lk; lk1_A + la) = l((k; a)\alpha)$ und offenbar gelten $\operatorname{Kern}\alpha = \{(0_K; 0_A)\}$ sowie $(k; a - k1_A)\alpha = (k; a)$. Somit ist α ein K-Raumisomorphismus. Offensichtlich gilt $(1_K; 0_A)\alpha = (1_K; 1_A)$.
Schließlich gilt $((k; a)(k'; a'))\alpha = (kk'; kk'1_A + ka' + k'a + aa') = (k; a)\alpha(k'; a')\alpha$. Da für alle $(k; a) \in K \times A$ $(k; a)\alpha^{-1} = (k; -k1_A)$ gilt, ergibt sich somit auch die zweite Aussage in (i).

ad(ii): Eine leichte Rechnung zeigt, daß die Abbildung

$$\beta : (K, A) \longrightarrow (K, A/I), \ (k; a) \longmapsto (k; a + I)$$

ein $\mathcal{A}_1$-Epimorphismus mit $\operatorname{Kern}\beta = I\,\varphi$ ist.

ad(iii): Dies folgt direkt aus Satz und Definition 7.$\diamond$

Anmerkung 2 In dieser Anmerkung weisen wir nach, daß die Eigenschaft (i) aus Lemma 1 unitäre Algebren über Körpern kennzeichnet. Seien also K ein Körper und A eine K-Algebra. Des Weiteren sei $\{I, J\}$ eine direkte Zerlegung von (K, A) in Ideale von (K, A), für die $I \cong_A K$ und $J \cong_A A$ gelte. Da K eine unitäre K-Algebra ist, ist es aus Isomorphiegründen auch I. Aus Satz und Definition 7 folgt weiter, daß (K, A) eine unitäre K-Algebra ist. Somit gibt es ein $j \in J$ und ein $k \in K$ mit $1_{(K,A)} = k1_I + j$. Wir zeigen, daß j ein Einselement von J ist. Ist nämlich $x \in J$, so folgt $x = x1_{(K,A)} = k1_I x + jx = jx$. Somit gilt $x = jx$. Analog ergibt sich $x = xj$. Folglich ist j ein Einselement von J. Aus Isomorphiegründen schließen wir, daß A unitär ist.$\diamond$

2.2 Der Existenzbeweis

Eine weitere entscheidende Aussage für die Bestimmung des Radikals von (K, A) ist der folgende Hilfssatz. Demnach ist die Unitärität einer Algebra ein notwendiges Kriterium für die Halbeinfachheit einer Algebra. Es

---

[1]Unitale Teilalgebren enthalten das Einselement der sie umfassenden Algebra. Unitäre Teilalgebren sind als eigenständige Algebren unitär.

ist schon ein wenig kurios, daß bei der Verallgemeinerung des Satzes von Wedderburn-Malcev auf nicht notwendig unitäre Algebren ein Hilfssatz, der die Existenz eines Einselementes für gewisse Algebren garantiert, eine wichtige Rolle spielt.

Hilfsssatz 1 *(Unitärität halbeinfacher Algebren)* *Jede endlich-dimensionale assoziative halbeinfache K-Algebra ist unitär. Insbesondere ist die Radikalfaktorstruktur einer endlich-dimensionalen assoziativen K-Algebra unitär.*

Beweis. (vgl. [11]) Dieser Existenzbeweis gliedert sich in zwei Teile.

(i) Es wird zunächst gezeigt, daß jede Linkseins von A schon eine Eins von A ist. Sei e eine Linkseins von A. Wir definieren $B := \{x \mid x \in A, xe = 0_A\}$. Offenbar ist B ein K-Teilraum von A. Seien $x \in B$ und $a \in A$. Dann gilt $xa = xea = 0_A a = 0_A$. Somit ist B ein Zero-Rechtsideal von A und damit in $rad(A)$ enthalten. Dies bedeutet $B = \{0_A\}$. Ist nun $a \in A$, so gilt $a - ae \in B$, also $a - ae = 0_A$. Dies zeigt $a = ae$, und somit ist e auch eine Rechtseins von A.

(ii) Nun wird eine Linkseins von A konstruiert. Da A endlich-dimensional ist, existieren Idempotente $e_1, ..., e_k$ in A und ein Rechtsideal S von A, so daß $A = e_1 A \oplus_K ... \oplus_K e_k A \oplus_K S$ und für alle $i, j \in \underline{k}$ mit $i < j$ $e_i e_j = 0_A$ gelten sowie S kein Idempotent $\neq 0_A$ enthält. Es ist S ein nilpotentes Rechtsideal von A und damit in $rad(A)$ enthalten. Da A halbeinfach ist, folgt $S = \{0_A\}$. Für alle $r \in \underline{k}$ definieren wir $s_r := (-1_K)^{r-1} \sum\limits_{i_1 > ... > i_r} e_{i_1}...e_{i_r}$ und zeigen, daß $e := \sum\limits_{r=1}^{k} s_r$ eine Linkseins von A ist. Dazu genügt es zu zeigen, daß für alle $t \in \underline{k}$ $ee_t = e_t$ gilt. Seien $r, t \in \underline{k}$. Es gilt $s_r e_t = (-1_K)^{r-1} (\sum\limits_{i_1 > ... i_r > t} e_{i_1}...e_{i_r} e_t + \sum\limits_{i_1 > ... > i_r = t} e_{i_1}...e_{i_r})$. Mit einem Teleskopsummenargument folgt daraus $ee_t = e_t + (-1_K)^{k-1} \sum\limits_{i_1 > ... i_k > t} e_{i_1}...e_{i_k} e_t = e_t.\diamond$

Mit diesem Hilfssatz kann nun das Radikal von (K, A) und seine Faktorstruktur untersucht werden. Dazu benötigen wir allerdings noch einige Eigenschaften separabler Algebren.

Proposition 1 *Seien K ein Körper, A, B assoziative K-Algebren und I ein Ideal von A.*

(i) Sei A separabel. Es sind I und A/I separabel. Teilalgebren von A sind im Allgemeinen nicht wieder separabel.

(ii) Genau dann sind A und B separabel, wenn $A \oplus B$ separabel ist.

(iii) Sind A/I und I separabel, so ist A separabel.

Beweis. ad(i): Mit A ist auch I als Ideal von A nach Teil (i) von Korollar 1 endlich-dimensional und halbeinfach. Aus Hilfssatz 1 folgt, daß I unitär ist. Des Weiteren ist $I^- \otimes_K I$ ein Ideal der halbeinfachen K-Algebra $A^- \otimes_K A$, also selbst halbeinfach (vgl. Aussage (ii) von Satz 1). Somit ist I nach Aussage (ii) von Satz 1 separabel. Da A endlich-dimensional und unitär ist, ist es auch A/I. Es verbleibt (vgl. Aussage (ii) von Satz 1), die Halbeinfachheit von $(A/I)^- \otimes_K A/I$ zu zeigen. Sei π der kanonische Algebrenepimorphismus von A auf A/I. Dann ist π auch ein Algebrenepimorphismus von A^- auf $(A/I)^-$. Folglich ist $\pi \otimes \pi$ ein Algebrenepimorphismus von $A^- \otimes_K A$ auf $(A/I)^- \otimes_K A/I$, welche nun als homomorphes Bild der halbeinfachen K-Algebra $A^- \otimes_K A$ selbst halbeinfach ist.

Als Beispiel betrachten wir die separable K-Algebra $K^{n \times n}$ mit $n \neq 1$. Die Teilalgebra der unteren Dreiecksmatrizen ist nicht einmal halbeinfach (vgl. Beispiel iv, den Abschnitt 1.3.2 über Dreiecksmatrizen und Teil (i) von Korollar 1).

ad(ii): Ist $A \oplus B$ separabel, so sind nach Teil (i) auch A und B separabel. Die Rückrichtung folgt sofort aus Aussage (iv) von Satz 1.

ad(iii): Nach Teil (i) von Korollar 1 sind A/I und I endlich-dimensional und halbeinfach. Wegen $rad(A/I) = (rad(A) + I)/I = \{I\}$ folgt $rad(A) \subseteq I$. Somit ergibt sich $rad(A) = rad(A) \cap I = rad(I) = \{0_A\}$. Also ist auch A halbeinfach. Folglich besitzt I ein Idealkomplement in A, welches zu A/I $\mathcal{A}_1$-isomorph, also selbst separabel ist. Mit (ii) folgt die Behauptung.$\diamond$

Korollar 2 *(Radikal und seine Faktorstruktur der Adjunktion einer Eins)*
Seien K ein Körper, A eine endlich-dimensionale assoziative K-Algebra und φ wie beim Satz 7. Es gelten:

(i) (K, A) ist eine assoziative endlich-dimensionale unitäre K-Algebra.

(ii) $rad((K, A)) = rad(A)\varphi$

(iii) $(K, A)/rad((K, A)) \cong_{\mathcal{A}_1} K \oplus A/rad(A)$

(iv) Genau dann ist $(K, A)/rad((K, A))$ separabel, wenn $A/rad(A)$ separabel ist.

Beweis. ad(i): Dies folgt direkt aus Satz und Definition 7 und den Teilen (ii) und (iv) von Bemerkung 6.

ad(ii) und (iii): Nach Satz und Definition 7 und Teil (i) von Bemerkung 6 ist $rad(A)\varphi$ ein nilpotentes Ideal der nach (i) assoziativen endlich-dimensionalen unitären K-Algebra (K, A). Aus Teil (ii) von Lemma 1 folgt nun $(K, A)/rad(A)\varphi \cong_{A_1} (K, A/rad(A))$. Nach Hilfssatz 1 ist $A/rad(A)$ unitär, woraus sich mit Aussage (i) von Lemma 1 $(K, A)/rad(A)\varphi \cong_{A_1} K \oplus A/rad(A)$ ergibt. Da direkte Produkte halbeinfacher Algebren wieder halbeinfach sind, folgen nun (ii) und (iii).

ad(iv): K ist als K-Algebra separabel. Die Behauptung folgt nun mit Teil (ii) und Teil (ii) von Proposition 1.◇

Somit ergibt sich das folgende Hasse-Diagramm zur Radikalfaktorstruktur von (K, A):

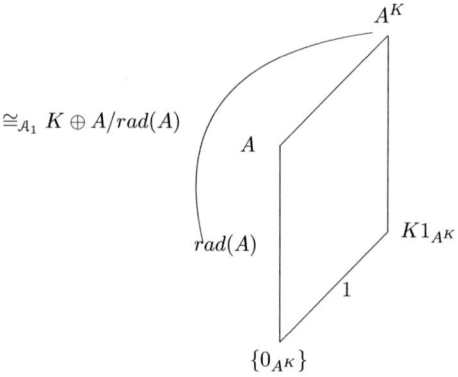

Nun können wir die Existenz eines Radikalkomplementes für nicht notwendig unitäre Algebren beweisen.

Satz 8 *(Existenz eines Radikalkomplements für nicht-unitäre Algebren)*
Seien K ein Körper und A eine endlich-dimensionale assoziative K-Algebra. Ist $A/rad(A)$ separabel, so besitzt $rad(A)$ ein Algebrenkomplement in A.

Beweis. Sei im Folgenden φ wie beim Satz und Definition 7. Nach Satz und Definition 7 und Korollar 2 ist (K, A) eine endlich-dimensionale assoziative unitäre K-Algebra mit $rad((K, A)) = rad(A\varphi)$ und separabler Radikalfaktorstruktur. Nach 4 besitzt $rad((K, A))$ ein Algebrenkomplement T in (K, A). Mit der Dedekind-Identität folgt nun
$A\varphi = (K, A) \cap A\varphi = (rad(A)\varphi \oplus_K T) \cap A\varphi = rad(A)\varphi \oplus_K (T \cap A\varphi)$. Der Teil (i) von Bemerkung 6 schließt den Beweis ab.◇

Zum Abschluß dieses Abschnittes betrachten wir eine Anwendung des Satzes 8. Wir werden im Folgenden 'das' Tensorprodukt zweier assoziativer

Algebren hinsichtlich des Radikals und seiner Faktorstruktur untersuchen. Dazu benötigen wir die folgenden drei Lemmata.

Lemma 2 *Seien A eine K-Algebra, I ein Ideal von A und S ein Ideal der Teilalgebra T von A. Es gelten:*

(i) $I + S$ ist ein Ideal von $I + T$.

(ii) $(I \cap T) + S$ ist ein Ideal von T.

(iii) Die Algebren $(I + T)/(I + S)$ und $T/((I \cap T) + S)$ sind isomorph.

Beweis. ad(i) und (ii): Die Aussagen (i) und (ii) sind leicht zu verifizieren.

ad(iii): Mit der Dedekind-Identität schließen wir $(I + S) \cap T = (I \cap T) + S$. Daher folgt (iii) aus dem Parallelogrammsatz.◇

Lemma 3 *Seien K ein Körper, A, B endlich-dimensionale assoziative K-Algebren und I ein Ideal von B. Es ist $A \otimes_K I$ ein Ideal von $A \otimes_K B$, und es gilt $(A \otimes_K B)/(A \otimes_K I) \cong_A A \otimes_K (B/I)$.*

Beweis. Sei γ die Abbildung von $A \otimes_K B$ nach $A \otimes_K (B/I)$ mit $(a \otimes b)\gamma = a \otimes (b + I)$ für alle $(a; b) \in A \times B$. Dann ist γ offenbar ein $\mathcal{A}$-Epimorphismus, und es gilt $A \otimes_K I \subseteq Kern\gamma$. Mit dem Homomorphiesatz ergibt eine leichte Dimensionsberechnung $dim_K(Kern\gamma) = dim_K(A \otimes_K I)$. Somit gilt $Kern\gamma = A \otimes_K I$, woraus wir wiederum mit dem Homomorphiesatz die Behauprung erschließen.◇

Lemma 4 *(Tensoreigenschaft separabler Algebren) Sind K ein Körper, A eine assoziative separable K-Algebra und B eine endlich-dimensionale assoziative halbeinfache K-Algebra, so ist $A \otimes_K B$ halbeinfach.*

Beweis. vgl. Theorem 71.10 in [3].◇

Zu dem Lemma 4 betrachten wir einige Beispiele.

Beispiel 3 (i) Im Zusammenhang mit endlich-dimensionalen zentral-einfachen assoziativen Algebren werden u.a. die Isomorphien $\mathbb{H} \otimes_{\mathbb{R}} \mathbb{H}^- \cong_{\mathcal{A}_1} \mathbb{R}^{4 \times 4}$ und $\mathbb{H} \otimes_{\mathbb{R}} \mathbb{C} \cong_{\mathcal{A}_1} \mathbb{C}^{2 \times 2}$ bewiesen. Diese Beispiele zeigen, daß das Tensorprodukt zweier Divisionsalgebren im Allgemeinen keine Divisionsalgebra ist.

(ii) Eine leichte Rechnung zeigt $\mathbb{C} \otimes_{\mathbb{R}} \mathbb{C} \cong_{\mathcal{A}_1} \mathbb{C} \oplus \mathbb{C}$. Somit ist das Tensorprodukt zweier einfacher Algebren im Allgemeinen nicht einfach.

42

(iii) Sei $(K; L)$ eine endlich-dimensionale, nicht separable Körpererweiterung (siehe z.B. Abspiel 1). Aus Satz 1 ergibt sich, daß die K-Algebra $L \otimes_K L$ nicht halbeinfach ist. Also ist i.a. das Tensorprodukt zweier halbeinfacher Algebren nicht halbeinfach.◇

Satz 9 *Seien K ein Körper und A, B endlich-dimensionale assoziative K-Algebren. Es gelten:*

(i) *Ist $A/rad(A)$ oder $B/rad(B)$ separabel, so gelten $rad(A \otimes_K B) = rad(A) \otimes_K B + A \otimes_K rad(B)$ und $(A \otimes_K B)/rad(A \otimes_K B) \cong_{A_1} (A/rad(A)) \otimes_K (B/rad(B))$.*

(ii) *Sind $A/rad(A)$ und $B/rad(B)$ separabel, und sind S und T Radikalkomplemente in A und B, so ist $S \otimes_K T$ ein Radikalkomplement in $A \otimes_K B$. Insbesondere ist in diesem Fall $(A \otimes_K B)/rad(A \otimes_K B)$ separabel.*

Beweis. ad(i): Wegen $A \otimes_K B \cong_A B \otimes_K A$ können wir o.B.d.A. annehmen, daß $A/rad(A)$ separabel ist. Sei $I := rad(A) \otimes_K B + A \otimes_K rad(B)$. Offenbar ist I ein nilpotentes Ideal von $A \otimes_K B$. Wir müssen also nur noch einsehen, daß $(A \otimes_K B)/I$ halbeinfach ist. Da $A/rad(A)$ separabel ist, gibt es nach Satz 8 ein Radikalkomplement T in A. Somit gelten $A \otimes_K B = rad(A) \otimes_K B + T \otimes_K B$ sowie $I = rad(A) \otimes_K B + T \otimes_K rad(B)$. Mit Lemma 2 schließen wir $(A \otimes_K B)/I \cong_A ((rad(A) \otimes_K B) \cap (T \otimes_K B)) + T \otimes_K rad(B)$. Wegen $rad(A) \oplus_K T = A$ folgern wir daher mit Lemma 3 $(A \otimes_K B)/I \cong_A T \otimes_K (B/rad(B))$. Aus Lemma 4 ergibt sich nun (i).

ad(ii): Die Aussage in (ii) ergibt sich mit Satz 8, Teil (i) und Lemma 4.◇

Diesen Abschnitt beschließt eine kleine Anwendung dieses Satzes.

Beispiel 4 *($\otimes = \oplus$)* In Teil (ii) von Beispiel 3 haben wir angemerkt, daß $\mathbb{C} \otimes_{\mathbb{R}} \mathbb{C} \cong_{A_1} \mathbb{C} \oplus \mathbb{C}$ gilt. Ausgehend von diesem Beispiel stellen wir uns die Frage, für welche endlich-dimensionalen assoziativen unitären K-Algebren A die Beziehung $A \otimes_K A \cong_{A_1} A \oplus A$ gilt. Offenbar folgt aus dieser Beziehung, daß $dim_K(A) = 2$ gilt. Der Nullraum ist wegen $1 \neq 0$ ausgeschlossen. Nach dem Theorem 1.1.1 in [4] sind für die Struktur der Algebra A drei Fälle möglich.

Im ersten Fall gilt $A \cong_{A_1} K^2$. In diesem Fall ist die Ausgangsfrage offenbar wahr, denn es gilt $K^2 \otimes K^2 \cong_{A_1} K^4 \cong_{A_1} K^2 \times K^2$.

Im zweiten Fall besitzt A ein ein-dimensionales Radikal. Somit ergibt sich $dim_K(rad(A \oplus A)) = 2$. Andererseits gilt nach Satz 9 $dim_K(rad(A \otimes_K A)) =$

1. Also fällt in diesem Fall die Ausgangsfrage negativ aus.

Im letzten Fall ist $(K1_A; A)$ eine zwei-dimensionale Körpererweiterung. In diesem Fall unterscheiden wir zwei weitere Unterfälle. Im ersten nehmen wir an, daß diese Körpererweiterung inseparabel ist. Offenbar ist somit die K-Algebra $A \oplus A$ halbeinfach. Allerdings folgt mit Satz 1 und Korollar 1, daß die K-Algebra $A \otimes_K A$ nicht halbeinfach ist. Die Ausgangsfrage ist also wiederum zu verneinen.

Im zweiten Unterfall sei die Körpererweiterung $(K1_A; A)$ also eine Galoiserweiterung vom Grade 2. Jedenfalls gibt es ein $a \in A$ mit $A = K1_A(a)$. Aus der Proposition 5.3.1 in [4] ergibt sich, daß $A \otimes_K A$ zu $K1_A(a)[t]/(K1_A(a)[t]f)$ isomorph ist. Dabei bezeichne f das Minimalpolynom von a über $K1_A$. Da f separabel über $K1_A$ ist, zerfällt f in $K1_A(a)[t]$ in zwei verschiedene Linearfaktoren. Mit dem Chinesischen Restsatz ergibt sich, daß die Ausgangsfrage zu bejahen ist.◇

2.3 Die Konjugiertheitsaussage

Da wir jetzt Algebren betrachten, die nicht notwendig unitär sind, stellt sich die Frage, in welchem Sinne die Konjugiertheitsaussage des Satzes von Wedderburn-Malcev für solche Algebren zu verstehen ist. Dazu ist der Abschnitt 2 gedacht. In Teil (v) des Abschnittes 2 sehen wir zudem, welche Gruppe eine Verallgemeinerung der Einheitengruppe einer assoziativen Algebra ist. Doch zuvor benötigen wir die folgende Definition.

Definition 4 *(Verschiebung)* Seien A eine abelsche Gruppe und $a \in A$. Wir definieren

$$\alpha_a : A \longrightarrow A, x \longmapsto x + a.$$

Diese Abbildung nennen wir die Verschiebung um a in A.◇

Proposition 2 *(Die Sternverknüpfung)* *Sei A eine K-Algebra. Für alle $a, b \in A$ sei $a * b := a + b + ab$. Dann gelten für die sogenannte Sternverknüpfung $*$ folgende Aussagen:*

(i) *$(A; *)$ ist ein Magma mit neutralem Element 0_A. Ist $(A; *)$ assoziativ, so bezeichnen wir mit $Q(A)$ die Einheitengruppe dieses Monoids. Sie wird auch Sterngruppe oder quasireguläre Gruppe genannt. Des Weiteren bezeichne in diesem Fall $a^{(-1)}$ das Inverse zu $a \in Q(A)$.*

(ii) *Für alle $a, b, c \in A$ gilt $ab = ba$ bzw. $(ab)c = a(bc)$ genau dann, wenn $a * b = b * a$ bzw. $(a * b) * c = a * (b * c)$ gilt. Insbesondere ist $(A; \cdot)$ genau dann kommutativ bzw. assoziativ, wenn $(A; *)$ diese Eigenschaft besitzt. Ist $(A; \cdot)$ assoziativ, so gilt für alle $a \in A$, $r \in Q(A)$: $r^{(-1)} * a * r = a + r^{(-1)}a + ar + r^{(-1)}ar$.*

(iii) Ist A unitär, so ist α_{1_A} ein Magmenisomorphismus von $(A; *)$ auf $(A; \cdot)$.

(iv) Ist $\gamma : A \longrightarrow B$ ein Algebrenhomomorphismus, so ist γ ein Magmenhomomorphismus zwischen $(A; *)$ und $(B; *)$.

(v) Sei A assoziativ.

(a) Ist a ein nilpotentes Element von A, so gelten $a \in Q(A)$ und
$$a^{(-1)} = \sum_{s=1}^{cl(a)-1} (-1_K)^s a^s.\ \textit{Insbesondere ist } (rad(A); *)\ \textit{eine Gruppe.}$$

(b) $rad(A)$ ist (falls A rechtsartinsch ist) ein (nilpotenter) Normalteiler von $Q(A)$.

(c) Ist A unitär (und rechtsartinsch), so ist die Einschränkung von α_{1_A} auf $Q(A)$ ein Gruppenisomorphismus auf $E(A)$ und $rad(A)\alpha_{1_A} = 1_A + rad(A)$ ein (nilpotenter) Normalteiler von $E(A)$.

Beweis: siehe [11].$\diamond$

Bevor wir uns der Konjugiertheitsaussage für nicht notwendig unitäre Algebren widmen, benötigen wir noch die folgende Bemerkung über die Algebra (K, A). Sie untersucht das Zusammenspiel von (K, A) mit der Sternverknüpfung.

Bemerkung 7 *Seien A eine K-Algebra, S ein K-Teilraum und T eine Teilalgebra von A sowie φ wie beim Satz und Definition 7. Es gelten:*

(i) Aus $A = S \oplus_K T$ folgt $(K, A) = S\varphi \oplus_K (K, T)$.

(ii) Für alle $k, l \in K$ und $a, b \in A$ gilt $(k; a) * (l; b) = (k * l; a * b + kb + la)$.

(iii) Für alle $a, c \in A, k \in K$ gilt $a\varphi * (k; c) \in A\varphi$ bzw. $(k; c) * a\varphi \in A\varphi$ genau dann, wenn $k = 0_K$ gilt.

(iv) Ist C eine Teilalgebra von A, so gelten für alle $a \in A$
$(a * C)\varphi = a\varphi * C\varphi = (a\varphi * (K, C)) \cap A\varphi$ *und*
$(C * a)\varphi = C\varphi * a\varphi = ((K, C) * a\varphi) \cap A\varphi.\diamond$

Definition 5 *(Die Sternkonjugation)* Seien A eine assoziative K-Algebra und $r \in Q(A)$. Es sei

$$\kappa_{(r)} : A \longrightarrow A, a \longmapsto r^{(-1)} * a * r.$$

Wie gewohnt schreiben wir für alle $a \in A$ und $T \subseteq A$ statt $a\kappa_{(r)}$ bzw. statt $T\kappa_{(r)}$ auch $a^{(r)}$ bzw. $T^{(r)}$ und nennen $\kappa_{(r)}$ die Konjugation mit $r.\diamond$

Satz 10 *(Sternkonjugiertheit der Radikalkomplemente)   Seien K ein Körper und A eine endlich-dimensionale assoziative K-Algebra mit separabler Radikalfaktorstruktur. Sind S, T Algebrenkomplemente von $\operatorname{rad}(A)$ in A, so gibt es ein $r \in \operatorname{rad}(A)$ mit $T = S^{(r)}$.*

Beweis. Sei φ wie beim Satz und Definition 7. Nach Korollar 2 ist (K, A) eine endlich-dimensionale assoziative unitäre K-Algebra mit $\operatorname{rad}((K, A)) = \operatorname{rad}(A\varphi)$ und separabler Radikalfaktorstruktur. Aus Teil (iii) von Lemma 1 und Teil (i) von Bemerkung 7 folgt, daß (K, S) und (K, T) Algebrenkomplemente von $\operatorname{rad}((K, A))$ in (K, A) sind. Also gibt es nach Satz 4 ein $r \in \operatorname{rad}(A)$ mit $(K, S) = (1_K; r)^{-1}(K, T)(1_K; r)$. Mit Teil (iii) von 2 und Bemerkung 4 folgt $(K, S) = (0_K; r)^{(-1)} * (K, T) * (0_K; r)$, also $r\varphi * (K, S) = (K, T) * r\varphi$. Eine Schnittbildung mit $A\varphi$ ergibt mit Teil (iv) von Bemerkung 7 $(r * S)\varphi = (T * r)\varphi$. Aus der Injektivität von φ folgern wir $r * S = T * r$, also $T = S^{(r)}$.$\diamond$

Ähnlich wie beim Satz von Sylow für endliche Gruppen gilt, daß jede separable Teilalgebra in ein Radikalkomplement hineinkonjugiert werden kann. Das bedeutet, daß sämtliche Isomorphietypen separabler Teilalgebren schon in einem Radikalkomplement enthalten sind. Um das beweisen zu können, benötigen wir noch eine Bemerkung über das Konjugieren mit Elementen der Sterngruppe.

Bemerkung 8 *Seien A eine assoziative K-Algebra und $x \in Q(A)$. Dann ist $\kappa_{(x)}$ ein Algebrenautomorphismus von A. Insbesondere ist die Abbildung*

$$\kappa_{()} : Q(A) \longrightarrow \operatorname{Aut}_K(A), x \longmapsto \kappa_{(x)}$$

ein Gruppenhomomorphismus mit $\operatorname{Kern}\kappa_{()} = Z(A) \cap Q(A)$, und $\operatorname{Bild}\kappa_{()}$ ist ein Normalteiler von $\operatorname{Aut}_K(A)$. Für alle $x \in Q(A)$ und $\alpha \in \operatorname{Aut}_K(A)$ gilt $\kappa_{(x)}{}^\alpha = \kappa_{(x\alpha)}$.

Beweis.   Bekanntlich ist $\kappa_{(x)}$ ein Monoidautomorphismus von $(A; *)$. Insbesondere ist diese Abbildung also bijektiv. Nach Teil (ii) von 2 gilt für alle $a \in A$ die Aussage $(*)x^{(-1)} * a * x = a + x^{(-1)}a + ax + x^{(-1)}ax$.
Seien $a, b \in A, k \in K$. Es gilt nach $(*)$
$x^{(-1)} * (ka) * x = ka + x^{(-1)}(ka) + (ka)x + x^{(-1)}(ka)x = k(x^{(-1)} * a * x)$.
Weiter gilt mit $(*)$
$x^{(-1)} * (a + b) * x = (a + b) + x^{(-1)}(a + b) + (a + b)x + x^{(-1)}(a + b)x$
$= x^{(-1)} * a * x + x^{(-1)} * b * x$.
Schließlich gilt mit $(*)$
$(x^{(-1)} * a * x)(x^{(-1)} * b * x)$
$= ab + ax^{(-1)}b + abx + ax^{(-1)}bx$
$+x^{(-1)}ab + x^{(-1)}ax^{(-1)}b + x^{(-1)}abx + x^{(-1)}ax^{(-1)}bx$
$+axb + axx^{(-1)}b + axbx + axx^{(-1)}bx$

$+x^{(-1)}axb + x^{(-1)}axx^{(-1)}b + x^{(-1)}axbx + x^{(-1)}axx^{(-1)}bx.$

Wegen $x \in Q(A)$ folgen

$ax^{(-1)}b + axb + axx^{(-1)}b = 0_A,$

$x^{(-1)}ax^{(-1)}bx + x^{(-1)}axbx + x^{(-1)}axx^{(-1)}bx = 0_A,$

$axbx + ax^{(-1)}bx + axx^{(-1)}bx = 0_A$ und

$x^{(-1)}ax^{(-1)}b + x^{(-1)}axb + x^{(-1)}axx^{(-1)}b = 0_A.$

Also ergibt sich $(x^{(-1)} * a * x)(x^{(-1)} * b * x) = ab + abx + x^{(-1)}ab + x^{(-1)}abx.$
Eine nochmalige Anwendung von (∗) ergibt die Behauptung über $\kappa_{(x)}$.
Da $Q(A) = E((A; *))$ gilt, ist $\kappa_{()}$ ein Gruppenhomomorphismus von $Q(A)$ in $Aut((A; *))$, dessen Kern man leicht als $Z(A) \cap Q(A)$ identifiziert. Da nach Teil (iv) von Definition und Satz 2 $Aut_K(A) \subseteq Aut((A; *))$ gilt, ist die letzte Aussage in der Behauptung sogar für alle alle $\alpha \in Aut((A; *))$ erfüllt.◇

Korollar 3 *(Maximalität der Radikalkomplemente) Seien K ein Körper und A eine endlich-dimensionale assoziative K-Algebra mit separabler Radikalfaktorstruktur. Es gelten:*

   (i) *Ist T ein Algebrenkomplement von $rad(A)$ in A und S eine separable Teilalgebra von A, so gibt es ein $r \in rad(A)$ mit $S^{(r)} \subseteq T$.*

   (ii) *$rad(A)$ operiert vermöge Konjugation transitiv auf der Menge der Algebrenkomplemente von $rad(A)$ in A.*

  (iii) *Die Algebrenkomplemente von $rad(A)$ in A sind genau die separablen Teilalgebren von maximaler K-Dimension von A.*

  (iv) *Die Algebrenkomplemente von $rad(A)$ in A sind genau die bezüglich $\subseteq$ maximalen Elemente der Menge der separablen Teilalgebren von A.*

Beweis. ad(i): Sei $B := rad(A) + S$. Da $S \cap rad(A)$ ein nilpotentes Ideal von S ist, folgt $B = rad(A) \oplus_K S$. Dies zeigt zudem $rad(B) = rad(A)$. Sicherlich ist B eine endlich-dimensionale assoziative K-Algebra. Wir zeigen, daß $T \cap B$ ein Algebrenkomplement von $rad(B)$ in B ist. Wegen $rad(A) \subseteq B$ folgt mit dem modularen Gesetz von Dedekind $rad(A) \oplus_K (T \cap B) = (rad(A) \oplus_K T) \cap B = A \cap B = B$. Also besitzt $T \cap B$ die gewünschte Eigenschaft. Nach Satz 10 gibt es daher ein $r \in rad(A)$ mit $S^{(r)} = T \cap B \subseteq T$. Es folgt (i).

ad(ii): Dies folgt aus Satz 10 und Bemerkung 8.

ad(iii): Sei T ein Algebrenkomplement von $rad(A)$ in A, welches nach Satz 8 existiert. Aus Teil (i) und Bemerkung 8 folgt, daß T unter den separablen Teilalgebren von A eine von maximaler K-Dimension ist. Sei nun S eine separable Teilalgebra von A, die unter den separablen Teilalgebren von A von maximaler K-Dimension ist. Dann folgt mit Teil (i), Bemerkung 8 und der eben gezeigten Tatsache, daß es ein $r \in rad(A)$ mit $S^{(r)} = T$

gibt. Aus (ii) folgt nun (iii).

ad(iv): Sei T ein Algebrenkomplement von $rad(A)$ in A, welches nach Satz 8 existiert. Ist M ein maximales Element der Menge der separablen Teilalgebren von A, so gibt es nach (i) ein $r \in rad(A)$ mit $M^{(r)} \subseteq T$. Mit M ist wegen Bemerkung 8 auch $M^{(r)}$ ein maximales Element der Menge der separablen Teilalgebren von A. Folglich gilt $M^{(r)} = T$. Nun ergibt sich aus (ii), daß $M = T^{(r^{(-1)})}$ ein Algebrenkomplement von $rad(A)$ in A ist. Die Implikation $\Longrightarrow$ folgt aus (iii).$\diamond$

Zum Abschluß dieses Abschnittes betrachten wir ein Beispiel einer nicht-unitären Algebra. Anschliessend zeigen wir, wie man die Resultate zu nicht-unitären Algebren – insbesondere die Konjugiertheitsaussagen – auf unitäre anwenden kann.

Beispiel 5 Seien K ein Körper und A die 2-dimensionale K-Algebra mit K-Basis $\{e, r\}$ und der Multiplikation

$$
\begin{array}{c|cc}
\cdot & e & r \\
\hline
e & e & r \\
r & 0_A & 0_A.
\end{array}
$$

Dann ist A eine nicht kommutative assoziative K-Algebra, da sie zu einer Teilalgebra der Algebra aus Beispiel 1 $\mathcal{A}$-isomorph ist. Es ist weiterhin offensichtlich, daß $rad(A) = \langle r \rangle_K$ gilt, $T := \langle e \rangle_K$ ein Algebrenkomplement von $rad(A)$ in A und die Radikalfaktorstruktur separabel sind. Wir zeigen nun, daß A nicht unitär ist. Angenommen, A wäre unitär. Dann gäbe es $k, l \in K$ mit $1_A = ke + lr$. Aus $e = (ke + lr)e = ke$ würde dann $k = 1_K$ folgen. Mit $e = e(e + lr) = e + lr$ müßte also $l = 0_K$ gelten. Somit wäre $1_A = e$, woraus wir mit $r = re = 0_A$ einen Widerspruch ableiten. Also ist A nicht unitär. Mit Satz 10 können wir trotzdem sämtliche Algebrenkomplemente von $rad(A)$ in A bestimmen. Sei $k \in K$. Dann gilt $(-kr) * (kr) = 0_A$, woraus nun $e^{(kr)} = (-kr) * e * (kr) = (-kr + e) * kr = e + kr$ folgt. Somit ist $\{\langle e + kr \rangle_K \mid r \in rad(A)\}$ die Menge der Algebrenkomplemente von $rad(A)$ in A. Sind $k, l \in K$ mit $\langle e + kr \rangle_K = \langle e + lr \rangle_K$, so gilt offenbar $k = l$. Also gibt es eine Bijektion von $rad(A)$ auf die Menge der Radikalkomplemente von A. Abschließend bestimmen wir noch alle Teilalgebren von A. Sei S eine ein-dimensionale Teilalgebra von A. Gilt $S \cap rad(A) = \{0_A\}$, so ist S aus Dimensionsgründen ein Algebrenkomplement von $rad(A)$ in A. Anderenfalls gilt aus Dimensionsgründen $S = rad(A)$. Das folgende Bild illustriert die Struktur der Algebra A.$\diamond$

48

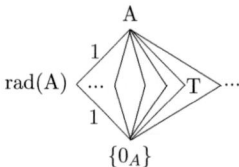

$$\text{rad(A)} \quad \langle \cdots \quad \overset{A}{\underset{\{0_A\}}{\text{[T]}}} \quad T \rangle \cdots$$

Die folgende Bemerkung impliziert, daß wir bei unitären Algebren bei sämtlichen Aussagen das Konjugieren mit einem Element $r \in rad(A)$ durch das Konjugieren mit dem Element $1_A + r$ ersetzen können.

Bemerkung 9 *Seien A eine assoziative unitäre K-Algebra und $r \in Q(A)$. Es gilt $\kappa_{(r)} = \kappa_{1_A + r}$.*

Beweis: Sei $a \in A$. Nach Teil (ii) von 2 gilt $a^{(r)} = a + r^{(-1)}a + ar + r^{(-1)}ar$. Weiter gilt mit Teil (iii) von 2 $(1_A + r)^{-1} = 1_A + r^{(-1)}$. Nun folgt $a^{1_A + r} = (a + r^{(-1)}a)(1_A + r) = a^{(r)}$. $\diamond$

Ist in der Situation von Korollar 3 die Algebra zusätzlich unitär, so lässt sich also jede separable Teilalgebra in ein fest vorgegebenes Radikalkomplement vermöge eines Elementes $1 + r$, wobei r ein Radikalelement ist, hineinkonjugieren.

2.4 Mächtigkeit der Radikalkomplemente

Nach Teil (ii) von Korollar 3 operiert die Gruppe $(rad(A); *)$ transitiv auf der Menge der Algebrenkomplemente von $rad(A)$ in A. Sie operiert nach Bemerkung 8 vermöge Konjugation sogar auf der Menge aller separablen Teilalgebren von A. Natürlich wird sie aus Dimensionsgründen auf dieser Menge im Allgemeinen nicht transitiv operieren. Man könnte vermuten, daß etwa die Bahnen die separablen Teilalgebren gleicher Dimension oder die isomorphen separablen Teilalgebren sind (die natürlich jeweils invariant unter Konjugation sind). Jedoch gilt dies nicht, wie das folgende Beispiel zeigt. Es bleibt also offen, was die Bahnen dieser Operation sind. Wir werden nun einige Aussagen über die Kardinalität der Menge der Radikalkomplemente herleiten. Insbesondere widmen wir uns noch einmal dem Beispiel 1 und den Dreiecksmatrizen 1.3.2, da wir dort diese Kardinalität bereits berechnet haben.

Abspiel 2 Sei K ein Körper. Wir betrachten die nach Aussage (iv) von 1 assoziative kommutative separable K-Algebra $K \times K$. Die zur separablen

K-Algebra K isomorphen Ideale $K \times \{0_K\}$ und $\{0_K\} \times K$ von A sind verschieden. Insbesondere sind sie nicht in $K \times K$ konjugiert. Dieses Beispiel kann auf beliebige kommutative Algebren erweitert werden.◇

Wir beginnen nun die Untersuchungen hinsichtlich der Bahnlänge der Radikalkomplemente.

Definitionen 4 Sind G eine Gruppe und U eine Untergruppe von G, so bezeichnen wir mit G/U die Menge der Rechtsnebenklassen von U in G. Ist zusätzlich M eine G-Menge, so sei zu jedem $m \in M$ die Bahn von m unter G mit mG bezeichnet.◇

Bemerkung 10 Seien G eine Gruppe und M eine G-Menge. Ist $m \in M$, so gilt bekanntlich $\mid G/Stab_G(m) \mid = \mid mG \mid$. Weiterhin ist die Abbildung

$$\psi_m : G \longrightarrow mG, g \longmapsto mg$$

offenbar surjektiv. Wie man leicht nachrechnet, ist sie genau dann injektiv, wenn $Stab_G(m) = \{1_G\}$ gilt. Dabei sei $Stab_G(m)$ der Stabilisator von m in G, also diejenigen Gruppenelemente g, für die $m = mg$ gilt.◇

Bevor wir jetzt Aussagen über die Kardinalität der Menge der Algebrenkomplemente des Radikals treffen werden, benötigen wir noch eine weitere Bemerkung über unitäre Algebren. Ist A eine assoziative K-Algebra und D eine Teilmenge von A, so seien $N_A(D) := \{a \in A \mid aD = Da\}$ und $C_A(D) := \{a \in A \mid \forall d \in D : ad = da\}$. Ist A bzgl. $\star$ eine Gruppe, so schreiben wir dafür auch $A^\star$.

Bemerkung 11 *Seien A eine assoziative unitäre K-Algebra und D eine halbeinfache Teilalgebra von A. Es gilt $N_A(D) \cap (1_A + rad(A)) = C_A(D) \cap (1_A + rad(A))$. Insbesondere gilt $N_A(D) \cap rad(A) = C_A(D) \cap rad(A)$.*

Beweis: Sei $r \in N_A(D) \cap (1_A + rad(A))$. Ist $d \in D$, so gibt es ein $t \in D$ mit $(1_A + r)d = t(1_A + r)$. Somit gilt $d - t = tr - rd \in rad(A) \cap D$. Wegen $rad(A) + D = rad(A) \oplus_K D$ folgt $d = t$ und damit $rd = dr$. Die andere Inklusion ist offensichtlich. Die Folgerung ergibt sich, wenn wir die bijektive Abbildung α_{-1_A} auf die erste Gleichung anwenden.◇

Satz 11 *(Mächtigkeit der Radikalkomplemente) Seien K ein Körper, A eine endlich-dimensionale assoziative K-Algebra, D eine halbeinfache Teilalgebra von A und $B := rad(A) \oplus_K D$. Der Normalteiler $rad(A)$ der Sterngruppe von A operiert vermöge Konjugation auf der Menge der halbeinfachen Teilalgebren von A (vgl. Bemerkung 8). Nach der Erinnerung 10 gilt also $\mid rad(A)^\star/Stab_{rad(A)^\star}(D) \mid = \mid D^{(rad(A))} \mid$. Sei $\psi_D : rad(A) \longmapsto D^{(rad(A))}, r \longmapsto D^{(r)}$. Es gelten folgende Aussagen:*

(i) $Stab_{rad(A)^*}(D) = N_A(D) \cap rad(A) = C_A(D) \cap rad(A)$.

(ii) Die Abbildung ψ_D ist genau dann bijektiv, wenn $C_A(D) \cap rad(A) = \{0_A\}$ gilt.

In diesem Fall sagen wir, daß D 'maximale Bahnlänge' besitzt.

(iii) Gilt $D \subseteq C_B(D)$, so ist ψ_D genau dann bijektiv, wenn $D = C_B(D)$ gilt.

(iv) D ist genau dann kommutativ, wenn $D \subseteq C_B(D) = N_B(D)$ gilt.

(v) In den Beispielen 1 und 1.3.2 besitzt jedes Algebrenkomplement des Radikals maximale Bahnlänge.

(vi) Genau dann ist $\mid D^{(rad(A))} \mid = 1$, wenn $rad(A) \subseteq C_B(D)$ gilt.

In diesem Fall sagen wir, daß D minimale Bahnlänge besitzt. Dies ist insbesondere dann erfüllt, wenn B kommutativ ist.

(vii) Sei $A/rad(A)$ separabel und T ein Radikalkomplement. Genau dann besitzt T minimale Bahnlänge, wenn jede separable Teilalgebra minimale Bahnlänge besitzt.

Beweis. ad(i): Seien $r \in Stab_{rad(A)^*}(D)$ und $d \in D$. Wegen $D * r = r * D$ gibt es ein $t \in D$ mit $d + dr = rt + t$. Aus $rad(A) + D = rad(A) \oplus_K D$ folgt $d = t$ und damit $rd = dr$, also $r \in C_A(D) \cap rad(A)$. Sei nun $r \in C_A(D) \cap rad(A)$. Dann gilt $dr = rd$ für alle $d \in D$. Mit Teil (ii) von 2 folgt insbesondere $D * r = r * D$, also $r \in Stab_{rad(A)}(D)$. Es verbleibt also $N_A(D) \cap rad(A) \subseteq C_A(D) \cap rad(A)$ zu zeigen. Sei $r \in N_A(D) \cap rad(A)$. In der K-Algebra (K, A) gelten für alle $k \in K$ und $d \in D$ die Gleichungen $(k; d)(0_K; r) = (0_K; dr + kr)$ und $(0_K; r)(k; d) = (0_K; rd + kr)$. Dies zeigt $(0_K; r) \in N_{(K,A)}((K, D)) \cap (\{0_K\} \times rad(A))$. Aus Teil (ii) von Korollar 2 und Teil (iii) von Lemma 1 folgt nun, daß (K, D) eine halbeinfache Teilalgebra von (K, A) ist. Aus Bemerkung 11 schließen wir $(0_K; r) \in C_{(K,A)}((K, D)) \cap rad((K, A))$. Also gilt insbesondere für alle $d \in D$ $(0_K; d)(0_K; r) = (0_K; r)(0_K; d)$. Mit Teil (i) von Bemerkung 6 folgt $r \in C_A(D) \cap rad(A)$.

ad(ii): Dies folgt aus der Erinnerung 10 und (i).

ad(iii): Die Rückrichtung folgt mit (ii) und der Halbeinfachheit von D. Ist ψ_D bijektiv, so folgt mit (ii), daß $C_A(D) \cap rad(A) = \{0_A\}$ gilt. Es gilt $C_A(D) \cap B = C_B(D)$. Somit gilt auch $C_B(D) \cap rad(A) = \{0_A\}$. Wegen $D \subseteq C_B(D)$ folgt mit der Dedekind-Identität
$$C_B(D) = B \cap C_B(D) = (D + rad(A)) \cap C_B(D) = D + (rad(A) \cap C_B(D)) = D.$$

ad(iv): Offenbar ist nur $N_B(D) \subseteq C_B(D)$ zu zeigen, falls D kommutativ ist. Sei also D kommutativ und $a \in N_B(D)$. Dann gibt es $r \in rad(A)$ und $d \in D$ mit $a = r + d$. Mit $d \in N_B(D)$ folgt nun $r \in N_B(D) \cap rad(A)$. Wegen $C_A(D) \cap B = C_B(D)$ und $N_A(D) \cap B = N_B(D)$ ergibt sich (iv) aus (i).

ad(v): In 1.3.2 ist das Algebrenkomplement $D(n, K)$ des Radikals kommutativ. Nutzen wir aus, das jedes Element des Zentralisators von $D(n, K)$ in $\Delta_{u,n}$ die K-Basis $\{e_i \mid i \in \underline{n}\}$ von $D(n, K)$ zentralisiert, so folgt leicht, daß $D(n, K)$ selbstzentralisierend ist. Aus (iii) und (iv) ergibt sich, daß $D(n, K)$ maximale Bahnlänge besitzt. Da nach Satz 10 alle Algebrenkomplemente unter $(rad(A); *)$ konjugiert sind, besitzen alle Algebrenkomplemente des Radikals dieselbe Bahn. Insbesondere haben sie alle dieselbe Bahnlänge. Mit der Abschlußbemerkung in 1.3.2 folgt nun (v).

ad(vi): Es gilt: $\mid D^{(rad(A))} \mid = 1$
$\Longleftrightarrow Stab_{rad(A)^*}(D) = rad(A)$
$\Longleftrightarrow_{(i)} C_A(D) \cap rad(A) = rad(A)$
$\Longleftrightarrow rad(A) \subseteq C_A(D)$
$\Longleftrightarrow rad(A) \subseteq C_B(D)$.

ad(vii): Die Rückrichtung ist trivial. Nun habe T minimale Bahnlänge. Sei S eine separable Teilalgebra von A. Nach Korollar 3 gibt es ein $r \in rad(A)$ mit $S \subseteq T^{(r)}$. Es folgt mit (vi) $rad(A) \subseteq C_A(T^{(r)}) \subseteq C_A(S)$. Somit gilt $rad(A) \subseteq C_{S+rad(A)}(S)$. Wiederum mit (vi) folgt nun (vii).◇

2.5 Verträglichkeitseigenschaften

In diesem Abschnitt untersuchen wir, wie sich der Satz von Wedderburn-Malcev auf Ideale und Faktoralgebren überträgt. Damit meinen wir, wie wir aus Radikalkomplementen einer Algebra ebensolche für ihre Ideale und Faktorstrukturen ermitteln können. Bei Teilalgebren ist i.A. eine Verträglichkeit nicht vorhanden, denn im Abspiel 1 haben wir ein Beispiel für eine 4-dimensionale assoziative unitäre F-Algebra, die kein Radikalkomplement besitzt, kennengelernt. Vermöge der rechtsregulären Darstellung ist A zu einer Teilalgebra von $F^{4 \times 4}$, also auch zu einer von $F^{4 \times 4} \oplus rad(\Delta_{u,4})$ isomorph. Die letztere Algebra besitzt offenbar ein Radikalkomplement, die eingebettete jedoch nicht. Doch ist die umfassende Algebra auflösbar, so kann der Satz von Wedderburn-Malcev in einem gewissen Maße auch auf Teilalgebren übertragen werden. Dies werden wir allerdings erst in Kapitel 3 (Auflösbare Algebren) untersuchen. Außerdem betrachten wir in Kapitel 5 (Kommutative Algebren) Zentren assoziativer Algebren. Dort sehen wir, daß die Schnittbildung von einem Radikalkomplement der umfassenden Algebra mit dem Zentrum das Radikalkomplement des Zentrums liefert. Wir beginnen nun unsere Untersuchungen mit einer einfachen Bemerkung über das Konjugieren mit quasiregulären Elementen.

Bemerkung 12 *Seien A eine assoziative K-Algebra, I ein Ideal und T eine Teilalgebra von A. Es gelten:*

(i) Für alle $a \in Q(A)$ gilt $I^{(a)} = I$.

(ii) Für alle $r \in Q(A)$ gilt $r + I \in Q(A/I)$ und $(r+I)^{(-1)} = r^{(-1)} + I$. Insbesondere gilt im Fall $I \subseteq T$ für alle $r \in Q(A)$ $(r+I)^{(-1)} * (T/I) * (r+I) = T^{(r)}/I$.

(iii) Für alle $r \in Q(A)$ gilt $(r+I)^{(-1)} * ((T+I)/I) * (r+I) = T^{(r)} + I/I$.

Beweis. ad(i): Sei $a \in Q(A)$. Nach Teil (ii) von 2 gilt $I^{(a)} \subseteq I$. Wegen Bemerkung 8 ist $I^{(a^{(-1)})}$ ein Ideal von A. Wenden wir die eben gewonne Inklusion auf dieses Ideal an, so folgt mit Bemerkung 8 nun (i).

ad(ii): Dies ist eine leichte Rechenübung.

ad(iii): Dies folgt aus (i), (ii) und Bemerkung 8.◇

Satz 12 *(Vererbung auf Ideale und Faktoralgebren) Seien K ein Körper, A eine assoziative endlich-dimensionale K-Algebra mit separabler Radikalfaktorstruktur und I ein Ideal von A. Es gelten:*

(i) Die Radikalfaktorstrukturen von I und A/I sind separabel.

(ii) Für jedes Algebrenkomplement T von $rad(A)$ in A ist $\{(T^{(r)} + I)/I \mid r \in rad(A)\}$ die Menge der Algebrenkomplemente von $rad(A/I)$ in A/I.

(iii) Für jedes Algebrenkomplement T von $rad(A)$ in A ist $\{T^{(r)} \cap I \mid r \in rad(I)\}$ die Menge der Algebrenkomplemente von $rad(I)$ in I.

Beweis: ad(i): Es gilt $rad(I) = rad(A) \cap I$. Also ist $I/rad(I)$ zu dem Ideal $(I + rad(A))/rad(A)$ von $A/rad(A)$ $\mathcal{A}$-isomorph. Aus Teil (i) von Proposition 1 folgt die Separabilität von $I/rad(I)$. Weiter gilt $rad(A/I) = (rad(A) + I)/I$. Folglich ist $(A/I)/rad(A/I)$ zu dem homomorphen Bild $(A/rad(A))/(rad(A) + I/rad(A))$ der separablen K-Algebra $A/rad(A)$ $\mathcal{A}_1$-isomorph. Mit Teil (i) von Proposition 1 folgt nun (i).

ad(ii): Wir zeigen zunächst:

(∗) $(T + I)/I$ ist ein Algebrenkomplement von $rad(A/I)$ in A/I.

Die Teilalgebra $(T + I)/I$ ist zu dem homomorphen Bild $T/(T \cap I)$ der separablen Algebra T $\mathcal{A}_1$-isomorph, also selbst nach Teil (i) von Proposition 1 separabel. Insbesondere gilt $rad(A/I) \cap (T + I)/I = \{0\}$. Wegen $A = rad(A) \oplus_K T$ und $rad(A/I) = (rad(A) + I)/I$ folgt nun leicht (∗). Mit (i), (∗) und Satz 10 ergibt sich, daß die Menge der Radikalkomplemente von A/I die Bahn von $(T + I)/I$ unter $(rad(A/I); ∗)$ ist. Wegen $rad(A/I) = (rad(A) + I)/I$ erschließen wir mit Teil (iii) von Bemerkung 12 die Aussage (ii).

ad(iii): Nach Satz 8 und (i) gibt es ein Algebrenkomplement S von $rad(I)$ in I. Dieses ist eine separable Teilalgebra von A. Wenden wir Teil (i) von Satz 3 an, so existiert ein $r \in rad(A)$ mit $S^{(r)} \subseteq T$. Da $rad(I) = rad(A) \cap I$ ein Ideal von A ist, folgt mit den Bemerkungen 8 und Teil (i) von 12, daß $S^{(r)}$ ein Algebrenkomplement von $rad(I)$ in I ist. Insbesondere gilt also $S^{(r)} \subseteq T \cap I$. Andererseits ist $T \cap I$ ein Ideal der separablen K-Algebra T, also nach Teil (i) von Proposition 1 eine separable Teilalgebra von I. Mit Teil (ii) von Korollar 3 folgt nun $S^{(r)} = T \cap I$. Damit und mit Satz 10 ergibt sich, daß die Menge der Radikalkomplemente von I die Bahn von $T \cap I$ unter $(rad(I); ∗)$ ist. Aus Teil (i) von Bemerkung 12 folgt die Behauptung.◇

Die folgende Figur spiegelt die Verträglichkeit des Satzes von Wedderburn-Malcev für Ideale und Faktoralgebren wieder:

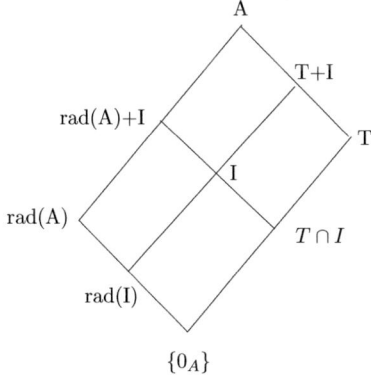

2.6 Offene Fragen und Übungsaufgaben

Offene Fragen 1 *(i) Für welche Algebren ist jede Linkseins auch eine Rechtseins?*

(ii) Wie kann man ein Radikalkomplement konstruieren für eine beliebige Algebra?

(iii) Wie operiert die Sterngruppe bzw. die Einheitengruppe auf der Menge der separablen Teilalgebren? Was sind die Bahnen?

(iv) Kann jede algebraische Aussage mit der Adjunktion einer Eins auf nicht-notwendig-unitäre Algebren übertragen werden?

(v) Eiichi Abe beweist in [1] ein entsprechendes Zerlegungstheorem für Ko-Algebren mit separablen Ko-Radikal. Demnach existiert ein Ko-Ideal, dass das Ko-Radikal komplementiert. Inwiefern ist dieses Ko-Ideal eindeutig? Kann auf die sog. Ko-Eins verzichtet werden (mit Hilfe der man Ko-Algebren definiert)? Gibt es ggfs. auch eine Erweiterung einer Ko-Algebra ohne Ko-Eins in eine Ko-Algebra mit Eins?

Übungsaufgabe 55 *Sei A eine assoziative endlich-dimensionale K-Algebra mit separabler Radikalfaktorstruktur. Zu jeden Radikalkomplement T von (K, A) betrachte man $T \cap A\varphi$. Ist diese Abbildung injektiv oder surjektiv? Was lässt sich über die Kardinalität der Radikalkomplemente von A und (K, A) aussagen? Was gilt zusätzlich, wenn A unitär ist?*

Übungsaufgabe 56 *Ist eine Lie-Algebra unitär? Ist eine Jordan-Algebra unitär? Man schlage die Definitionen ggfs. in der Literatur nach.*

Übungsaufgabe 57 *Ist die Adjunktion einer Eins einer Lie- bzw. Jordan-Algebra wieder eine Lie- bzw. Jordan-Algebra?*

Übungsaufgabe 58 *Sei A eine assoziative Algebra. Für jedes Idempotent e von A ist eAe eine assoziative unitäre Algebra mit Einselement e. eAe ist also eine unitäre Teilalgebra. Ist sie unital?*

Übungsaufgabe 59 *Sei A eine unitäre K-Algebra. Dann ist $K \cdot 1_A$ eine unitale Teilalgebra. Ist sie auch unitär?*

Übungsaufgabe 60 *Man beweise Satz 7 mit Hilfe der zitierten Literatur.*

Übungsaufgabe 61 *Für die folgenden Algebren überlege man, ob sie unitär sind und ob es eine unitale oder unitäre Teilalgebra gibt:*

(i) $K^{n \times n}$, wobei K ein Körper ist und $n \in \mathbb{N}$ gilt

(ii) $A^{n \times n}$, *wobei A eine assoziative unitäre K-Algebra ist und* $n \in \mathbb{N}$ *gilt*

(iii) die Algebra der unteren Dreiecksmatrizen über $\mathbb{Q}$

(iv) die Algebra der oberen Dreiecksmatrizen über $\mathbb{R}$

(v) $\mathbb{C}^n$, *wobei* $n \in \mathbb{N}$ *gilt*

(vi) die Menge der strikt oberen Dreiecksmatrizen über $\mathbb{Z}$

(vii) die Menge der strikt unteren Dreieicksmatrizen über einen Körper mit 2 Elementen

Übungsaufgabe 62 *Ist eine Zero-Algebra unitär? Ist sie separabel?*

Übungsaufgabe 63 *Sind Ideale und Faktoralgebren separabler Algebren wieder separabel?*

Übungsaufgabe 64 *Eine Algebra heisst lokal, wenn sie modulo dem Radikal ein Schieflörper ist. Seien N eine endlich-dimensionale assoziative nilpotente K-Algebra über einem Körper K. Dann ist N nicht unitär. Die Adjunktion einer Eins* (N, K) *ist lokal. Wozu ist der Schiefkörper isomorph? Was ist das Radikal von* (K, N)? *Ist die Radikalfaktorstruktur separabel? Wieviele Radikalkomplemente gibt es?*

Übungsaufgabe 65 *Man löse Übungsaufgabe 64 für eine Zero-Algebra.*

Übungsaufgabe 66 *Seien K ein Körper der Charakteristik p und G eine endliche p-Gruppe. Dann ist nach einem Satz von Wallace das Augmentationsideal nilpotent. Dabei ist* $Aug(KG)$ *die Menge der Elemente von KG, deren Koeffizientensumme Null ist. Welche Dimension hat* $Aug(KG)$? *Man zeige, dass* $K1_G$ *ein Radikalkomplement ist, und das Radikal mit* $Aug(KG)$ *übereinstimmt. Inwiefern besteht zwischen KG und der Algebra* $(Aug(KG), K)$ *ein Zusammenhang? Hier kann auch Übungsaufgabe 64 von Bedeutung sein.*

Übungsaufgabe 67 *Seien A eine endlich-dimensionale assoziative K-Algebra und L bzw. R ein separables Links- bzw. Rechtsideal von A. Man betrachte die Teilalgebra* $L + R$. *Ist der Schnitt* $L \cap R$ *separabel? Ist der Schnitt* $L \cap R$ *ein Ideal in* $L + R$? *Ist* $L + R$ *wieder separabel?*

Übungsaufgabe 68 *Man formuliere die Dedekind-Identität für Algebren und beweise sie.*

Übungsaufgabe 69 *Wir betrachten die Algebra* $\Delta_{u,3}$ *über dem Körper* $GF(p)$. *Wieviele und welche Radikalkomplemente besitzt die Algebra? Gibt es eine Vermutung für* $\Delta_{u,n}$ *über einen beliebigen endlichen Körper?*

Übungsaufgabe 70 *Sei A eine endlich-dimensionale assoziative K-Algebra mit separabler Radikalfaktorstruktur und Radikalkomplement T. Für jedes $r \leq cl(rad(A))$ betrachten wir das Ideal $rad(A)^r$. Man ermittle das Radikal und – mit Hilfe von T – ein Radikalkomplement von $A/rad(A)^r$. Welche Nilpotenzklasse hat das Radikal von $A/rad(A)^r$? Dabei sei $cl(A)$ die Nilpotenzklasse einer assoziativen Algebra A. Für jedes Element $a \in A$ ist $cl(a)$ die Nilpotenzklasse des Elementes a.*

Übungsaufgabe 71 *Man führe die Übungsaufgabe 70 konkret in $\Delta_{o,4}$ über einen beliebigen Körper durch.*

Übungsaufgabe 72 *Sei A eine assoziative K-Algebra. Für jedes $a \in A$ und $n \in \mathbb{N}$ berechnen man die n-te Potenz von A bezgl. $\star$. Was gilt speziell für $char(K) = p$ und $n = p^r$ für ein $r \in \mathbb{N}$?*

Übungsaufgabe 73 *Seien A eine assoziative K-Algebra und $a, b, c \in A$. Was ist $a \star b \star c$? Gibt es eine Vermutung für endliche viele Elemente?*

Übungsaufgabe 74 *Sei N eine nilpotente assoziative K-Algebra. Sind dann (K, N) und $K \times N$ isomorph?*

Übungsaufgabe 75 *Sei A eine assoziative K-Algebra. Man beschreibe die Einheiten von (K, A) mit Hilfe der Sternverknüpfung $\star$. Gibt es einen Zusammenhang zwischen $Q(A)$, $Q(K, A)$ und $E(K, A)$?*

Übungsaufgabe 76 *Man beweise die Aussagen (ii) und (iii) von Lemma 1.*

Übungsaufgabe 77 *Seien $N := rad(\Delta_{u,3})$, $A := (K, N)$ und $I := rad(N)^2$. Wozu ist $(K, N)/(0, I)$ isomorph?*

Übungsaufgabe 78 *Sei A eine assoziative K-Algebra mit $rad(A) = 0$. Für ein Element e von A beweise man die Äquivalenz der folgenden Aussagen:*

(i) e ist ein Einselement von A.

(ii) e ist eine Linkseins von A.

(iii) e ist eine Rechtseins von A.

(Tip: Beweis von Hilfssatz 1 sowie A^-))

Übungsaufgabe 79 *Man bestimme alle Einsen, Linkseinsen und Rechtseinsen von $\Delta_{u,2}$ und $\Delta_{o,3}$.*

Übungsaufgabe 80 *Seien A eine assoziative K-Algebra. Welche Bedeutung hat ein Idempotent e von A für die Teilalgebren eA und Ae?*

Übungsaufgabe 81 *Gibt es Idempotente e in $\Delta_{u,2}$, so dass e eine Eins von eA ist?*

Übungsaufgabe 82 *Gibt es Idempotente e in $\Delta_{u,2}$, so dass e eine Eins von Ae ist?*

Übungsaufgabe 83 *Seien A eine assoziative endlich-dimensionale K-Algebra und I ein ideal von A. Man bestimme das Radikal von I und von A/I.*

Übungsaufgabe 84 *Man beweise das Lemma 2.*

Übungsaufgabe 85 *Mit Hilfe einer Literaturrecherche beweise man das Lemma 4.*

Übungsaufgabe 86 *Mit Hilfe einer Literaturrecherche (Tip: G. Karpilovsky) finde man heraus, ob für die Gruppenalgebra KG über einem Körper K und einer endlichen Gruppe G die Faktoralgebra $KG/rad(KG)$ stets separabel ist.*

Übungsaufgabe 87 *Seien D und E zentrale endlich-dimensionale assoziative K-Divisionsalgebren mit teilerfremden Dimensionen. Dann ist ihr Tensorprodukt eine zentrale endlich-dimensionale assoziative K-Divisionsalgebra. (Tip: Vorlesung [11], Buch [16])*

Übungsaufgabe 88 *Man untersuche, wie man bei Satz 9 die Nilpotenzklasse des Radikals des Tensorproduktes mit Hilfe der Nilpotenzklasse der Faktoren abschätzen kann.*

Übungsaufgabe 89 *Man löse das Beispiel 4 für nicht notwendig unitäre assoziative Algebren.*

Übungsaufgabe 90 *Wann ist die Verschiebung auf einer abelschen Gruppe ein Homomorphismus?*

Übungsaufgabe 91 *Man untersuche, ob für die folgenden Algebren A die Beziehung $A \otimes A \cong A \oplus A$ gilt: $\mathbb{Q}[i]$, K^4, die Algebra aus Beispiel 5, der erste Zeilenraum von $K^{2\times 2}$, der erste Spaltenraum von $K^{3\times 3}$, das Zentrum von $\Delta_{u,6}$, ein Radikalkomplement von $\Delta_{o,8}$, ein Teilkörper eines endlichen Körpers als Algebra über den Primkörper.*

Übungsaufgabe 92 *Man beweise Proposition 2 ggfs. mit Hilfe der zitierten Literatur.*

Übungsaufgabe 93 *Man beweise Bemerkung 7.*

Übungsaufgabe 94 *Man zeige im Rahmen von Bemerkung 8 die Aussage, dass der Kern genau $Z(A) \cap Q(A)$ ist.*

Übungsaufgabe 95 *Man formuliere und beweise die unitäre Version von Korollar 3.*

Übungsaufgabe 96 *Man beweise die Bemerkung 12.*

Übungsaufgabe 97 *Seien A eine assoziative endlich-dimensionale K-Algebra und T eine Teilalgebra von A jeweils mit separabler Radikalfaktorstruktur. Dann gibt es ein Radikalkomplement X von A, so dass $X \cap T$ ein Radikalkomplemennt von T ist. Gilt dies stets für alle Radikalkomplemente von A?*

Übungsaufgabe 98 *Seien A eine assoziative endlich-dimensionale K-Algebra und T eine Teilalgebra von A jeweils mit separabler Radikalfaktorstruktur. Es gelte $\mathrm{rad}(A) = \mathrm{rad}(T)$. Dann gilt für jedes Radikalkomplement X von A, dass $X \cap T$ ein Radikalkomplemennt von T ist.*

Übungsaufgabe 99 *Man gebe ein Beispiel für $\Delta_{u,n}$ in Übungsaufgabe 98 an.*

Übungsaufgabe 100 *Man betrachte das Beispiel 5 über einen endlichen Körper K. Wieviele Radikalkomplemente gibt es? Was ist die Mächtigkeit eines Radikalkomplementes? Wieviele Bahnen und welche Länge hat die Menge der separablen Teilalgebren unter der Sterngruppe des Radikals? Wie hängen die Antworten von K ab?*

Übungsaufgabe 101 *Bei den folgenden Algebren ermittle man das Radikal, ein Radikalkomplement, die Dimensionen dieser Strukturen und versuche, alle Radikalkomplemente zu beschreiben:*

(i) $\Delta_{u,3}$ über $\mathbb{Q}$

(ii) $\Delta_{u,3} \times s\Delta_{u,3}$ über $GF(7)$

(iii) $\Delta_{o,4} \times \Delta_{o,4}$ über $\mathbb{C}$

(iv) $\Delta_{u,5} \otimes \Delta_{o,5}$ über $\mathbb{Q}(i)$

(v) der erste Zeilenraum von $GF(11)^{7 \times 7}$

(vi) der erste Spaltenraum von $GF(13)^{8 \times 8}$

(vii) das direkte Produkt des ersten Zeilen- und ersten Spaltenraums von $\mathbb{R}^{6 \times 6}$.

Welche der Algebren sind unitär?

Übungsaufgabe 102 *(eAe) Seien K ein Körper, A eine assoziative endlich-dimensionale assoziative unitäre K-Algebra mit separabler Radikalfaktorstruktur, T ein Radikalkomplement von $rad(A)$ in A und e ein Idempotent von A. Man beweise folgende Aussagen:*

   (i) e ist diagonalisierbar und daher separabel.

   (ii) Die von $\{1, e\}$ K-erzeugte K-Teilalgebra ist separabel und liegt daher nach einer Erweiterung der Konjugiertheitsaussage des Satzes von Wedderburn-Malcev in einem Radikalkomplement konjugiert zu T mittels $1 + r$ mit $r \in rad(A)$.

   (iii) Man schlage in der Literatur das Resultat nach, dass $e\,rad(A)\,e$ das assoziative Radikal von eAe ist und beweise es.

   (iv) Aus $A = rad(A) \oplus T^{1+r}$ (T aus (i)) folgere man, dass $eAe = e\,rad(A)\,e \oplus eT^{1+r}e$ gilt, und $eT^{1+r}e$ ein separables Radikalkomplement ist.

(Tip zu (iv): Man benutze z.B. die Kennzeichnung aus Satz 1 bzgl. der Separabilität und wende (iii) dabei an.)

Übungsaufgabe 103 *(Zero-Erweiterung) Sei A eine K-Algebra vermöge der Multiplikation $\cdot$. Auf $B := A \times A$ definieren wir eine neue Multiplikation $\odot$ vermöge $(a, x) \odot (b, y) := (ab, ay + xb)$. Man beweise bzw. untersuche folgende Fragestellungen:*

   (i) $(B; \odot)$ ist eine K-Algebra.

   (ii) $(A; \cdot)$ ist genau dann assoziativ, wenn $(B; \odot)$ assoziativ ist.

   (iii) $(A; \cdot)$ ist genau dann kommutativ, wenn $(B; \odot)$ kommutativ ist.

   (iv) Ist $(A; \cdot)$ unitär, so ist es auch $(B; \odot)$, und es ist $(1_A; 0)$ ein Einselement.

   (v) Gilt die Umkehrung der vorherigen Aussage?

   (vi) Das Zentrum von $(B; \odot)$ ist $Z(A) \times Z(A)$.

   (vii) $0 \times A$ ist ein nilpotentes Ideal von B, dessen Quadrate Null sind (ein sog. Zero-Ideal).

   (viii) $B/(0 \times A)$ ist zur Ausgangsalgebra A isomorph.

   (ix) Sei A eine assoziative unitale endlich-dimensionale separable K-Algebra. Dann ist B eine unitale endlich-dimensionale assoziative K-Algebra mit Radikal $0 \times A$ und einer zu A isomorphen separablen Radikalfaktorstruktur. $A \times 0$ ist ein Radikalkomplement.

(x) *Gibt es eine Vermutung, wenn man im vorherigen Punkt keine separable, sondern eine Algebra $A = rad(A) \oplus T$ mit separablem Radikalkomplement T wählt? Kann diese Vermutung bewiesen werden?*

(xi) *Ist B isomorph zum direkten Produkt von A mit sich selbst?*

(xii) *Wie sieht die Multiplikation der Invers-Algebra von B aus?*

Übungsaufgabe 104 *Man führe die Übungsaufgaben 103 und 102 konkret am Beispiel der Algebra $\Delta_{u,3}$ in folgender Form durch: für die Zero-Erweiterung nehme man die Diagonalmatrizen, für die zweite Übung suche man ein Idempotent, welches von 1 und 0 verschieden ist. Was sind die Idempotenten von $\Delta_{u,3}$?*

Übungsaufgabe 105 *Was passiert in Übungsaufgabe 103, wenn man die Multiplikation durch $(a,x) \odot (b,y) := (ay + xb, ab)$ definiert?*

Übungsaufgabe 106 *Man löse erneut Übungsaufgabe 53, und verwende nun Aussagen über Nilpotenz und Quasiregularität.*

Kapitel 3

Auflösbare Algebren

3.1 Elementare Eigenschaften

Zunächst betrachten wir eine Definition für auflösbare assoziative Algebren, die in [2] benutzt wird. Nach dem ersten Ergebnis in diesem Abschnitt (Satz 13) erweist sie sich zu einer anderen Bedingung, die an bekannte auflösbare Strukturen wie Gruppen und Lie-Algebren erinnert, als äquivalent.

Definition und Bemerkung 2 *(Auflösbare assoziative Algebra)* Sei K ein Körper. Eine assoziative K-Algebra A heißt auflösbar, falls $A/rad(A)$ kommutativ ist. Dementsprechend sind jede assoziative kommutative, jede assoziative nilpotente und die Algebra der unteren und oberen Dreiecksmatrizen auflösbare Algebren. Prominente Beispiele auflösbarer assoziativer Algebren sind auch die Solomon-Algebren und die Solomon-Tits-Algebren, die z.B. in [2] und [23] strukturell untersucht werden. Beide spielen in der Darstellungstheorie der symmetrischen Gruppen eine wichtige Rolle.◇

Bemerkung 13 *Seien A eine assoziative rechtsartinsche halbeinfache K-Algebra und I ein Ideal von A. Es gelten:*

(i) $Z(I) = Z(A) \cap I$.

(ii) *Genau dann ist A kommutativ, wenn I und A/I kommutativ sind.*

(iii) *Seien K ein Körper und A endlich-dimensional. Es gilt $Z(A/I) = (Z(A) + I)/I$.*

Beweis. ad(i): Da A halbeinfach ist, ist die Menge der minimalen Ideale von A eine endliche direkte Zerlegung von A. Somit bilden einige der minimalen Ideale von A eine endliche direkte Zerlegung des Ideals I. Daraus folgt unmittelbar (i).

ad(ii): Da A halbeinfach ist, besitzt I ein Idealkomplement in A, welches A-isomorph zu A/I ist. Daraus folgt (ii).

ad(iii): Da A halbeinfach ist, besitzt I ein Idealkomplement J in A. Es gilt $A/I \cong_A J$, also $Z(A/I) \cong_A Z(J)$. Weiter gilt offenbar $(Z(A) + I)/I \subseteq Z(A/I)$. Aus $(Z(A) + I)/I = ((Z(I) \oplus_K Z(J)) + I)/I = Z(J) \oplus_K I/I \cong_A Z(J)$ ergibt sich mit der Endlich-Dimensionalität von A die Behauptung.$\diamond$

Definition 6 *(Potenzen)* Seien A eine assoziative K-Algebra und $n \in \mathbb{N}$. Mit $A^{<n>}$ bezeichnen wir das K-Erzeugnis der n-stelligen assoziativen Produkte von A. Dieses K-Erzeugnis wird auch die n-te Potenz von A genannt. Bekanntlich ist A per Definition nilpotent genau dann, wenn eine n-te Potenz der Nullraum ist.$\diamond$

Satz 13 *(Kennzeichnungen der Auflösbarkeit)* *Sei A eine assoziative endlich-dimensionale K-Algebra. Es sind äquivalent:*

(i) A ist auflösbar.

(ii) Es gibt ein Ideal I von A, so daß I nilpotent und A/I kommutativ sind.

(iii) Es gibt ein Ideal I von A, so daß I auflösbar und A/I kommutativ sind.

(iv) Es gibt ein Ideal I von A, so daß I und A/I auflösbar sind.

(v) Für jedes Ideal I von A sind I und A/I auflösbar.

(vi) Es gibt $n \in \mathbb{N}$ und Ideale I_i $(0 \le i \le n)$ von A, so daß $\{0_A\} = I_n \le I_{n-1} \le \cdots \le I_0 = A$ gilt und für alle $i \in \underline{n}$ I_i/I_{i-1} kommutativ ist.

(vii) Es gibt $n \in \mathbb{N}$ und Teilalgebren I_i $(0 \le i \le n)$, so daß $\{0_A\} = I_n \le I_{n-1} \le \cdots \le I_0 = A$ gilt und für alle $i \in \underline{n}$ I_{i-1} ein Ideal von I_i mit kommutativer Faktorstruktur ist.

Beweis. Die Implikation von (i) nach (ii) ist mit $I := rad(A)$ nach Definition erfüllt. Da nilpotente und kommutative Algebren auflösbar sind, folgen die Implikationen von (ii) nach (iii) und von (iii) nach (iv). Die Implikation von (vi) nach (vii) ist trivial. Des Weiteren folgt die Implikation von (v) nach (i), wenn man (v) mit dem Ideal A ausnutzt.

Nun zeigen wir die Implikation von (i) nach (v). Sei I ein Ideal von A. Da A auflösbar ist, ist nach Definition $A/rad(A)$ kommutativ. Es gelten $rad(I) = rad(A) \cap I$ und $rad(A/I) = (rad(A) + I)/I$. Offenbar folgt aus dem Parallelogrammsatz, daß $I/rad(I)$ zu einer Teilalgebra von $A/rad(A)$ A-isomorph, also selbst kommutativ ist. Des Weiteren ist $(A/I)/((rad(A) + I)/I)$ zu der Algebra $A/(rad(A) + I)$ A-isomorph. Da $A/rad(A)$ kommutativ ist, ist es auch $A/(rad(A) + I)$. Somit gilt (v).

Als nächstes zeigen wir die Implikation von (iv) nach (i). Sei also I ein Ideal von A, so daß I und A/I auflösbar sind. Wegen $rad(I) = rad(A) \cap I$, der Auflösbarkeit von I und dem Parallelogrammsatz ist das Ideal $(rad(A) + I)/rad(A)$ von $A/rad(A)$ kommutativ. Des Weiteren ist $(A/rad(A))/((rad(A) + I)/rad(A))$ zu der Algebra $B := (A/I)/((rad(A)+I)/I)$ A-isomorph. Wegen $rad(A/I) = (rad(A)+I)/I$ und der Auflösbarkeit von A/I ist B kommutativ. Mit Teil (ii) von Bemerkung 13 ergibt sich die Auflösbarkeit von A.

Nun wird die Implikation von (i) nach (vi) gezeigt. Seien $c := cl(rad(A))$ und $m \in \mathbb{N}$ minimal mit $c \leq 2^m$. Für alle $s \in \underline{m}$ ist $rad(A)^{<2^s>}$ ein Ideal von A. Diese Ideale von A erfüllen offenbar (vi).

Zum Abschluß zeigen wir die Implikation von (vii) nach (i). Es gelte (vii), und seien $n \in \mathbb{N}$ sowie I_i $(0 \leq i \leq n)$ Ideale von A, die (vii) erfüllen. Mit einer leichten Induktion kann angenommen werden, daß I_1 auflösbar ist. Da auch A/I_1 auflösbar ist, folgt nun aus der bereits bewiesenen Implikation von (iv) nach (i) wiederum (i).⋄

Folgerung 1 *Sei A eine endlich-dimensionale auflösbare K-Algebra. Es gelten:*

(i) *Jede Teilalgebra von A ist auflösbar.*

(ii) *Sind B, C endlich-dimensionale assoziative Algebren, so ist $B \oplus C$ genau dann auflösbar, wenn B und C auflösbar sind.*

Beweis. ad(i): Sei T eine Teilalgebra der auflösbaren K-Algebra A. Nach Teil (vii) von Satz 13 gibt es $n \in \mathbb{N}$ und Ideale I_i $(0 \leq i \leq n)$ von A, so daß $\{0_A\} = I_n \leq I_{n-1} \leq \cdots \leq I_0 = A$ gilt und für alle $i \in \underline{n}$ I_i/I_{i-1} kommutativ ist. Für alle $0 \leq i \leq n$ ist $I_i \cap T$ ein Ideal von T, und für alle $1 \leq i \leq n$ ist $(I_i \cap T)/(I_{i-1} \cap T)$ kommutativ. Mit Aussage (vii) von Satz 13 folgt (iii).

ad(ii): Die Implikation $\Longrightarrow$ folgt aus Aussage (v) von Satz 13. Mit Aussage (iv) von Satz 13 ergibt sich die Rückrichtung.⋄

Die nächste Folgerung zeigt zwei Größen in assoziativen Algebren auf. Diese beschreiben eine mögliche Abweichung einer assoziativen Algebra hinsichtlich ihrer Auflösbarkeit.

Folgerung 2 *Seien A eine assoziative endlich-dimensionale K-Algebra und I, J Ideale von A. Es gelten:*

(i) *Sind I und J auflösbar, so ist auch $I + J$ auflösbar.*

(ii) Sind A/I und A/J auflösbar, so ist auch $A/(I \cap J)$ auflösbar.

(iii) A besitzt ein größtes auflösbares Ideal $AUF(A)$. Es gelten $rad(AUF(A)) = rad(A)$, $AUF(A/AUF(A)) = 0$, und die kommutativen minimalen Ideale von $A/rad(A)$ bilden eine direkte Zerlegung von $AUF(A)/rad(A)$.

Wir nennen $AUF(A)$ das auflösbare Radikal von A.

(iv) A besitzt ein kleinstes Ideal $auf(A)$, so daß $A/auf(A)$ auflösbar ist.

Wir nennen $auf(A)$ das auflösbare Residuum von A.

Beweis. ad(i): Es ist I ein auflösbares Ideal von $I + J$. Wegen $(I + J)/I \cong_A J/(I \cap J)$ ist $(I + J)/I$ nach Aussage (v) von Satz 13 auflösbar. Mit Aussage (iv) von Satz 13 folgt nun (i).

ad(ii): Da A/J auflösbar ist, ist das Ideal $(I + J)/J$ nach Aussage (v) von Satz 13 auflösbar. Mit dem Parallelogrammsatz folgt daraus die Auflösbarkeit von $I/(I \cap J)$. Da A/I auflösbar ist, ist auch $(A/(I \cap J))/(I/(I \cap J))$ auflösbar. Aus Aussage (iv) von Satz 13 folgt nun (ii).

ad(iii): Aus (i) folgt, daß A ein größtes auflösbares Ideal $AUF(A)$ besitzt.
Da $rad(A)$ ein nilpotentes Ideal von A ist, folgt $rad(A) \subseteq AUF(A)$. Da $AUF(A)/rad(A)$ ein Ideal von $A/rad(A)$ ist, ist $AUF(A)/rad(A)$ halbeinfach. Es ergibt sich $rad(A) = rad(AUF(A))$.
Sei I ein Ideal von A, das $AUF(A)$ enthält, und es sei $I/AUF(A)$ auflösbar. Da $AUF(A)$ auflösbar ist, folgt mit Aussage (iv) von Satz 13 die Auflösbarkeit von I.
Da $AUF(A)/rad(A)$ ein Ideal von $A/rad(A)$ bilden einige der minimalen Ideale von $A/rad(A)$ eine direkte Zerlegung von $AUF(A)/rad(A)$. Da $AUF(A)$ auflösbar ist und $rad(A) = rad(AUF(A))$ gilt, sind diese minimalen Ideale kommutativ.
Sei nun I das Ideal von A, so daß die kommutativen minimalen Ideale von $A/rad(A)$ eine direkte Zerlegung von $I/rad(A)$ bilden. Das Vorherige zeigt $AUF(A) \subseteq I$. Andererseits ist I offenbar auflösbar, woraus $I = AUF(A)$ folgt.

ad(iv): Dies folgt aus (ii).◇

Als nächstes führen wir die auflösbare Stufe für auflösbare assoziative Algebren ein, wozu wir zunächst die Reihe der Ableitungen einer assoziativen Algebra definieren müssen. Die Bedeutung der auflösbaren Stufe ergibt sich aus Satz und Definition 14.

Definition und Bemerkung 3 *(Ableitungen, auflösbare Stufe)* Seien A eine assoziative K-Algebra und S, T Teilmengen von A. Mit $\langle T \rangle_{\trianglelefteq A}$ bezeichnen wir das kleinste T enthaltene Ideal von A. A wird mit der Verknüpfung $a \circ b := ab - ba$ eine Lie-Algebra – die zu A assoziierte Lie-Algebra – die wir mit A° bezeichnen. Wir definieren weiter $S \circ T := \langle s \circ t \mid (s, t) \in S \times T \rangle_K$. Die Reihe der Ableitungen wir durch $A^{(0)} := A$, $A' := A^{(1)} := \langle A \circ A \rangle_{\trianglelefteq A}$ und $A^{(n)} := (A^{(n-1)})'$ für alle $n \in \mathbb{N}_{\geq 2}$. Dann ist für alle $n \in \mathbb{N}$ $A^{(n)}$ das kleinste Ideal mit kommutativer Faktorstruktur von $A^{(n-1)}$. Wir nennen $A^{(n)}$ die n-te Ableitung und speziell $A^{(1)} = A'$ die Ableitung von A.$\diamond$

Satz 14 *(Bedeutung der auflösbaren Stufe)* *Sei A eine endlich-dimensionale assoziative K-Algebra. Es gelten:*

(i) *A ist genau dann auflösbar, wenn es ein $n \in \mathbb{N}$ mit $A^{(n)} = \{0_A\}$ gibt.*

Ist A auflösbar, so heißt das minimale $n \in \mathbb{N}$ mit $A^{(n)} = \{0_A\}$ die auflösbare Stufe von A. Wir bezeichnen sie mit $st(A)$.

(ii) *Sei A auflösbar. Sind $n \in \mathbb{N}$ und I_i ($0 \leq i \leq n$) Teilalgebren von A, so daß $\{0_A\} = I_n \leq I_{n-1} \leq \cdots \leq I_0 = A$ gilt und für alle $i \in \underline{n}$ I_{i-1} ein Ideal von I_i mit kommutativer Faktorstruktur ist, so gilt $st(A) \leq n$.*

Unter allen diesen Ketten ist also die Reihe der Ableitungen die kürzeste. Diese gibt der auflösbaren Stufe ihre strukturelle Bedeutung in auflösbaren Algebren.

Beweis. Die Rückrichtung in (i) folgt mit Satz 13. Sei nun A auflösbar. Nach Definition gibt es ein $n \in \mathbb{N}$ und Teilalgebren I_i ($0 \leq i \leq n$) von A, so daß $\{0_A\} = I_n \leq I_{n-1} \leq \cdots \leq I_0 = A$ gilt und für alle $i \in \underline{n}$ I_{i-1} ein Ideal von I_i mit kommutativer Faktorstruktur ist. Wir zeigen $A^{(n)} = \{0_A\}$. Daraus ergibt sich die Rückrichtung in (i) und (ii). Dazu zeigen wir mit Induktion, daß für alle $r \in \mathbb{N}$ die Abschätzung $A^{(r)} \subseteq I_r \cap A^{(r-1)}$ gilt. Es ist I_1 ein Ideal mit kommutativer Faktorstruktur von A. Daraus folgt $A^{(1)} \subseteq I_1 \subseteq I_1 \cap A$. Sei nun $r \in \mathbb{N}$, und es gelte $A^{(r)} \subseteq I_r \cap A^{(r-1)}$. Es ist I_{r+1} ein Ideal mit kommutativer Faktorstruktur von I_r. Also ist $I_{r+1} \cap A^{(r)}$ ein Ideal von $A^{(r)}$. Wegen des Parallelogrammsatzes ist $A^{(r)}/(I_{r+1} \cap A^{(r)})$ zu einer Teilalgebra von I_r/I_{r+1} $\mathcal{A}$-isomorph, also selbst kommutativ. Daraus folgt $A^{(r+1)} \subseteq I_{r+1} \cap A^{(r)}$.$\diamond$

3.2 Zusammenhänge zur assoziierten Lie-Algebra

3.2.1 Eine Lie-Kennzeichnung

Strukturübergreifende Sätze spielen seit Beginn der modernen Algebra eine zentrale Rolle (wie z.B. in der Galoistheorie). Häufig ergeben sich mit einer verlagerten Sichtweise auf die vorliegende Situation unerwartete Ergebnisse. Unter diesem Ansatz ist der folgende Abschnitt zu betrachten.

In [2] ist der Begriff der auflösbaren assoziativen Algebra mit dem der auflösbaren Gruppe in Beziehung gesetzt worden. Genauer wird dort bewiesen, daß eine endlich-dimensionale assoziative unitäre Algebra über einem Körper mit mehr als drei Elementen genau dann auflösbar ist, wenn ihre Einheitengruppe auflösbar ist. Allerdings scheint die dort benutzte Argumentation lückenhaft zu sein. Deswegen ist im Anhang dieser Arbeit eine genauere Betrachtung dieses Satzes und zudem eine Verallgemeinerung auf nicht notwendig unitäre Algebren angegeben.

In diesem Abschnitt werden wir auflösbare assoziative Algebren mittels ihrer assoziierten Lie-Algebra kennzeichnen. Zunächst zeigen wir, daß aus der Auflösbarkeit einer assoziativen Algebra A die Auflösbarkeit ihrer assoziierten Lie-Algebra A° folgt.

Proposition 3 *Ist A eine assoziative endlich-dimensionale auflösbare K-Algebra, so ist A° auflösbar.*

Beweis. Da A auflösbar ist, gilt $A^\circ \circ A^\circ \subseteq rad(A)$. Aus der Nilpotenz von $rad(A)$ folgt auch die von $rad(A)^\circ$, was der Leser in den Übungsaufgaben bestätigen mag. Da $rad(A)^\circ$ eine Teilalgebra von A° ist, ergibt sich die Nilpotenz von $A^\circ \circ A^\circ$. Damit ist A° auflösbar.◇

Um die Rückrichtung dieser Proposition zu beweisen, benutzen wir ein bekanntes Verfahren aus der Algebrentheorie: Zunächst beweisen wir die die Aussage für zentrale Divisionsalgebren, dann für Divisionsalgebren, als nächstes für einfache Algebren, danach für halbeinfache Algebren und schließlich für beliebige Algebren. Zur Durchführung dieses Vorhabens sind die folgenden beiden Bemerkungen gedacht. Wie gewohnt sei für eine Lie-Algebra L bzw. für eine Gruppe G $(L^{(n)})_{n \in \mathbb{N}}$ bzw. $(G^{(n)})_{n \in \mathbb{N}}$ die Folge der Ableitungen von L bzw. von G.

Bemerkung 14 *Seien K ein Körper und A, B assoziative unitäre K-Algebren. Es gelten:*

(i) Für alle $a, c \in A$ und $b, d \in B$ gilt
$(a \otimes b) \circ (c \otimes d) = (a \circ c) \otimes bd + ca \otimes (b \circ d)$.

(ii) Ist A° auflösbar und B° abelsch, so ist $(A \otimes_K B)^\circ$ auflösbar.

Beweis: ad(i): Die Behauptung in (i) ergibt sich durch einfaches Nachrechnen.

ad(ii): Da B° abelsch ist, gilt für alle $x, y \in A$ und $c, d \in B$ nach (i) die Hilfsaussage $(*)$ $(x \otimes c) \circ (y \otimes d) = (x \circ y) \otimes (cd)$.

Sei $T := A \otimes_K B$. Aus $(*)$ folgt mit einer leichten Induktion (siehe Übungsaufgaben), daß für alle $m \in \mathbb{N}$ $(T^\circ)^{(m)} \subseteq (A^\circ)^{(m)} \otimes_K B$ gilt. Da A° auflösbar ist, ergibt sich (ii) aus Teil (i) von Satz und Definition 14.$\diamond$

In der zweiten Bemerkung werden wir u.a. zu Matrixalgebren assoziierte Lie-Algebren auf Auflösbarkeit untersuchen. Besitzt der Körper die Charakteristik Null, so sind in diesen Algebren bekanntlich einfache Lie-Algebren enthalten, was bedeutet, daß diese Lie-Algebren nicht auflösbar sind. Im Fall einer beliebigen Charakteristik zeigt sich bezüglich der Auflösbarkeit das folgende Bild. Dabei sei für einen Körper K, $n \in \mathbb{N}$ und $i, j \in \underline{n}$ die Matrix $e_{i,j}$ so definiert, dass nur der $i - j$-Eintrag ungleich Null – nämlich 1 – ist. Diese Matrizen bilden die sog. Standardbasis von $K^{n \times n}$.

Bemerkung 15 (i) Sei K ein Körper. Dann ist $A := K^{2 \times 2}$ eine einfache assoziative K-Algebra. Wir zeigen, daß A° genau dann auflösbar ist, wenn $char(K) \neq 2$ gilt. Sei dazu $B := \{e_{11}, e_{12}, e_{21}, e_{22}\}$ die Standardbasis von A. Man rechnet leicht nach, daß $e_{22} \circ e_{21} = e_{21}$, $e_{22} \circ e_{12} = -e_{12}$, $e_{22} \circ e_{11} = 0_A$, $e_{21} \circ e_{12} = e_{22} - e_{11}$, $e_{21} \circ e_{11} = e_{21}$ und $e_{12} \circ e_{11} = -e_{12}$ gelten. Also gilt $(A^\circ)^{(1)} = \langle e_{21}, e_{12}, e_{22} - e_{11} \rangle_K$. Weiter gelten $e_{21} \circ e_{12} = e_{22} - e_{11}$, $e_{21} \circ (e_{22} - e_{11}) = -2_K e_{21}$ und $e_{12} \circ (e_{22} - e_{11}) = -2_K e_{12}$. Ist nun $char(K) = 2$, so gelten $(A^\circ)^{(2)} = \langle e_{22} - e_{11} \rangle_K$ und $(A^\circ)^{(3)} = \{0_A\}$, anderenfalls gilt $(A^\circ)^{(1)} = (A^\circ)^{(2)}$.

(ii) Seien K ein Körper und $n \in \mathbb{N}_{\geq 3}$. Dann ist $(K^{n \times n})^\circ$ nicht auflösbar. Sei dazu $\{e_{ij} \mid 1 \leq i, j \leq n\}$ die Standardbasis von $K^{n \times n}$. Es reicht zu zeigen, daß $(K^{3 \times 3})^\circ$ nicht auflösbar ist, da $(K^{n \times n})^\circ$ eine zu $(K^{3 \times 3})^\circ$ isomorphe Teilalgebra enthält. Es gelten $e_{11} \circ e_{12} = e_{12}$, $e_{11} \circ e_{13} = e_{13}$, $e_{11} \circ e_{31} = -e_{31}$, $e_{21} \circ e_{22} = e_{21}$, $e_{23} \circ e_{33} = e_{23}$, $e_{32} \circ e_{33} = -e_{32}$, $e_{12} \circ e_{21} = e_{11} - e_{22}$ und $e_{13} \circ e_{31} = e_{11} - e_{33}$. Weiter gelten $e_{12} \circ e_{21} = e_{11} - e_{22}$, $e_{13} \circ e_{31} = e_{11} - e_{33}$, $e_{12} \circ e_{23} = e_{13}$, $e_{13} \circ e_{32} = e_{12}$, $e_{21} \circ e_{13} = e_{23}$, $e_{23} \circ e_{31} = e_{21}$ und $e_{31} \circ e_{12} = e_{32}$. Dies zeigt $\langle e_{12}, e_{13}, e_{21}, e_{23}, e_{31}, e_{32}, e_{11} - e_{22}, e_{11} - e_{33} \rangle_K \subseteq ((K^{3 \times 3})^\circ)^{(n)}$ für alle $n \in \mathbb{N}$. Also ist $(K^{3 \times 3})^\circ$ nicht auflösbar.

(iii) Seien K ein Körper, $char(K) = 2$ und A eine 4-dimensionale zentral-einfache assoziative unitäre Algebra. Nach [9] gibt es eine K-Basis $B := \{1_A, i, j, k\}$ von A und $a \in K$, $b \in K \setminus \{0_K\}$, so daß $i^2 + i = a 1_A$, $j^2 = b 1_A$ und $ij = k = j(i + 1_A)$ gelten. Diese Algebren nennt man auch verallgemeinerte Quaternionenalgebren in Charakteristik 2. Wir zeigen, daß A° auflösbar ist. Es gelten $i \circ j = ij + ji = j$, $i \circ k = ik + ki = i(ij) + (ji + j)i = (i + a1_A)j + j(i + a1_A) + ji = k$ und $j \circ k = jk + kj = j(ji + j) + ij^2 = j^2 i + j^2 + ij^2 = bi + j^2 + bi = b1_A$. Daraus ergibt sich $(A^\circ)^{(1)} = \langle j, k, b1_A \rangle_K$. Also gilt $(A^\circ)^{(2)} = \langle b1_A \rangle_K$ und damit $(A^\circ)^{(3)} = \{0_A\}$.$\diamond$

Nun beginnen wir mit dem angesprochenen Verfahren. Das folgende Lemma, das einen Induktionanfang darstellt, spielt dabei eine entscheidende Rolle.

Lemma 5 *Seien K ein Körper und D eine zentral-einfache endlich-dimensionale assoziative K-Divisionsalgebra. Ist $char(K) = 2$, so sei $dim_K(D) \neq 4$. Es sind äquivalent:*

(i) D ist auflösbar.

(ii) $D = K1_A$

(iii) D° ist auflösbar.

Beweis. Wegen $rad(D) = \{0\}$ und der Zentralität sind (i) und (ii) äquivalent. Aus Proposition 3 folgt, daß nur noch die Implikation von (iii) nach (ii) zu zeigen ist. Es gelte also (iii). Sei L ein maximaler Teilkörper von D. Dann gilt nach Theorem 4.5.1 in [4] die Aussage $D \otimes_K L \cong_{\mathcal{A}_1} L^{n \times n}$. Dabei ist $n = dim_K(L) = dim_L(D)$. Mit Bemerkung 14 folgt nun, daß $(L^{n \times n})^\circ$ als K-Algebra auflösbar ist. Ist $n = 1$, so folgt offenbar (ii). Angenommen, es gelte $n \in \mathbb{N}_{\geq 2}$. Ist $n \neq 2$, so enthält die K-Algebra $L^{n \times n}$ eine zu $K^{3 \times 3}$ $\mathcal{A}_1$-isomorphe K-Teilalgebra T. Damit wäre T° als K-Teilalgebra von $(L^{n \times n})^\circ$ auflösbar, was allerdings im Widerspruch zum Abspiel und Bemerkung 15 steht. Ist $n = 2$, so ist nur der Fall $char(K) \neq 2$ zu betrachten. Offenbar enthält die K-Algebra $L^{n \times n}$ eine zu $K^{2 \times 2}$ $\mathcal{A}_1$-isomorphe K-Teilalgebra T. Damit wäre T° als K-Teilalgebra von $(L^{n \times n})^\circ$ auflösbar, was im Widerspruch zum Abspiel und Bemerkung 15 steht.$\diamond$

Satz 15 *(Lie-Kennzeichnung auflösbarer assoziativer Algebren) Seien K ein Körper, $char(K) \neq 2$ und A endlich-dimensionale assoziative K-Algebra. Es sind äquivalent:*

(i) A ist auflösbar.

(ii) A° ist auflösbar.

Beweis. Wegen Proposition 3 ist nur noch die Implikation von (ii) nach (i) zu zeigen. Der Beweis dieser Implikation gliedert sich in mehrere Schritte.

Schritt 1: Die Implikation wird unter der zusätzlichen Voraussetzung gezeigt, daß A eine K-Divisionsalgebra ist. In dieser Situation benutzen wir vollständige Induktion nach $dim_K(A)$. Im ein-dimensionalen Fall ist nichts zu zeigen. Gilt $Z(A) = K1_A$, so folgt die Behauptung mit Lemma 5. Also kann $K1_A \neq Z(A)$ angenommen werden. A ist eine $Z(A)$-Algebra, für die nach Annahme $dim_{Z(A)}(A) \leq dim_K(A) - 1$ gilt. Da A° als K-Algebra auflösbar ist, ist sie auch als $Z(A)$-Algebra auflösbar. Nun folgt mit Induktion, daß A auflösbar, also ein Körper ist.

Schritt 2: In diesem Schritt sei A einfach. Nach Voraussetzung über A kann angenommen werden, daß es ein $n \in \mathbb{N}$ und eine endlich-dimensionale assoziative K-Divisionsalgebra D gibt, so daß $A \cong_{\mathcal{A}_1} D^{n \times n}$ gilt. Offenbar gibt es eine K-Teilalgebra T von $D^{n \times n}$, die zu D $\mathcal{A}_1$-isomorph ist. Da T° eine K-Teilalgebra von $(D^{n \times n})^{\circ}$ ist, ergibt sich mit Schritt 1, daß D ein Körper ist. Wäre $n \neq 1$, so besäße $D^{n \times n}$ eine zu $K^{2 \times 2}$ $\mathcal{A}_1$-isomorphe K-Teilalgebra. Diese ist aber nach Abspiel und Bemerkung 15 nicht auflösbar. Somit gilt $n = 1$, und A ist ein Körper.

Schritt 3: In diesem Schritt sei A halbeinfach. Nach Voraussetzung über A gibt es eine endliche direkte Zerlegung in einfache Ideale von A. Jedes Ideal dieser Zerlegung ist auch ein Ideal der auflösbaren Algebra A° und somit selbst als Lie-Algebra auflösbar. Mit Schritt 2 folgt, daß jedes Ideal dieser Zerlegung kommutativ ist, was bedeutet, daß auch A kommutativ ist.

Schritt 4: Jetzt wird der allgemeine Fall betrachtet. Sei also A° auflösbar. Es ist $A/rad(A)$ eine endlich-dimensionale halbeinfache assoziative K-Algebra. Weiter ist $rad(A)^{\circ}$ ein Ideal von A°, und es ist $A^{\circ}/rad(A)^{\circ} = (A/rad(A))^{\circ}$ auflösbar. Somit folgt die Behauptung aus Schritt 3.◇

Wir betrachten nun Anwendungen dieses Satzes. Für die erste benötigen wir die folgende Proposition.

Proposition 4 *Seien K ein Körper und A, B endlich-dimensionale assoziative K-Algebren. Sind A, B auflösbar, so ist $A \otimes_K B$ auflösbar. Sind A, B unitär, so folgt aus der Auflösbarkeit von $A \otimes_K B$ auch die von A und B.*

Beweis: Sind A, B unitär, so enthält $A \otimes_K B$ Teilalgebren, die zu A bzw. B $\mathcal{A}_1$-isomorph sind. Ist also $A \otimes_K B$ auflösbar, so sind nach nach Teil (iii) von Folgerung 1 auch A und B auflösbar.

Seien nun A und B auflösbar sowie $T := A \otimes_K B$. Mit Teil (i) von Bemerkung 14 folgt $T \circ T \subseteq (A \circ A) \otimes_K B + A \otimes_K (B \circ B)$. Da A und B auflösbar sind, gelten $A \circ A \subseteq rad(A)$ und $B \circ B \subseteq rad(B)$. Somit gilt $T \circ T \subseteq rad(A) \otimes_K B + A \otimes_K rad(B)$. Offenbar ist der letzte Ausdruck in $rad(T)$ enthalten.◇

Mit dieser Proposition erhalten wir die folgende Verallgemeinerung von Teil (ii) aus Bemerkung 14.

Satz 16 *(Auflösbarkeit des Lie-Tensorproduktes)* *Seien K ein Körper, $char(K) \neq 2$ und A, B assoziative endlich-dimensionale K-Algebren. Sind A° und B° auflösbar, so ist auch $(A \otimes_K B)^{\circ}$ auflösbar.*

Beweis. Seien A° und B° auflösbar. Nach Satz 15 sind A und B auflösbar. Mit Proposition 4 ergibt sich die Auflösbarkeit von $A \otimes_K B$, und mit Satz 15 folgt die Behauptung.$\diamond$

Abspiel 3 Sei K ein Körper mit $char(K) = 2$. Nach Abspiel und Bemerkung 15 ist $K^{2\times2}$ als Lie-Algebra auflösbar. Es gilt $K^{2\times2} \otimes_K K^{2\times2} \cong_{A_1} K^{4\times4}$. Diese Algebra ist nach Abspiel und Bemerkung 15 nicht als Lie-Algebra auflösbar.$\diamond$

3.2.2 Eine symmetrische Bilinearform

Für die zweite Anwendung der Lie-Kennzeichnung Satz 15 benötigen wir nun einige Vorbemerkungen und Analysen. Unser Ziel ist es, die Auflösbarkeit von assoziativen Algebren mit Hilfe einer symmetrischen Bilinearform zu kennzeichnen.

Definition 7 Sei A eine assoziative K-Algebra. Mit $Nil(A)$ bezeichnen wir die Menge der nilpotenten Elemente von A. Ist L eine Lie-Algebra, so sei für jedes $l \in L$ das Malnehmen mit l definiert durch $ad(l)$ - die sog. adjungierte Darstellung von l.$\diamond$

Definition und Bemerkung 4 Seien K ein Körper und A eine endlich-dimensionale assoziative K-Algebra. Wir definieren

$$<,>_{\lambda,\rho}: A \times A \longrightarrow K, (a;b) \longmapsto Spur(a\rho\,b\lambda + a\lambda\,b\rho).$$

Es ist $<,>_{\lambda,\rho}$ eine symmetrische Bilinearform auf A, und es gilt $rad(A) \subseteq Nil(A) \subseteq rad(<,>_{\lambda,\rho})$. Dabei ist das Radikal einer symmetrischen Bilinearform die Menge aller Elemente, die bzgl. der Bilinearform auf allen Elementen senkrecht stehen, d.h. der Wert der Bilinearform ist Null.

Beweis: Offenbar liegt eine Bilinearform vor. Da $\rho\lambda = \lambda\rho$ gilt, ist diese Form symmetrisch. Seien $a \in Nil(A)$ und $b \in A$. Dann sind $a\rho$ und $a\lambda$ nilpotent. Wegen $\rho\lambda = \lambda\rho$ sind damit auch $a\rho\,b\lambda$ und $a\lambda\,b\rho$ nilpotent. Folglich gilt $a \in rad(<,>_{\lambda,\rho})$.$\diamond$

Das Ziel ist es, auflösbare Algebren mit dieser Bilinearform zu kennzeichnen. Außerdem werden wir sie auch mit den beiden Standardspurformen $< a,b >_\lambda := Spur(a\lambda b\lambda)$ und $< a,b >_\rho := Spur(a\rho b\rho)$ kennzeichnen, wozu der folgende Hilfssatz nützlich ist. Für diesen benötigen wir noch die folgende Bezeichnung. Seien V ein K-Vektorraum, B eine K-Basis von V und $\alpha \in End_K(V)$. Mit $M_B(\alpha)$ bezeichnen wir die darstellende Matrix von α bezüglich B.

Hilfssatz 2 *(Radikal der Standardspurformen) Seien K ein Körper mit $char(K) = 0$ und A eine endlich-dimensionale assoziative unitäre K-Algebra. Es gilt $rad(<,>_\lambda) = rad(<,>_\rho) = rad(A)$.*

Beweis. Seien $a \in rad(A)$ und $b \in A$. Da $rad(A)$ ein Ideal von A ist, sind ab und ba nilpotent. Also sind auch $(ab)\rho$ und $(ba)\lambda$ nilpotent, woraus – da Spuren nilpotenter Endomorphismen Null sind – $a \in rad(<,>_\lambda) \cap rad(<,>_\rho)$ folgt. Es sind $<,>_\lambda$ und $<,>_\rho$ assoziative Bilinearformen auf A. Insbesondere sind $rad(<,>_\lambda)$ und $rad(<,>_\rho)$ Ideale von A. Es reicht nach einem Satz von Wedderburn zu zeigen, daß diese Ideale nil sind. Ist $a \in rad(<,>_\rho)$, so gilt $a^n \in rad(<,>_\rho)$ für alle $n \in \mathbb{N}$. Es folgt $Spur((a^n)\rho 1\rho) = Spur((a\rho)^n) = 0_K$ für alle $n \in \mathbb{N}$. Mit Übungsaufgabe 42 auf Seite 277 in [18] ergibt sich die Nilpotenz von $a\rho$. Also ist auch a nilpotent. Mit einem analogen Argument erhalten wir, daß auch $rad(<,>_\lambda)$ nil ist.$\diamond$

Beispiel 6 Sei $A := \langle e, r \rangle_K$ die Algebra aus Beispiel 5. Dann gilt $rad(A) = \langle r \rangle_K$. Eine einfache Rechnung zeigt $rad(<,>_\rho) = rad(A)$ und, falls $char(K) \neq 2$ gilt, auch $rad(<,>_\lambda) = rad(A)$. Im Fall $char(K) = 2$ gilt jedoch nicht wie beim Hilfssatz 2 die Aussage $rad(A) = rad(<,>_\lambda)$, sondern es gilt $A = rad(<,>_\lambda)$.$\diamond$

Satz 17 *(Bilinearform-Kennzeichnung auflösbarer Algebren) Seien K ein Körper mit $char(K) = 0$ und A eine endlich-dimensionale assoziative unitäre K-Algebra. Es sind äquivalent:*

(i) A ist auflösbar, also $A \circ A \leq rad(A)$.

(ii) Für alle $a, b \in A$ gilt $a \circ b \in rad(<,>_\rho)$.

(iii) Für alle $a, b \in A$ gilt $a \circ b \in rad(<,>_\lambda)$.

(iv) Für alle $a \in A \circ A$ gilt $< a, a >_{\lambda, \rho} = < a^2, 1_A >_{\lambda, \rho}$.

(v) Für alle $a, b, c \in A$ gilt $< a \circ b, c >_{\lambda, \rho} = < (a \circ b)c, 1_A >_{\lambda, \rho}$.

Beweis: Wegen Hilfssatz 2 sind (i), (ii) und (iii) äquivalent.

Nun zeigen wir die Äquivalenz von (i) und (iv). Nach Satz 15 ist (i) mit der Auflösbarkeit von A° äquivalent. Mit dem Kriterium von Cartan für auflösbare Lie-Algebren ist dies dazu äquivalent, daß für alle $a \in A \circ A$ $Spur(ad(a)^2) = 0_K$ gilt. Ist $a \in A$, so gilt $ad(a) = a\rho - a\lambda$, also $ad(a)^2 = a^2\rho + a^2\lambda - 2a\rho a\lambda$. Somit ist (i) zu (iv) äquivalent.

Nun betrachten wir die Implikation von (i) nach (v). Sei A auflösbar. Dann gilt $A \circ A \subseteq rad(A)$, also auch $a \circ b, (a \circ b)c \in rad(A)$ für alle $a, b, c \in A$. Aus Hilfssatz 2 folgt nun (v).

Abschließend gelte (v). Nach dem Kriterium von Cartan für auflösbare Lie-Algebren und Satz 15 reicht es aus zu zeigen, daß $A \circ A$ im

72

Radikal der Killingform liegt.[1] Seien $a, b, c \in A$. Es ist zu zeigen, daß

---

[1]Wilhelm Killing (geboren am 10. Mai 1847 in Burbach bei Siegen, gestorben am 11. Februar 1923 in Münster) war ein deutscher Mathematiker. Killings Vater war zuerst Gerichtssekretär und hatte eine Reihe von Bürgermeisterposten inne, so dass die Familie mehrmals umzog. Killing wurde schon auf dem Gymnasium in Brilon, wo er eine Ausbildung in klassischen Sprachen erhielt, von seinem Lehrer für die Geometrie begeistert. Er begann sein Studium der Mathematik im Wintersemester 1865 bis 1966 in Münster, wo er sich überwiegend durch das Studium der Werke von Plücker, Hesse und der Disquisitiones Arithmeticae von Carl Friedrich Gauß selbst fortbildete, und setzte es zum Wintersemester 1867 bis 1868 in Berlin bei Ernst Eduard Kummer, Hermann von Helmholtz und Karl Weierstraß fort. Killing wurde Mitglied bei der katholischen Studentenverbindung K.D.St.V. Sauerlandia Münster im CV. Später wurde er auch noch Ehrenmitglied in der katholischen Studentenverbindung V.K.D.St. Saxonia Münster im CV. Im März 1872 wurde Killing bei Weierstraß mit einer Arbeit Der Flächenbüschel zweiter Ordnung über die Anwendung der Elementarteiler einer Matrix auf die Flächentheorie promoviert. 1873 bis 1878 unterrichtete er an Berliner Schulen (Friedrichwerdersches Gymnasium und katholische St.-Hedwig-Schule), ab 1878 an seinem heimatlichen Gymnasium in Brilon und ab 1882 als Mathematikprofessor am Lyceum Hosianum in Braunsberg (von Weierstraß empfohlen), wo er am Ende Rektor war. Während seiner Gymnasiallehrerzeit publizierte er auch schon - trotz mathematischer Isolation und starker Inanspruchnahme durch den Lehrbetrieb - er unterrichtete neben Mathematik auch andere Fächer wie Latein und Griechisch - ab 1880 über nichteuklidische Geometrien in beliebigen Dimensionen. Sein Buch "Die nichteuklidischen Raumformen in analytischer Behandlungërschien 1885. Im gleichen Jahr 1885 wurde er zum Mitglied der Leopoldina gewählt. 1892 wurde er Professor an der Westfälischen Wilhelms-Universität in Münster, wo er von 1897 bis 1898 auch Rektor war. Killing war ein tiefreligiöser Katholik und trat mit 39 Jahren zusammen mit seiner Frau Anna dem Dritten Orden der Franziskaner bei. Er war seit 1875 verheiratet und hatte zwei Töchter und vier Söhne, die aber alle vor ihm starben (zwei als Kinder, einer 1910 während er sich für Musikgeschichte habilitierte, ein anderer 1918 im Ersten Weltkrieg). In seiner Forschung über Nicht-Euklidische Raumformen erfand Killing unabhängig von Sophus Lie (der diese um 1870 bei Untersuchungen über Differentialgleichungen fand) die Lie-Algebra, auf deren Klassifikation er diejenige der nichteuklidischen Raumformen zurückführen wollte. Er führte zu seiner Klassifikation der halbeinfachen reellen Liealgebren die Cartan-Subalgebra, die Cartan-Matrix und die Idee des Wurzelsystems ein. Den Anfang seiner Untersuchungen machte er im Jahrbuch des Lyceum Hosianum von 1884. Er schickte eine Kopie an Felix Klein, der ihn erst über die parallelen Untersuchungen von Lie informierte. Killing schrieb auch an Lie, der zunächst nicht antwortete und ihm erst auf nochmaliges Drängen leihweise Separatdrucke seiner Arbeiten schickte, nachdem ihm Killing versichert hatte, nur an Geometrie interessiert zu sein und ihm keine Konkurrenz bei Anwendungen auf Differentialgleichungen machen zu wollen. Dabei kam er auch in Kontakt mit dem Assistenten von Lie, Friedrich Engel, mit dem er ab 1885 in einen regen Briefwechsel trat. Engel ermunterte ihn zu weiteren Untersuchungen, und in einer Reihe von vier Arbeiten in den Mathematischen Annalen 1888 bis 1890 ('Die Zusammensetzung der stetigen endlichen Transformationsgruppen') legte Killing dann seine Klassifikation dar. Mit dabei waren die exzeptionellen Lie-Algebren, die er erst im Mai 1887 entdeckte. Mit seiner Klassifikation der Lie-Algebren führte er eines der frühesten Klassifikationsprogramme der Algebra durch (bald darauf folgten im 19. Jahrhundert Resultate über die Klassifikation von Algebren und Gruppen). Seine Klassifikation der Lie-Algebren stand lange Zeit im Schatten der später (in dessen Dissertation 1894) durchgeführten Arbeit von Elie Cartan, der Killings Klassifikation vereinfachte, verallgemeinerte und ergänzte, z.B. um explizite Darstellungen der exezptionellen Liegruppen, sich aber in seinen Publikationen ausdrücklich auf Killing bezog. 1900 erhielt Killing als zweiter nach Sophus Lie den Lobatschewski-Preis. Auf Killing geht auch die Bezeichnung charakteristische Glei-

$Spur(ad(a \circ b)ad(c)) = 0_K$ gilt. Es gilt $ad(a \circ b) = ad(a) \circ ad(b)$. Weiter gilt

$ad(a)ad(b)ad(c) = (a\rho - a\lambda)(b\rho - b\lambda)(c\rho - c\lambda)$

$= ((ab)\rho - a\rho b\lambda - a\lambda b\rho + (ba)\lambda)(c\rho - c\lambda)$

$= (abc)\rho - (ab)\rho c\lambda - a\rho b\lambda c\rho + a\rho b\lambda c\lambda - a\rho b\lambda c\lambda + a\lambda b\rho c\lambda + (ba)\lambda c\rho - (cba)\lambda.$

Analog gilt

$ad(b)ad(a)ad(c) = (b\rho - b\lambda)(a\rho - a\lambda)(c\rho - c\lambda)$

$= ((ba)\rho - b\rho a\lambda - b\lambda a\rho + (ab)\lambda)(c\rho - c\lambda)$

$= (bac)\rho - (ba)\rho c\lambda - b\rho a\lambda c\rho + b\rho a\lambda c\lambda - b\rho a\lambda c\lambda + b\lambda a\rho c\lambda + (ab)\lambda c\rho - (cab)\lambda.$

Es folgt nun

$Spur((ad(a) \circ ad(b))(ad(c))$

$= < b \circ a, c >_{\lambda,\rho} + Spur((abc)\rho - (bac)\rho) + Spur((cab)\lambda - (cba)\lambda)$

$= < b \circ a, c >_{\lambda,\rho} + < (a \circ b)c, 1_A >_{\lambda,\rho}.$

Nach Voraussetzung ist der letzte Term dieser Gleichungskette gleich 0_K.⋄

Folgerung 3 *Seien K ein Körper mit $char(K) = 0$ und A eine endlich-dimensionale assoziative unitäre K-Algebra. Ist $<,>_{\lambda,\rho}$ assoziativ, so ist A auflösbar.*

Beweis. Dies folgt direkt aus Teil (iv) von Satz 17.⋄

Abspiel 4 Sei A die Algebra aus 1. Dann gelten $< e, e >_{\lambda,\rho} = 2_K$ und $< e^2, 1_A >_{\lambda,\rho} = 3_K$. Also ist A auflösbar, aber die Bilinearform $<,>_{\lambda,\rho}$ ist nicht assoziativ. Es stellt sich also die Frage, für welche Algebren $<,>_{\lambda,\rho}$ assoziativ ist. Zu dieser Fragestellung sind dem Autor keine Resultate bekannt.⋄

Bevor wir nun Beispiele zu der Lie-Kennzeichnung 15 betrachten, überlegen wir, wie Satz 17 auf nicht notwendig unitäre Algebren übertragen werden kann. Dazu ist die folgende Bemerkung über die Adjunktion einer Eins von Bedeutung.

Bemerkung 16 *Seien K ein Körper und A eine endlich-dimensionale assoziative K-Algebra. Es gelten:*

(i) *Genau dann ist A auflösbar, wenn (K, A) auflösbar ist.*

(ii) *Für alle $a, b \in A, k, l \in K$ gilt $(k; a) \circ (l; b) = (0_K; a \circ b)$. Insbesondere gilt $(K, A) \circ (K, A) = \{0_K\} \times (A \circ A)$.*

(iii) *Sind $a, b \in A$, so gelten $Spur(a\rho) = Spur((0_K; a)\rho)$, $Spur(a\lambda) = Spur((0_K; a)\lambda)$ und $Spur(a\rho b\lambda) = Spur((0_K; a)\rho (0_K; b)\lambda)$.*

Beweis. ad(i): Dies folgt aus Bemerkung 6, Satz 13 und Folgerung 1.

---

chung einer Matrix zurück. Killing schrieb eine Reihe von Lehrbüchern über Geometrie und Elementarmathematik. Nach ihm ist auch Killing-Vektorfeld benannt.

ad(ii): Das ist eine leichte Rechenübung.

ad(iii): Ist B eine K-Basis von A, so ist $(\{0_K\} \times B) \cup \{(1_K; 0_A)\}$ eine K-Basis von (K, A). Mit dieser Basis kann (iii) leicht nachgerechnet werden.◇

Satz 18 *Seien K ein Körper mit $char(K) = 0$ und A eine assoziative endlich-dimensionale K-Algebra. Es sind äquivalent:*

(i) A ist auflösbar.

(ii) Für alle $x \in A \circ A$ gelten $Spur(x\rho) = 0_K$ und $x \in rad(<, >_\rho)$.

(iii) Für alle $x \in A \circ A$ gelten $Spur(x\lambda) = 0_K$ und $x \in rad(<, >_\lambda)$.

(iv) Für alle $a \in A \circ A$ gilt $2Spur(a\lambda a\rho) = Spur(a^2\lambda a^2\rho)$.

(v) Für alle $a, b, c \in A$ gilt $Spur(((a \circ b)c)\lambda + ((a \circ b)c)\rho) = < a \circ b, c >_{\lambda, \rho}$.

Beweis. Wir zeigen, daß die angegebenen Aussagen zu den entsprechenden Aussagen des Satzes 17 äquivalent sind.

(i) $\Longleftrightarrow$ (ii): Es gilt:

A auflösbar $\Longleftrightarrow_{Bemerkung16}$
(K, A) auflösbar $\Longleftrightarrow_{Satz17}$
$(K, A) \circ (K, A) \subseteq rad(<, >_\rho) \Longleftrightarrow_{Bemerkung16}$
$\forall a, b, c \in A, k \in K : Spur((0_K; a \circ b)\rho(k; c)\rho) = 0_K \Longleftrightarrow_{Bemerkung16}$
$\forall a, b, c \in A, k \in K : Spur(((a \circ b))c\rho) + kSpur((a \circ b)\rho) = 0_K.$

Durch eine Betrachtung der Fälle $k = 0_K$ und $c = 0_A, k = 1_K$ ergibt sich daraus die Äquivalenz von (i) und (ii). Mit einem analogen Argument erhalten wir die Äquivalenz von (i) und (iii).

(i) $\Longleftrightarrow$ (iv): Es gilt:

A auflösbar $\Longleftrightarrow_{Bemerkung16}$
(K, A) auflösbar $\Longleftrightarrow_{Satz17}$
$\forall a \in (K, A) \circ (K, A) :< a, a >_{\lambda, \rho} = < a^2, 1_{(K,A)} >_{\lambda, \rho} \Longleftrightarrow_{Bemerkung16}$
$\forall a \in (\{0_K\} \times A) \circ (\{0_K\} \times A) :< a, a >_{\lambda, \rho} = < a^2, 1_{(K,A)} >_{\lambda, \rho} \Longleftrightarrow_{Bemerkung16}$
$\forall a \in A \circ A : 2Spur(a\lambda a\rho) = Spur(a^2\lambda a^2\rho).$

(i) $\Longleftrightarrow$ (v): Es gilt:

A auflösbar $\Longleftrightarrow_{Bemerkung16}$
(K, A) auflösbar $\Longleftrightarrow_{Satz17}$

$\forall a, b, c \in A, k \in K :< (0_K; a \circ b), (k; c) >_{\lambda, \rho} =$

$=< (0_K; a \circ b)(k; c), (1_K; 0_K) >_{\lambda, \rho} \Longleftrightarrow_{Bemerkung 16}$

$\forall a, b, c \in A, k \in K : Spur(((a \circ b)c + k(a \circ b))(\lambda + \rho)) =$

$=< a \circ b, c >_{\lambda, \rho} + Spur(k(a \circ b)(\lambda + \rho)) \Longleftrightarrow$

$\forall a, b, c \in A : Spur((a \circ b)c(\lambda + \rho)) =< a \circ b, c >_{\lambda, \rho}. \diamond$

Beispiel 7 Sei $A = \langle e, r \rangle_K$ die Algebra aus Beispiel 5. Man rechnet leicht nach, daß $A \circ A = \langle r \rangle_K$ gilt. Sei nun $k \in K$. Dann gilt $(kr)^2 = 0_A$, also $Spur(((kr)^2)\lambda((kr)^2)\rho) = 0_K$. Offenbar ist auch $(kr)\rho(kr)\lambda$ die Nullabbildung auf A. Mit Satz 18 ergibt sich, daß im Fall $char(K) = 0$ A auflösbar ist. $\diamond$

Nun betrachten wir Beispiele zu der Lie-Kennzeichnung 15. Als erstes betrachten wir Gruppenringe, und anschließend wenden wir das Bisherige auf Dreiecksmatrizen an.

3.2.3 Gruppenalgebren

Seien in diesem Abschnitt K ein Körper und G eine endliche Gruppe. In [13] wird bewiesen, daß KG° genau dann auflösbar ist, wenn G abelsch ist, die Ableitung von G eine p-Gruppe ist (im Fall $p := char(K) \notin \{0, 2\}$, G nicht abelsch) oder wenn G eine Untergruppe vom Index 2 besitzt, deren Ableitung eine 2-Gruppe ist (im Fall $char(K) = 2$, G nicht abelsch). Vier Jahre später wird in [14] die Frage beantwortet, wann $E(KG)$ auflösbar ist. Dies ist genau dann der Fall, wenn G abelsch ist oder wenn $G/O_p(G)$ abelsch ist (im Fall $p := char(K) \neq 0$, G nicht abelsch). Dabei ist $O_p(G)$ das sog. p-Herz von G, also per Definition der grösste p-Normalteiler von G. Da nach dem Satz von Sylow G' genau dann eine p-Gruppe ist, wenn $G/O_p(G)$ abelsch ist, zeigt sich, daß im Fall $char(K) \neq 2$ also KG° genau dann auflösbar ist, wenn $E(KG)$ auflösbar ist. Dieses Ergebnis wird durch die Resultate der Sätze 5.4 in [2] und 15 verallgemeinert und ergänzt. Ist allerdings $char(K) = 2$, so folgt zwar aus der Auflösbarkeit von $E(KG)$ die von KG° (vgl. den nächsten Satz und Propositon 3), aber, wie die S_3 zeigt, folgt aus der Auflösbarkeit von KG° nicht die von $E(KG)$. Es wird nun die Frage beantwortet, wann KG auflösbar ist. Dazu definieren wir $Aug(KG)$ als das sog. Augmentationsideal von KG, also diejenigen Gruppenalgebrenelemente, deren Koeffizientensumme genau Null ist.

Satz 19 *(Auflösbarkeit der Gruppenalgebra) Genau dann ist KG auflösbar, wenn $E(KG)$ auflösbar ist.*

Beweis. Für $char(K) = 0$ folgt dies aus Satz 5.4 in [2]. Sei nun $p := char(K) \neq 0$. Ist KG auflösbar, so auch $E(KG)$ (vgl. Satz 5.4 aus [2]). Sei nun $E(KG)$ auflösbar. Ist G abelsch, so ist KG kommutativ und damit auflösbar. Sei also G nicht abelsch. Wie in der Einleitung zu 3.2.3

angesprochen ist somit G' eine p-Gruppe. Aus Proposition 1.2 von [7] folgt $KG/(KG\,Aug(KG')) \cong_{A_1} K(G/G')$. Folglich ist $KG/(KG\,Aug(KG'))$ kommutativ. Es muß also nur noch eingesehen werden, daß $KG\,Aug(KG')$ nilpotent ist. Mit Corollary 4.7 aus [16] folgt, daß $Aug(KG')$ nilpotent ist. Da $KG\,Aug(KG') = Aug(KG')\,KG$ gilt (vgl. den Vorspann vor Proposition 1.2 in [7]), ist mit $Aug(KG')$ auch $KG\,Aug(KG')$ nilpotent.◇

Noch bis heute ist das Problem ungelöst, wie allgemein die auflösbaren Stufen der drei Strukturen KG, $KG°$ und $E(KG)$ zu berechnen sind. In den Übungen möge der Leser in einem Spezialfall (nämlich den der zyklischen Ableitung von G) die auflösbare Stufe der Gruppenalgebra abschätzen. Im Fall der Algebra der unteren Dreiecksmatrizen werden wir nun diese drei auflösbaren Stufen im nächsten Abschnitt ermitteln.

3.2.4 Dreiecksmatrizen

Proposition 5 *Sei A eine endlich-dimensionale assoziative K-Algebra. Dann gelten:*

(i) *Für alle $n \in \mathbb{N}$ gilt $(A°)^{(n)} \subseteq A^{(n)}$. Ist A auflösbar, so gilt für alle $n \in \mathbb{N}$ $A^{(n)} \subseteq rad(A)^{<2^{n-1}>}$.*
Mit A ist also auch $A°$ auflösbar, und es gilt dann
$$st(A°) \leq st(A) \leq min\{n \in \mathbb{N} \mid 2^{n-1} \geq cl(rad(A))\} = \lfloor log_2(cl(rad(A))) \rfloor.$$

(ii) *Ist für alle $n \in \mathbb{N}$ $(A°)^{(n)}$ ein Ideal von A, so gilt für alle $n \in \mathbb{N}$ $(A°)^{(n)} = A^{(n)}$. Insbesondere gilt dann, falls A auflösbar ist, $st(A°) = st(A)$.*

(iii) *Sei A unitär und auflösbar. Für alle $n \in \mathbb{N}$ gilt $E(A)^{(n)} \subseteq 1_A + A^{(n)}$. Insbesondere ist $E(A)$ auflösbar, und es gilt $st(E(A)) \leq st(A)$.*

Beweis. ad (i): Die erste Inklusion folgt direkt aus der Definition von $A^{(n)}$. Sei nun A auflösbar. Dann gilt $A \circ A \subseteq rad(A)$. Da $rad(A)$ ein Ideal von A ist, folgt $A^{(1)} \subseteq rad(A)$. Weiter ist für alle $n \in \mathbb{N}$ die Faktoralgebra $rad(A)^{<2^{n-1}>}/rad(A)^{<2^n>}$ kommutativ und $rad(A)^{<2^n>}$ ein Ideal von A. Daraus folgt (i).

ad(ii): Dies ist per Definition offensichtlich.

ad(iii): Es ist $A^{(1)}$ ein Ideal von $rad(A)$, also $1_A + A^{(1)}$ ein Normalteiler von $1_A + rad(A)$. Seien $x, y \in E(A)$. Wegen $[x, y] = 1_A + x^{-1}y^{-1}(x \circ y)$ folgt $E(A)^{(1)} \subseteq 1_A + A^{(1)}$. Wir zeigen mit vollständiger Induktion, daß für alle $n \in \mathbb{N}$ $1_A + A^{(n)}$ eine Untergruppe von $1_A + rad(A)$ und $1_A + A^{(n+1)}$ ein Normalteiler mit abelscher Faktorstruktur von $1_A + A^{(n)}$

sind. Da $A^{(n+1)}$ eine Teilalgebra von $A^{(n)}$ ist, gelten $1_A \in 1_A + A^{(n+1)}$ und $(1_A + a)(1_A + b) \in 1_A + A^{(n+1)}$ für alle $a, b \in A^{(n+1)}$. Ist $a \in A^{(n+1)}$, so besitzt $1_A + a$ ein Inverses in $1_A + A^{(n)}$. Somit existiert ein $a' \in A'$ mit $(1_A + a)^{-1} = 1_A + a'$. Wegen $1_A = (1_A + a')(1_A + a)$ folgt $a' = -a - a'a$. Da $A^{(n+1)}$ ein Ideal von $A^{(n)}$ ist, ergibt sich $a' \in A^{(n+1)}$. Ist nun $b \in A^{(n)}$, so ergibt sich aus Satz 2 $(1_A + a')(1_A + b)(1_A + a) = 1_A + a'b + b + ba + a'ba$. Da $A^{(n+1)}$ ein Ideal von $A^{(n)}$ ist, ergibt sich die Normalteilereigenschaft von $1_A + A^{(n+1)}$. Schließlich gilt für alle $x, y \in A^{(n)}$ die Kommutator-Eigenschaft $[1_A + x, 1_A + y] = 1_A + (1_A + x')(1_A + y')((1_A + x) \circ (1_A + y)) = $
$= 1_A + (1_A + x')(1_A + y')(x \circ y)$.
Nach Definition von $A^{(n+1)}$ folgt nun die Kommutativität der zu betrachtenden Faktorstruktur.◇

Berechnung 1 *(Drei auflösbare Stufen für Dreiecksmatrizen)* Seien K ein Körper, $n \in \mathbb{N}$ und $A := \Delta_{u,n}$. Dann sind A, A° und $E(A)$ auflösbar (vgl. Abschnitt 1.3.2 und Proposition 5). Im Folgenden werden wir die auflösbaren Stufen dieser drei Strukturen berechnen. Zunächst betrachten wir die beiden Algebren, bei denen sich das folgende Resultat zeigt:

Für alle $n \in \mathbb{N}$ gilt $(A^\circ)^{(n)} = A^{(n)} = rad(A)^{<2^{n-1}>}$.
Insbesondere gilt nach Proposition 5 für das minimale m mit $2^{m-1} \geq cl(rad(A)) = n : st(A) = st(A^\circ) = m = \lfloor log_2(cl(rad(A))) \rfloor + 1$.

Sei dazu $B := \{e_{ij} \mid 1 \leq j \leq i \leq n\}$ die Standardbasis von A. Wir weisen nach, daß für alle $r \in \mathbb{N}$ $rad(A)^{<r>} \circ rad(A)^{<r>} = rad(A)^{<2r>}$ und $A \circ A = rad(A)$ gelten. Sei $r \in \mathbb{N}$. Dann gilt bekanntlich $rad(A)^{<r>} = \langle e_{ij} \mid r + 1 \leq i \leq n, 1 \leq j \leq i - r \rangle_K$. Da für alle $1 \leq i, j \leq n$ mit $i \neq j$ $e_{ij} = e_{i1} \circ e_{1j}$ gilt, folgt $A \circ A = rad(A)$. Offenbar gilt auch $rad(A)^{<r>} \circ rad(A)^{<r>} \subseteq rad(A)^{<2r>}$. Seien $i, j \in \underline{n}$ mit $2r + 1 \leq i \leq n$ und $1 \leq j \leq i - 2r$. Dann gilt $e_{(r+j)j} \circ e_{i(r+j)} = e_{ij}$. Es ist also nur noch zeigen, daß $e_{(r+j)j}$ und $e_{i(r+j)}$ in $rad(A)^{<r>}$ liegen. Wegen $1 \leq j \leq i - 2r$ gilt $1 \leq j \leq n - r$, also auch $r + 1 \leq r + j \leq n$. Es gilt $1 \leq j \leq (r + j) - j$. Weiter ist $r + 1 \leq 2r + 1 \leq i \leq n$ erfüllt. Schließlich gilt $1 \leq j \leq i - 2r$, also auch $1 \leq r + 1 \leq r + j \leq i - r$.

Nun betrachten wir die Einheitengruppe von A. Das Theorem 1 auf Seite 125 in [20] zeigt uns, daß für alle $n \in \mathbb{N}_{\geq 2}$ $st(1_A + rad(A)) = [log_2(n-1)] + 1$ gilt. Für $n = 1$ gilt offenbar $st(1_A + rad(A)) = 1$.
Zunächst stellen wir den Zusammenhang mit der auflösbaren Stufe der beiden zuvor betrachteten Algebren her. Es gilt

$(*)$ $\forall n \in \mathbb{N}_{\geq 2} : min\{m \in \mathbb{N} \mid 2^{m-1} \geq n\} = [log_2(n - 1)] + 2$.

Seien $n \in \mathbb{N}_{\geq 2}$, $x := [log_2(n - 1)]$ und $m := min\{m \in \mathbb{N} \mid 2^{m-1} \geq n\}$.

Es ist x die eindeutig bestimmte Zahl mit $x \leq log_2(n-1) < x+1$. Folglich gilt $2^x \leq n-1 < 2^{x+1}$, woraus wir $2^{x+2-1} = 2^{x+1} > n-1$ schließen. Dies zeigt $2^{x+1} \geq n$. Also gilt $x+2 \geq m$. Angenommen, es gelte $x+2 \geq m+1$. Dann würde $x \geq m-1$, also $2^x \geq 2^{m-1} \geq n$ gelten, was $x \geq log_2(n) > log_2(n-1) \geq x$ bedeuten würde. Dies ist offenbar ein Widerspruch. Also gilt $(*)$.

Für die Ableitung von $E(A)$ zeigt sich das folgende Resultat:

$(**)$ Gilt $\mid K \mid \neq 2$, so gilt $E(A)' = 1_A + rad(A)$.

Das bedeutet, daß in diesem Fall die drei auflösbaren Stufen übereinstimmen. Im Fall $\mid K \mid = 2$ erkennen wir, daß offenbar $E(A) = 1_A + rad(A)$ gilt. In diesem Fall ist also für $n \neq 1$ bzw. für $n = 1$ $st(E(A)) = st(A) - 1$ bzw. $st(A) = st(E(A)) = 1$.

Wir beweisen nun $(**)$. Dies geschieht durch eine etwas größere Rechnung, weshalb diese in mehrere Schritte unterteilt wird.

(i) Sind für alle $i \in \underline{n}$, $a_{ii} \in K \setminus \{0_K\}$, so gilt $(\sum\limits_{i=1}^{n} a_{ii}e_{ii})^{-1} = \sum\limits_{i=1}^{n} a_{ii}^{-1}e_{ii}$.

(ii) Seien $2 \leq i \leq n$ und $1 \leq j \leq i-1$. Dann gilt $(1_A + e_{ij})(1_A - e_{ij}) = 1_A$.

(iii) Seien $2 \leq i \leq n$ und $1 \leq j \leq i-1$ und $a_{kk} \in K \setminus \{0_K\}$.
Es gilt wegen (i) und (ii) die folgende Identität:

$[1_A + e_{ij}, \sum\limits_{k=1}^{n} a_{kk}e_{kk}] =$

$= (1_A - e_{ij})(\sum\limits_{k=1}^{n} a_{kk}^{-1}e_{kk})(1_A + e_{ij})(\sum\limits_{k=1}^{n} a_{kk}e_{kk})$

$= (\sum\limits_{k=1}^{n} a_{kk}^{-1}e_{kk} - \sum\limits_{k=1}^{n} a_{kk}^{-1}e_{ij}e_{kk})$

$\cdot (\sum\limits_{k=1}^{n} a_{kk}e_{kk} + \sum\limits_{k=1}^{n} a_{kk}e_{ij}e_{kk})$

$= (\sum\limits_{k=1}^{n} a_{kk}^{-1}e_{kk} - a_{jj}^{-1}e_{ij})(\sum\limits_{k=1}^{n} a_{kk}e_{kk} + a_{jj}e_{ij})$

$= 1_A + \sum\limits_{k=1}^{n} a_{jj}a_{kk}^{-1}e_{kk}e_{ij} - \sum\limits_{k=1}^{n} a_{jj}^{-1}a_{kk}e_{ij}e_{kk}$

$= 1_A + a_{ii}^{-1}a_{jj}e_{ij} - a_{jj}^{-1}a_{jj}e_{ij}$

$= 1_A + (a_{ii}^{-1}a_{jj} - 1_K)e_{ij}$.

(iv) Seien $d \in K$, $2 \leq i \leq n$ und $1 \leq j \leq i-1$. Ist $d \neq -1_K$, und definiert man $a_{jj} := d + 1_K$ sowie $a_{kk} := 1_K$ für alle $k \in \underline{n}$ mit $k \neq j$, so folgt mit (iii), daß $1_A + d\,e_{ij} \in E(A)'$ gilt. Sei nun $d = -1_K$. Ist $char(K) \neq 2$, so wurde bereits $1_A + e_{ij} \in E(A)'$ gezeigt. Wegen (ii) gilt dann auch $1_A - e_{ij} \in E(A)'$. Sei nun $char(K) = 2$. Wir wählen $a \in K$ mit $0_K \neq a \neq 1_K$. Dann gilt auch $0_K \neq a + 1_K \neq 1_K$. Es wurde schon eingesehen, daß $1_A + a\,e_{ij}$ und $1_A + (a + 1_K)\,e_{ij}$ in $E(A)'$ enthalten sind. Also ist auch $(1_A + a\,e_{ij})(1_A + (a + 1_K)\,e_{ij}) = 1_A + e_{ij}$ in $E(A)'$ enthalten.

(v) Sei nun $M \in rad(A)$. Es gilt $1_A + M = 1_A + \sum\limits_{i=2}^{n} \sum\limits_{j=1}^{i-1} m_{ij} e_{ij}$. Wie man leicht sieht (was der Leser als Übungsaufgabe nachvollziehen mag), ist der letzte Ausdruck mit dem Term $\prod\limits_{i=2}^{n} \prod\limits_{j=1}^{i-1} (1_A + m_{ij} e_{ij})$ identisch. Mit (iv) ergibt sich nun $1_A + rad(A) \subseteq E(A)'$. Die andere Inklusion folgt aus den Teilen (i) und (iii) von Proposition 5.

Die abschließende Tabelle zeigt die auflösbaren Stufen der drei Strukturen bis $n = 17$.

n	$st(A) = st(A^\circ)$	$st(E(A))$	$st(E(A))$ über GF(2)
1	1	1	1
2	2	2	1
3	3	3	2
4	3	3	2
5	4	4	3
.	.	.	.
8	4	4	3
9	5	5	4
.	.	.	.
16	5	5	4
17	6	6	5

$\diamond$

3.3 Verträglichkeiten

Bemerkung 17 *Sei A eine assoziative kommutative K-Algebra.*

(i) *Ist A halbeinfach, so ist jede rechtsartinsche Teilalgebra von A halbeinfach.*

(ii) *Sei K ein Körper. Ist A separabel, so ist jede Teilalgebra von A separabel.*

Beweis. ad(i): Sei T eine rechtsartinsche Teilalgebra von A. Da A kommutativ und halbeinfach ist, gilt $rad(T) = rad(A) \cap T = \{0_A\}$. Weil T rechtsartinsch ist, ergibt sich die Halbeinfachheit von T.

ad(ii): Da A separabel ist, folgt mit Teil (ii) von Satz 1, daß $A \otimes_K A$ halbeinfach und A endlich-dimensional ist. Sei nun T eine Teilalgebra von A. Insbesondere ist T endlich-dimensional. Weiterhin ist $T \otimes_K T$ eine Teilalgebra von $A \otimes_K A$. Aus (i) folgt nun, daß $T \otimes_K T$ halbeinfach ist. Wendet man Aussage (ii) von Satz 1 an, so muß nur noch gezeigt werden, daß T unitär ist. Aus Teil (i) von Korollar 1 folgt, daß A halbeinfach ist, woraus sich mit (i) die Halbeinfachheit von T ergibt. Der Hilfssatz 1 schließt den Beweis ab.$\diamond$

Die nächsten beiden Sätzen illustrieren Verträglichkeitseigenschaften auflösbarer assoziativer Algebren. Ist A eine assoziative K-Algebra und $a \in A$ algebraisch über K, so seien $min_{a,K}$ und $char_{a,K}$ das Minimal- und das charakteristische Polynom von a über K.

Satz 20 *(Separabilität von Teilalgebren auflösbarer Algebren) Sei A eine endlich-dimensionale auflösbare assoziative K-Algebra.*

(i) *Ist T eine Teilalgebra von A, so gilt $rad(T) = rad(A) \cap T$, und T ist auflösbar. Insbesondere ist $rad(A)$ die Menge der nilpotenten Elemente von A und die einzige maximal nilpotente Teilalgebra von A.*

(ii) *Sei $A/rad(A)$ separabel. Ist T eine Teilalgebra von A, so ist $T/rad(T)$ separabel. Insbesondere ist jede halbeinfache Teilalgebra von A separabel.*

(iii) *Sei $n \in \mathbb{N}$. Ist K ein Zerfällungskörper für A, so auch für jede Teilalgebra von A. Insbesondere ist jede Teilalgebra T von K^n zur Algebra $K^{\dim_K(T)}$ $\mathcal{A}_1$-isomorph.*

Beweis. ad(i): Es ist $rad(A) \cap T$ ein nilpotentes Ideal von T. Aus dem Parallelogrammsatz folgt, daß $T/(rad(A) \cap T)$ zu einer Teilalgebra von $A/rad(A)$ isomorph ist. Mit Teil (i) von Bemerkung 17 folgt nun, daß $T/(rad(A) \cap T)$ halbeinfach ist. Insbesondere gilt $rad(T) = rad(A) \cap T$, und T ist auflösbar. Sei r ein nilpotentes Element von A. Dann gilt $\langle r \rangle_{\mathcal{A}} = \langle r, r^2, ..., r^{cl(r)-1} \rangle_K$. In dieser endlich-dimensionalen kommutativen Teilalgebra ist r nilpotent. Mit dem eben bewiesenden Resultat folgt $r \in rad(A)$.

ad(ii): Wie in (i) ist $T/(rad(A) \cap T)$ zu einer Teilalgebra von $A/rad(A)$ isomorph. Aus Teil (ii) von Bemerkung 17 folgt, daß $T/(rad(A) \cap T)$ separabel ist. Da nach (i) $rad(T) = rad(A) \cap T$ gilt, folgt (ii).

ad(iii): Der Beweis läuft in vier Schritten ab. Sei dazu $B := \{e_1, ..., e_n\}$ die Standardbasis des K^n.

(1) Sei T eine Teilalgebra von A. Nach (i) ist $T/rad(T)$ zu einer Teilalgebra von $A/rad(A)$ isomorph. Es reicht also aus, den Zusatz von (iii) zu zeigen.

(2) Es wird nun gezeigt, daß der Zusatz nur für Teilalgebren bewiesen werden muß, die 1_{K^n} enthalten. Sei S eine Teilalgebra von K^n. Nach Teil (i) von Bemerkung 17 ist S halbeinfach. Aus Hilfssatz 1 ergibt sich, daß S unitär ist. Da 1_S ein Idempotent von K^n ist, gibt es eine Teilmenge X von $\underline{n}$, mit $1_S = \sum_{x \in X} e_x$. Ist $s \in S$, etwa $s = \sum_{i=1}^{n} k_i e_i$, so folgt $1_S = s1_S = \sum_{x \in X} k_x e_x$. Daraus ergibt sich, daß S in $\langle e_x \mid x \in X \rangle_K$ enthalten ist. In diesem Ideal von K^n ist 1_S das Einselement. Des Weiteren ist dieses Ideal zu $K^{|X|}$ isomorph. Folglich kann angenommen werden, daß S das Einselement von K^n enthält.

(3) Sei S eine Teilalgebra von K^n, die als Ring ein Körper ist. Wegen (2) kann angenommen werden, daß S die Eins von K^n enthält. Ist $a \in A$, etwa $a = \sum_{i=1}^{n} k_i e_i$, so gilt offenbar $char_{M_B(a\rho),K} = \prod_{i=1}^{n}(t - k_i)$. Da ρM_B ein Algebrenmonomorphismus von A in $K^{n \times n}$ ist, folgt nun $min_{a,K} = min_{M_B(a\rho),K} \mid char_{M_B(a\rho),K}$. Somit zerfällt $min_{a,K}$ über K. Da S ein Körper ist, ist das Minimalpolynom jedes Elementes aus S irreduzibel über K. Folglich ist S zu K $\mathcal{A}_1$-isomorph.

(4) Sei S eine Teilalgebra von K^n. Nach Teil (i) von Bemerkung 17 ist S halbeinfach. Folglich besitzt S eine endliche direkte Zerlegung in Ideale, die Körper sind. Mit (3) folgt nun die Behauptung.⋄

Satz 21 *Seien K ein Körper und A eine endlich-dimensionale assoziative auflösbare K-Algebra mit separabler Radikalfaktorstruktur. Ist T eine Teilalgebra von A, so besitzt T ein Radikalkomplement, daß in einem Radikalkomplement von A enthalten ist. Ist T kommutativ, so gilt für jedes Algebrenkomplement D von $rad(A)$ in A und für jedes Algebrenkomplement C von $rad(T)$ in T: $D \cap T \subseteq C$.*

Beweis. Sei T eine Teilalgebra von A. Dann folgt aus den Teilen (i) und (ii) aus Satz 20, daß $rad(T) = rad(A) \cap T$ gilt und T eine separable Radikalfaktorstruktur besitzt. Nach Satz 8 gibt es daher zu $rad(T)$ ein Algebrenkomplement C in T. Wir beweisen zunächst:

(∗) Für jedes Radikalkomplement D von A existiert ein $r \in rad(T)$ mit $(D \cap T)^{(r)} \subseteq C$.

Sei D ein Radikalkomplement von A. Dann ist $D \cap T$ eine Teilalgebra der kommutativen separablen Algebra D. Nach Teil (ii) von Bemerkung 17 folgt, daß $D \cap T$ eine separable Teilalgebra von T ist. Aus Teil (i) von Korollar 3 folgt nun $(*)$.

Andererseits ist C eine separable Teilalgebra von A. Wegen Teil (i) von Korollar 3 gibt es ein $x \in rad(A)$ mit $C \subseteq D^{(x)} \cap T$. Aus Teil (ii) von Korollar 3 folgt, daß $D^{(x)}$ ein Radikalkomplement von A ist. Mit $(*)$ und Teil (ii) von Korollar 3 ergibt sich $C = D^{(x)} \cap T$. Der zweite Teil der Behauptung folgt ebenfalls aus $(*)$.$\diamond$

Folgerung 4 *(Radikalkomplemente von Teilalgebren und Faktoralgebren auflösbarer Algebren) Seien K ein Körper, A eine endlich-dimensionale kommutative K-Algebra mit separabler Radikalfaktorstruktur, T eine Teilalgebra und I ein Ideal von A. Ist D das Algebrenkomplement von $rad(A)$ in A, so ist $T \cap D$ bzw. $(D + I)/I$ das Algebrenkomplement von $rad(T)$ bzw. von $rad(A/I)$ in T bzw. in A/I.*

Beweis. Dies folgt aus Teil (ii) von Satz 12, Satz 21 und aus Teil (vi) von 11.$\diamond$

Abschließend betrachten wir Beispiele dafür, bei denen das Hineinschneiden von Radikalkomplementen der Ausgangsalgebra in Teilalgebren kein Radikalkomplement der Teilalgebren liefert.

Beispiel 8 Der Ausgangspunkt dieses Beispiels ist die Algebra $A := \Delta_{u,4}$ über einem Körper K (vgl. 1.3.2). Das Radikal von A besteht aus den strikt unteren Dreicksmatrizen, und $D(4, K)$ ist ein Algebrenkomplement des Radikals von A. Insbesondere ist A auflösbar.

Wir betrachten die Menge T der Matrizen der Form $\begin{pmatrix} a & 0_K & 0_K & 0_K \\ b & c & 0_K & 0_K \\ 0_K & 0_K & d & 0_K \\ 0_K & 0_K & 0_K & e \end{pmatrix}$

aus A. Dann ist, wie man leicht nachrechnet, T eine Teilalgebra von A. Da A auflösbar ist, besteht das Radikal von T nach Teil (i) von Satz 20 aus

den Matrizen der Form $\begin{pmatrix} 0_K & 0_K & 0_K & 0_K \\ b & 0_K & 0_K & 0_K \\ 0_K & 0_K & 0_K & 0_K \\ 0_K & 0_K & 0_K & 0_K \end{pmatrix}$. Des Weiteren ist $D(4, K)$

offenbar ein Algebrenkomplement von $rad(T)$ in T.

Sei nun $r := \begin{pmatrix} 0_K & 0_K & 0_K & 0_K \\ 0_K & 0_K & 0_K & 0_K \\ 0_K & 0_K & 0_K & 0_K \\ 1_K & 0_K & 0_K & 0_K \end{pmatrix}$. Dann gelten $r \in rad(A)$ und $r^2 = 0_A$.

Mit Teil (v) von 2 folgt $(1_A + r)^{-1} = 1_A - r$, und aus dem Kapitel über Dreiecksmatrizen (1.3.2) ergibt sich, daß $D(4, K)^{1_A+r}$ aus den Matrizen der

Form $\begin{pmatrix} a & 0_K & 0_K & 0_K \\ 0_K & b & 0_K & 0_K \\ 0_K & 0_K & c & 0_K \\ d-a & 0_K & 0_K & d \end{pmatrix}$ besteht. Nun ist aber $D(4,K)^{1_A+r} \cap T$ eine

3-dimensionale Algebra, also kein Algebrenkomplement von $rad(T)$ in T.
Betrachten wir das Rechtshauptideal R von A, das von der Matrix
$\begin{pmatrix} 1_K & 0_K & 0_K & 0_K \\ 1_K & 1_K & 0_K & 0_K \\ 1_K & 1_K & 0_K & 0_K \\ 1_K & 1_K & 0_K & 0_K \end{pmatrix}$ erzeugt wird, so besteht R aus den Matrizen der

Form $\begin{pmatrix} a & 0_K & 0_K & 0_K \\ a+c & b & 0_K & 0_K \\ a+c & b & 0_K & 0_K \\ a+c & b & 0_K & 0_K \end{pmatrix}$. Mit Teil (i) von Satz 20 folgt $rad(R) =$

$rad(A) \cap R$. Also ist $D(4,K) \cap R$ ein Algebrenkomplement von $rad(R)$ in R.
Wie man allerdings leicht nachrechnet, gilt $dim_K(D(4,K)^{1_A+r} \cap R) = 1.\diamond$

In den letzten beiden Abschnitten dieses Kapitels widmen wir uns noch einmal den Dreiecksmatrizen. Zum einen werden die bisherigen Ergebnisse dieser Arbeit anhand der Dreiecksmatrizen illustriert und zum anderen ihre Bedeutung für auflösbare Algebren untersucht.

3.4 Zusammenfassendes Beispiel

Sei A die Algebra aus Beispiel 1. Zunächst berechnen wir die Teilalgebren von A. Um die ein-dimensionalen Teilalgebren von A zu bestimmen, müssen die Idempotenten und die nilpotenten Elemente mit Nilpotenzklasse 2 bestimmt werden. Seien $k,l,m \in K$ und $a := k1_A + le + mr$. Dann gilt
$(*)$ $a^2 = k^2 1_A + (2kl + l^2)e + (2km + lm)r$.
Daraus folgt $a^2 = 0_A$ genau dann, wenn $a \in rad(A)$ gilt. Sei nun $a^2 = a$. Ist $k = 0_K$ so gilt $l = 1_K$ und damit $a = e + mr$. Nach $(*)$ ist dann a tatsächlich ein Idempotent von A. Sei also $k \neq 0_K$. Dann folgt $k = 1_K$, $l(1 + 1_K) = 0_K$ und $m(1 + l) = 0_K$. Ist $l = 0_K$, so gilt auch $m = 0_K$, also $a = 1_A$. Ist $l = -1_K$, so ist $a = 1_A - e + mr$, was nach $(*)$ ein Idempotent von A ist.
Sei nun S eine zwei-dimensionale Teilalgebra von A. Dann ist $S \cap rad(A)$ offenbar 0-oder 1-dimensional. Im ersten Fall ist aus Dimensionsgründen S ein Algebrenkomplement von $rad(A)$ in A. Im zweiten Fall sei $\{r, k1_A + le\}$ eine K-Basis von S. Wir definieren $s := k1_A + le$. Es gilt $r^2 = 0_A$, $rs = kr$, $sr = (k+l)r$ und $s^2 = k^2 1_A + (2_K kl + l^2)e$. Folglich muß $\langle s \rangle_K$ eine ein-dimensionale Teilalgebra von A sein. Nach den obigen Ergebnissen kann also $s \in \{1_A, e, 1_A - e\}$ gewählt werden.
Das folgende Hasse-Diagramm und die anschließende Tabelle fassen die Aussagen über die Struktur der Algebra A zusammen. Die in der Tabelle aufge-

84

listeten Eigenschaften sind mit den Resultaten dieses Kapitels leicht nach-
zuweisen und bleiben deshalb dem Leser als Übungsaufgabe überlassen.

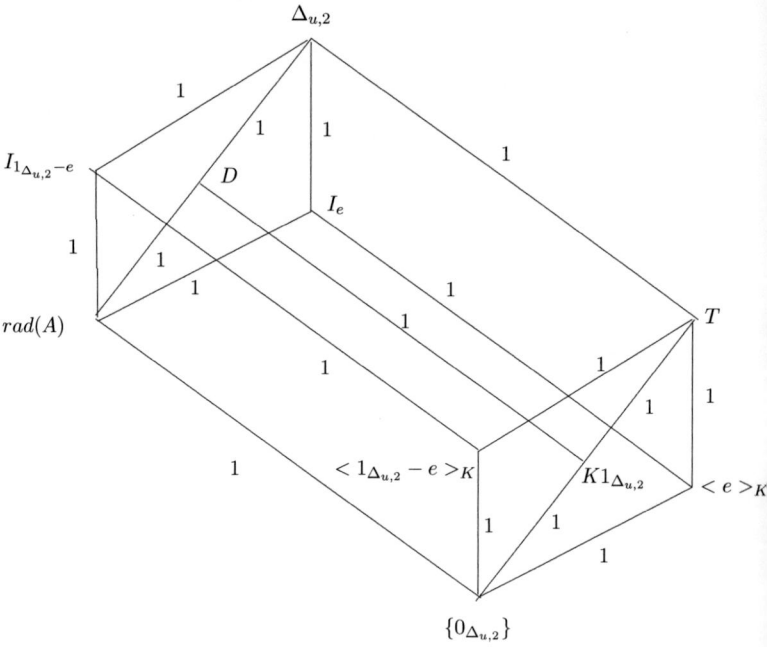

Dimension	Teilalgebren	Eigenschaften
0	$\{0_A\}$	Ideal, separabel,
		Bahn unter $rad(A)$ der Länge 1, $A^{(2)}$
1	$rad(A) = \langle r \rangle_K$	Ideal, Menge der nilpotenten Elemente von A, $A^{(1)}$
	$\langle e + mr \rangle_K$	Linksideal, separabel, isomorph zu K,
		Bahn unter $rad(A)$ der Länge $\mid rad(A) \mid$
	$\langle 1_A - e + mr \rangle_K$	Rechtsideal, separabel, isomorph zu K,
		Bahn unter $rad(A)$ der Länge $\mid rad(A) \mid$
	$\langle 1_A \rangle_K$	separabel, isomorph zu K, Zentrum von A
		Bahn unter $rad(A)$ der Länge 1
		Schnitt aller Algebrenkomplemente von $rad(A)$ in A
2	$T_m := \langle 1_A, e + mr \rangle_K$	separabel, isomorph zu K^2,
		Radikalkomplemente,
		Bahn unter $rad(A)$ der Länge $\mid rad(A) \mid$
	$D := \langle 1_A, r \rangle_K$	separable Radikalfaktorstruktur,
		kommutativ, K ist Zerfällungskörper,
		genau ein Radikalkomplement,
		$rad(D) = rad(A) \cap D = rad(A)$,
		$D = rad(D) \oplus_K T_m \cap D$ f.a. $m \in K$
	$I_e := \langle e, r \rangle_K$	Ideal, separable Radikalfaktorstruktur
		$\mid rad(A) \mid$-viele Radikalkomplemente, die
		sämtlich Linksideale sind,
		$rad(I_e) = rad(A) \cap I_e = rad(A)$,
		$I_e = rad(I_e) \oplus_K (T_m \cap I_e)$ f.a. $m \in K$,
		K ist Zerfällungskörper
	$I_{1_A - e} := \langle 1_A - e, r \rangle_K$	Ideal, separable Radikalfaktorstruktur
		$\mid rad(A) \mid$-viele Radikalkomplemente, die
		sämtlich Rechtsideale sind,
		$rad(I_{1_A - e}) = rad(A) \cap I_{1_A - e} = \mathrm{rad(A)}$,
		$I_{1_A - e} = rad(A) \oplus_K (T_m \cap I_{1_A - e})$ f.a. $m \in K$,
		K ist Zerfällungskörper
3	A	separable Radikalfaktorstruktur,
		K ist Zerfällungskörper, $st(A) = 2$
		$\mid rad(A) \mid$-viele Radikalkomplemente,
		5 Bahnen separabler Teilalgebren,
		jede halbeinfache Teilalgebra ist separabel,
		4 Isomorphieklassen 2-dim. Teilalgebren,
		2 Isomorphieklassen 1-dim. Teilalgebren

Die Rechnungen zeigen, daß jede separable Teilalgebra von A entweder maximale oder minimale Bahnlänge besitzt. Das ist aber kein allgemeines Phänomen für auflösbare zerfallende Algebren. Es liegt hier wohl daran, daß die Dimension der Algebra sehr klein ist. Betrachtet man nämlich die Algebra $A := \Delta_{u,3}$, so erkennt man leicht, daß dort für die zwei-dimensionale unitäre separable Teilalgebra, die von der Einheitsmatrix und der Matrix

$$\begin{pmatrix} 1_K & 0_K & 0_K \\ 0_K & 0_K & 0_K \\ 0_K & 0_K & 1_K \end{pmatrix} \quad K\text{-erzeugt wird, gilt:}$$

$$C_A(T) \cap rad(A) = \left\langle \begin{pmatrix} 0_K & 0_K & 0_K \\ 0_K & 0_K & 0_K \\ 1_K & 0_K & 0_K \end{pmatrix} \right\rangle_K. \text{ Sie hat also weder maximale}$$

noch minimale Bahnlänge (vgl. Teil (i) von 11).

3.5 Zur Bedeutung der Dreiecksmatrizen für auflösbare Algebren

In den vorangehenden Abschnitten diese Kapitels wurden die Resultate über auflösbare assoziative Algebren anhand der unteren Dreiecksmatrizen illustriert. Es stellt sich sofort die Frage, was auflösbare assoziative Algebren und Dreiecksmatizen verbindet. Motiviert wird diese Frage durch das Folgende: In der Theorie der auflösbaren Lie-Algebren folgt aus dem Satz von Lie, daß modulo dem Zentrum eine auflösbare Lie-Algebra über einem algebraisch abgeschlossenen Körper der Charakteristik Null zu einer Teilalgebra von unteren Dreiecksmatrizen isomorph ist. Ein ähnliches Resultat werden wir nun auch für auflösbare assoziative Algebren beweisen.

Proposition 6 *Seien K ein Körper und A eine endlich-dimensionale assoziative K-Algebra. Ist jeder irreduzible A-Algebren-Modul eindimensional, so ist A auflösbar.*

Beweis. Wir zeigen diese Aussage durch Induktion nach $dim_K(A)$. Ist $dim_K(A) \leq 1$, so ist A auflösbar. Sei I ein minimales Ideal von A. Dann ist I ein irreduzibler A-Modul und somit nach Voraussetzung eindimensional. Insbesondere ist I auflösbar. Offenbar erfüllt A/I die Induktionsvoraussetzung (da sie sich von A auf A/I vererbt) und ist somit auch auflösbar. Aus Teil (iv) von Satz 13 folgt die Auflösbarkeit von A.$\diamond$

Satz 22 *(Irreduzible Moduln auflösbarer Algebren) Seien K ein algebraisch abgeschlossener Körper mit $char(K) = 0$ und A eine endlich-dimensionale assoziative auflösbare K-Algebra. Jeder irreduzible A-Modul von A ist eindimensional.*

Beweis. Wegen Proposition 3 ist A° eine endlich-dimensionale auflösbare K-Lie-Algebra. Des Weiteren ist jeder irreduzible A-Modul auch ein irreduzibler A°-Modul. Aus dem Satz von Lie für auflösbare Lie-Algebren folgt die Behauptung.$\diamond$

Korollar 4 *Seien K ein algebraisch abgeschlossener Körper mit $char(K) = 0$ und A eine endlich-dimensionale assoziative auflösbare K-Algebra. Es gelten:*

(i) Ist V ein n-dimensionaler A-Modul vermöge δ, so gibt es eine K-Basis B von V derart, daß für alle $a \in A$ $M_B(a\delta)$ eine untere Dreiecksmatrix von $K^{n \times n}$ ist.

(ii) Es gibt eine K-Basis B von A, so daß für alle $a \in A$ $M_B(a\rho)$ eine untere Dreiecksmatrix von $K^{dim_K(A) \times dim_K(A)}$ ist.

Beweis. ad(i): Sei $\mathcal{K} := (V_0, ..., V_r)$ eine Kette von A-Teilmoduln von V, so daß $V_0 = \{0_V\}$, $V_r = V$ gelten und für alle $i \in \underline{r}$ V_i/V_{i-1} ein irreduzibler A-Modul ist. Nach Satz 22 gilt für alle $i \in \underline{r}$ $dim_K(V_i/V_{i-1}) = 1$. Ist nun B eine der Kette $\mathcal{K}$ angepaßte K-Basis von V, so erfüllt B die Bedingungen aus (i).

ad(ii): Dies folgt aus (i).◇

Bemerkung 18 *Seien A eine assoziative K-Algebra, I ein Rechtsideal von A und ρ_I die rechtsreguläre Darstellung von I. Es gelten:*

(i) Ist I linksunitär, so ist ρ_I injektiv.

(ii) $Kern\rho_I$ ist ein Zero-Ideal von A.◇

Folgerung 5 *(Triangulierbarkeit auflösbarer Algebren) Seien K ein algebraisch abgeschlossener Körper mit $char(K) = 0$ und A eine endlich-dimensionale assoziative auflösbare K-Algebra. Es gelten:*

(i) Ist A linksunitär, so ist A zu einer Teilalgebra der unteren Dreiecksmatrizen von $K^{dim_K(A) \times dim_K(A)}$ $\mathcal{A}$-isomorph.

(ii) $Kern\rho$ ist ein Zero-Ideal von A und $A/Kern\rho$ ist zu einer Teilalgebra der unteren Dreiecksmatrizen von $K^{dim_K(A) \times dim_K(A)}$ $\mathcal{A}$-isomorph.

Beweis. Dies folgt aus Teil (ii) von Korollar 4 und Bemerkung 18.◇

Anmerkung 3 Seien K ein algebraisch abgeschlossener Körper mit $char(K) = 0$, A eine endlich-dimensionale assoziative K-Algebra und $\rho_{AUF(A)}$ die rechtsreguläre Darstellung von $AUF(A)$.
In der Algebra A ergibt sich dann die folgende Situation (vgl. Folgerung 5 und Bemerkung 18):
Die Faktorstruktur $A/AUF(A)$ ist zu einer direkten Summe von nicht-kommutativen Matrixringen über K $\mathcal{A}$-isomorph.
Ist $AUF(A)$ linksunitär, so ist $AUF(A)$ zu einer Teilalgebra der unteren Dreiecksmatrizen von $K^{dim_K(AUF(A)) \times dim_K(AUF(A))}$ $\mathcal{A}$-isomorph.

Im Allgemeinen ist $Kern\rho_{AUF(A)}$ ein Zero-Ideal von A und $AUF(A)/Kern\rho_{AUF(A)}$ zu einer Teilalgebra der unteren Dreiecksmatrizen von $K^{dim_K(AUF(A))\times dim_K(AUF(A))}$ $\mathcal{A}$-isomorph.

Es stellt sich die Frage, ob Folgerung 5 auch für andere Körper gilt. Dazu ist abschließend das folgende Beispiel gedacht.⋄

Beispiel 9 Seien N eine endlich-dimensionale assoziative nilpotente $\mathbb{Q}$-Algebra und $A := N \oplus \mathbb{Q}(i)$. Dann gelten $rad(A) \cong_A N$ und $A/rad(A) \cong_A \mathbb{Q}(i)$. Insbesondere ist $\mathbb{Q}$ kein Zerfällungskörper von A. Wäre $A/Kern\rho$ zu einer Teilalgebra von $\mathbb{Q}^{dim_K(A)\times dim_K(A)}$ $\mathcal{A}$-isomorph, so wäre nach Teil (iii) von Satz 20 $\mathbb{Q}$ ein Zerfällungskörper von $A/Kern\rho$. Andererseits ist die Radikalfaktorstruktur von $A/Kern\rho$ aber zu der von $A/rad(A)$ $\mathcal{A}$-isomorph.⋄

3.6 Offene Fragen und Übungsaufgaben

Offene Frage 2 *(i) Gelten die Aussagen dieses Kapitels auch für die assoziierte Jordan-Algebra?*

(ii) Welche weiteren Lie-Eigenschaften lassen sich zwischen assoziativer und assoziierter Lie-Algebra übertragen (z.B. minimal nicht auflösbare Algebren, überauflösbare Algebren usw.)?

(iii) Wie lassen sich allgemein die auflösbaren Stufen der assoziativen Algebra, ihrer assoziierten Lie-Algebra und ihrer Einheitengruppen berechnen und in Beziehung setzen? Wie sehen diese Beziehungen für die Reihen der Ableitungen aus?

(iv) Was gilt in dem vorherigen Punkt speziell für die Gruppenalgebra?

(v) Was ist das Radikal von $<,>_{\lambda,\rho}$?

(vi) Wann ist $<,>_{\lambda,\rho}$ assoziativ?

(vii) Gilt Satz 18 auch in $char(K) \neq 0$?

Übungsaufgabe 107 *Man zeichne ein Hasse-Diagramm zu Beispiel 9.*

Übungsaufgabe 108 *Man zeichne ein Hasse-Diagramm zu Anmerkung 3.*

Übungsaufgabe 109 *Sei A eine nicht-notwendig unitäre assoziative auflösbare K-Algebra. Für alle $n \in \mathbb{N}$ gilt $Q(A)^{(n)} \subseteq A^{(n)}$. Insbesondere ist $Q(A)$ auflösbar, und es gilt $st(Q(A)) \leq st(A)$.*

Übungsaufgabe 110 *Für die Algebra A der unteren Dreiecksmatrizen über einem Körper beweise man für beliebige $r,s \in \mathbb{N}$ die Identität $rad(A)^{<r>} \circ rad(A)^{<s>} = rad(A)^{<r+s>}$. Welche Aussage dieses Kapitels wird hierdurch erweitert?*

Übungsaufgabe 111 *(eAe) Seien K ein Körper, A eine auflösbare endlich-dimensionale assoziative unitäre K-Algebra mit separabler Radikalfaktorstruktur, T ein Radikalkomplement von $\mathrm{rad}(A)$ in A und e ein Idempotent von A. Man untersuche folgende Aussagen über die Algebra eAe (siehe Übungsaufgabe 102):*

(i) *Aus $A = \mathrm{rad}(A) \oplus T$ folgere man, dass $eAe = e\,\mathrm{rad}(A)\,e \oplus eTe$ gilt, und eTe ein separables Radikalkomplement ist. Hierzu benutze man, dass jede Teilalgebra einer kommutativen separablen Algebra wieder separabel und kommutativ ist. eAe ist also auch eine auflösbare endlich-dimensionale assoziative unitäre K-Algebra mit separabler Radikalfaktorstruktur. Was ist das Einselement?*

(ii) *Wahr oder falsch: Genau dann ist eAe auflösbar, wenn A auflösbar ist.*

(iii) *Kann man die Reihen der Ableitungen und damit die auflösbare Stufen von eAe im Lie-Sinne, im assoziativen Sinne und von $E(eAe)$ mit den entsprechenden von A, A° und $E(A)$ in Beziehung setzen und sie dadurch abschätzen? Hierzu schränke man e ggfs. als zentrales Idempotent ein.*

Übungsaufgabe 112 *(Zero-Erweiterung) Sei A eine K-Algebra vermöge der Multiplikation $\cdot$. Auf $B := A \times A$ definieren wir eine neue Multiplikation $\odot$ vermöge $(a, x) \odot (b, y) := (ab, ay + xb)$ (siehe Übungsaufgabe 103). Man beweise bzw. untersuche folgende Fragestellungen:*

(i) *Ist A kommutativ und halbeinfach, so ist B auflösbar.*

(ii) *Wann genau ist B auflösbar?*

(iii) *Wann ist B° auflösbar?*

(iv) *Wann ist $E(B)$ auflösbar?*

(v) *Was sind die auflösbaren Stufen von B, B° und $E(B)$ im Falle ihrer Auflösbarkeit? Hängen sie mit der Ausgangsalgebra A zusammen?*

Die Fragestellungen können auch unter der zusätzlichen Voraussetzung durchgeführt werden, dass A halbeinfach oder separabel ist.

Übungsaufgabe 113 *Seien A, B assoziative K-Algebren, T eine Teilalgebra und I ein Ideal von A. Man untersuche folgende Fragestellung:*

(i) *Wie hängen die Ableitungen von A, B und $A \times B$ zusammen? Was folgt daraus für die auflösbare Stufe im Falle der Auflösbarkeit von A und B für $A \times B$?*

(ii) *Kann man die auflösbare Stufe von T durch die von A abschätzen?*

(iii) Kann man die auflösbare Stufe von A/I durch die von A und I abschätzen?

(iv) Sei A auflösbar und $rad(A)$ nilpotent. Wie kann man die auflösbare Stufe von A durch die Nilpotenzklasse von $rad(A)$ abschätzen?

Übungsaufgabe 114 *Sei A eine assoziative K-Algebra. Dann gilt $rad(A) \subseteq Nil(A)$. Man gebe ein Beispiel an, wo diese Ungleichung echt ist. Was weiss man bei diesem Beispiel über die Radikalfaktorstruktur?*

Übungsaufgabe 115 *Sei A eine nilpotente assoziative K-Algebra. Dann ist auch A° nilpotent, und es gilt $cl(A^\circ) \leq cl(A)$. (Tip: Die Lie-Potenzen liegen stets in den assoziativen Potenzen gleicher Länge)*

Übungsaufgabe 116 *Sei A eine assoziative K-Algebra. Dann ist A eine T-Algebra für jede zentrale Teilalgebra T von A. Wie hängen im dem Falle, dass T zusätzlich ein Körper ist, die Dimensionen von A über K und A über T zusammen. Gibt es prominente Algebren, bei denen T automatisch ein Körper ist?*

Übungsaufgabe 117 *Man beweise, dass die assoziierte Lie-Algebra einer assoziativen Algebra tatsächlich eine Lie-Algebra ist.*

Übungsaufgabe 118 *Man formuliere den Satz von Lie für auflösbare Lie-Algebren. Wo war er in diesem Kapitel nützlich?*

Übungsaufgabe 119 *Man definiere die Killing-Form bei Lie-Algebren und formuliere ihre Bedeutung für auflösbare Lie-Algebren. Wo war sie in diesem Kapitel nützlich?*

Übungsaufgabe 120 *Ist in Übung 116 auch A° eine T-Lie-Algebra*

Übungsaufgabe 121 *Sind die n-ten Potenzen einer assoziativen K-Algebra ein Teilraum, eine Teilalgebra, ein Rechtsideal, ein Linksideal oder ein Ideal?*

Übungsaufgabe 122 *Man zeige, dass für eine assoziative K-Algebra die entgegengesetzte Algebra A^{op} genau dann auflösbar ist, wenn A auflösbar ist. Wie hängen das Radikal und die Reihen der Ableitungen zusammen?*

Übungsaufgabe 123 *Sei A eine assoziative K-Algebra. Wie hängen die Standard-Spurformen sowie $<,>_{\lambda,\rho}$ von A und A^{op} zusammen?*

Übungsaufgabe 124 *Seien K ein Körper und A eine endlich-dimensionale assoziative unitäre K-Algebra. Dann hat $Auf(A)/rad(A)$ ein Idealkomplement in $A/rad(A)$. Wie kann man dieses Komplement beschreiben? Ist hierfür die Unitärität von A notwendig? Man untersuche diese Zerlegung in den Fällen $\Delta_{u,3} \times \mathbb{H}$ und $\Delta_{u,3} \times \mathbb{H} \times \mathbb{H}$ als $\mathbb{R}$-Algebren. Was sind in diesem Fall die Dimensionen dieser beiden Ideale in $A/rad(A)$?*

Übungsaufgabe 125 *Seien K ein Körper, $n \in \mathbb{N}$ mit $18 \leq n \leq 35$, $A :=$ $\Delta_{u,n}$ und $B := \Delta_{o,n}$. Man ermittle tabellarischen die auflösbaren Stufen von $A, B, A^\circ, B^\circ, E(A)$ und $E(B)$. Inwiefern ist hierbei die Charakteristik von K von Bedeutung?*

Übungsaufgabe 126 *Sei A eine endlich-dimensionale assoziative K-Algebra. Welche der folgenden Aussagen sind zur Auflösbarkeit gleichwertig, welche gelten im Allgemeinen:*

(i) $Auf(A) = 0$

(ii) $auf(A) = 0$

(iii) $Auf(A) = A$

(iv) $auf(A) = A$

(v) $auf(A) \leq Auf(A)$

(vi) $Auf(A) \leq auf(A)$

(vii) $rad(A) \leq Auf(A)$

(viii) $Nil(A) \leq Auf(A)$

(ix) $rad(A) \leq auf(A)$

(x) $Nil(A) \leq auf(A)$

(xi) $auf(A) \leq rad(A)$

(xii) $auf(A) \leq Nil(A)$

(xiii) $Auf(A) \leq rad(A)$

(xiv) $Auf(A) \leq Nil(A)$?

Übungsaufgabe 127 *Seien A eine endlich-dimensionale assoziative unitäre K-Algebra mit assoziierter Lie-Algebra A° und Einheitengruppe $E(A)$. Man beweise oder widerlege folgende Aussagen:*

(i) *Ist A auflösbar, so ist A° auflösbar.*

(ii) *Ist A° auflösbar, so ist A auflösbar.*

(iii) *Ist A° auflösbar und gilt $char(K) \neq 2$, so ist A auflösbar.*

(iv) *Ist A auflösbar, so ist $E(A)$ auflösbar.*

(v) *Ist $E(A)$ auflösbar, so ist A auflösbar.*

(vi) Ist $E(A)$ auflösbar und gilt $char(K) \neq 2$, so ist A auflösbar.

(vii) Ist $E(A)$ auflösbar und gilt $char(K) \neq 2$ sowie $\mid K \mid \geq 5$, so ist A auflösbar.

(viii) Ist $E(A)$ auflösbar und gilt $char(K) = 0$, so ist A auflösbar.

(ix) Ist A° auflösbar, so ist $E(A)$ auflösbar.

(x) Ist A° auflösbar und gilt $char(K) \neq 2$, so ist $E(A)$ auflösbar.

(xi) Ist $E(A)$ auflösbar, so ist A° auflösbar.

(xii) Ist $E(A)$ auflösbar und gilt $char(K) \neq 2$, so ist A° auflösbar.

(xiii) Ist $E(A)$ auflösbar und gilt $char(K) \neq 2$ sowie $\mid K \mid \geq 5$, so ist A° auflösbar.

(Tip: siehe auch Anhang des Buches!)

Übungsaufgabe 128 *Man löse die Übungsaufgabe 127 für $A := KG$, wobei K ein Körper und G eine endliche Gruppe ist.*

Übungsaufgabe 129 *Seien A eine assoziative K-Algebra mit assoziierter Lie-Algebra A° und zentraler Teilalgebra T. Dann sind A und A° auch T-Algebren. Sind folgende Aussagen wahr oder falsch:*

(i) Ist A als T-Algebra auflösbar, so auch als K-Algebra.

(ii) Ist A als K-Algebra auflösbar, so auch als T-Algebra.

(iii) Ist A° als T-Algebra auflösbar, so auch als K-Algebra.

(iv) Ist A° als K-Algebra auflösbar, so auch als T-Algebra.

(v) Ist A als T-Algebra auflösbar, so auch A° als T-Algebra.

(vi) Ist A° als T-Algebra auflösbar, so auch A als T-Algebra.

Falls eine Aussage falsch ist, gibt es dann ev. notwendige Bedingungen, wann diese Aussage wahr ist?

Übungsaufgabe 130 *Man löse Aufgabe 129 mit 'Nilpotenz' statt 'Auflösbarkeit'.*

Übungsaufgabe 131 *Man beweise die Aussage von Bemerkung 16 ausführlich.*

Übungsaufgabe 132 *In der Konstruktion 1 beweise man in Teil (v) die Aussage über die Doppelsumme und das Doppelprodukt am Ende ausführlich.*

Übungsaufgabe 133 *Man führe die Induktion in Bemerkung 14 ausführlich durch.*

Übungsaufgabe 134 *Man beweise Beispiel 15 genauer!*

Übungsaufgabe 135 *Man beweise Proposition 3 genauer!*

Übungsaufgabe 136 *Man beweise, dass Radikale assoziativer Bilinearformen auf einer assoziativen Algebra Ideale sind. Wird hier unbedingt eine assoziative Algebra benötigt?*

Übungsaufgabe 137 *Sei D eine zentral halbeinfache rechtsartinsche K-Algebra. Ist D auflösbar, so ist $D = K \cdot 1_D$.*

Übungsaufgabe 138 *Sei D eine K-Quaternionenalgebra in $char(K) = 2$. Man untersuche folgende Fragestellungen:*

(i) Ist D nilpotent? Was sind die assoziativen Potenzen von D?

(ii) Ist $D°$ nilpotent? Was sind die Lie-Potenzen von D?

(iii) Ist D auflösbar? Was ist die Reihe der Ableitungen von D?

(iv) Ist $D°$ auflösbar? Was ist die Reihe der Ableitungen von $D°$?

Übungsaufgabe 139 *Sei D eine K-Quaternionenalgebra in $char(K) \neq 2$. Man untersuche folgende Fragestellungen:*

(i) Ist D nilpotent? Was sind die assoziativen Potenzen von D?

(ii) Ist $D°$ nilpotent? Was sind die Lie-Potenzen von D?

(iii) Ist D auflösbar? Was ist die Reihe der Ableitungen von D?

(iv) Ist $D°$ auflösbar? Was ist die Reihe der Ableitungen von $D°$?

Übungsaufgabe 140 *Wie setzt sich eine endlich-dimensionale assoziative Algebra über einem algebraisch abgeschlossenen Körper der Charakteristik Null zusammen aus: Zero-Algebren, unteren Dreiecksmatrizen, auflösbaren Algebren, vollen nicht-kommutativen Matrixringen?*

Übungsaufgabe 141 *Sei A eine assoziative endlich-dimensionale K-Algebra. Warum gilt $rad(A) \leq Nil(A) \leq rad(<,>_{\lambda,\rho})$?*

Übungsaufgabe 142 *Jeder assoziativer Homomorphismus zwischen zwei assoziativen Algebren ist ein Lie-Homomorphismus zwischen ihren assoziierten Lie-Algebren. Was bedeutet das insbesondere für Algebrendarstellungen?*

Übungsaufgabe 143 *Man untersuche für eine endliche Gruppe G und einen Körper K im Falle von $char(K) = 0$ mit Hilfe der Spurform $<,>_{\lambda,\rho}$, wann KG auflösbar ist. Welches Ergebnis ist zu erwarten?*

Übungsaufgabe 144 *Man berechne $Nil(A)$ für folgende Algebren A:*

(i) $\mathbb{C}^{2\times 2}$

(ii) $\mathbb{H}$

(iii) $\mathbb{Q}$

(iv) eine Divisionsalgebra

(v) ein direktes Produkt von Algebren

(vi) eine lokale Algebra

(vii) eine auflösbare Algebra

(viii) eine reduzierte Algebra

(ix) $\Delta_{u,n}$

(x) $\Delta_{o,n}$

(xi) eine Quaternionenalgebra

(xii) $K^{n\times n}$*, wobei K ein Körper ist und $n \in \mathbb{N}$ gilt*

(xiii) eAe, wobei e ein (zentrales) Idempotent ist (siehe Übung 102)

(xiv) bei der Zeroerweiterung einer (separablen) Algebra (siehe Übung 103)

(xv) einer Faktoralgebra nach einem nilen Ideal

(xvi) der Faktoralgebra von A modulo $\langle Nil(A)\rangle_{\unlhd A}$.

Stimmt $Nil(A)$ mit $rad(A)$ überein? Wann stimmen sie in den Beispielen überein, wann allgemein?

Übungsaufgabe 145 *Seien $n \in \mathbb{N}$ und K ein Körper. Man wende die Spurform $<,>_{\lambda,\rho}$ in $K^{n\times n}$ auf die Zeilenräume und Spaltenräume an. Ist die Spurform dort assoziativ? Was ist ihr Radikal? (Ein Zeilenraum bzw. Spaltenraum ist die Menge der Matrizen, die höchstens in genau einer Zeile bzw. Spalte Einträge ungleich Null besitzt.)*

Übungsaufgabe 146 *Kann die Übungsaufgabe 145 so erweitert werden, dass man statt K nun eine (auflösbare) Algebra A verwendet?*

Übungsaufgabe 147 *Man beweise alle Aussagen von Beispiel 3.4.*

Übungsaufgabe 148 *Sei a ein Element einer endlich-dimensionalen unitären assoziativen Algebra A. Man untersuche, wie folgende Aussagen zusammenhängen:*

(i) a ist nilpotent.

(ii) $a\rho$ ist nilpotent.

(iii) $a\lambda$ ist nilpotent.

(iv) $a(\lambda + \rho)$ ist nilpotent.

(v) $a(\lambda - \rho)$ ist nilpotent.

(vi) $a(\lambda\rho)$ ist nilpotent.

Übungsaufgabe 149 *Sei $A := \Delta_{u,3}$ über $\mathbb{Q}$. Wir betrachten folgende Teilräume: $T = D(n,3)$-Diagonalmatrizen, Z_3-Zeilenraum zur dritten Zeile, S_1-Spaltenraum zur ersten Spalte, $Z = Z(A)$, $I = rad(A)^2$ und $M = rad(A)^2 \oplus C_T(rad(A)^2)$. Man berechne das Radikal und ein Radikalkomplement von Z_3, S_1, Z, I, M, A/I und $Z_3 \times S_1$. Welche Dimensionen besitzen das Radikal und ein berechnetes Radikalkomplement? Gibt es ein Radikalkomplement von A, aus denen man eines für die Strukturen ableiten kann? Welche Matrizendarstellung besitzt M? Welche der Strukturen Z_3, S_1, Z, I, M, A/I und $Z_3 \times S_1$ sind Lie-nilpotent oder Lie-auflösbar?*

Übungsaufgabe 150 *Seien K ein Körper, $n \in \mathbb{N}$, p eine Primzahl und G eine endliche Gruppe. In den folgenden Fällen untersuche man, wann jeweils KG, $(KG)^\circ$ und $E(KG)$ auflösbar sind:*

(i) G beliebig, $K = \mathbb{C}$

(ii) G beliebig, $K = \mathbb{Q}$

(iii) G beliebig, $K = \mathbb{R}$

(iv) G beliebig, char$(K) = 0$

(v) G kommutativ

(vi) G eine p-Gruppe und $K = GF(p)$

(vii) G eine nilpotente Gruppe und $K = GF(p)$

(viii) G eine auflösbare Gruppe und $K = GF(p)$

(ix) $G = A_n$ und $K = GF(p)$

(x) $G = S_n$ und $K = GF(p)$

(xi) $G = Q_8$ *und* $K = GF(p)$

(xii) G *nicht-abelsch und hamiltonsch und* $K = GF(p)$.

Des Weiteren bestimme man eine Basis und die Dimension des Augmentationsideals von KG in diesen Beispielen!

Übungsaufgabe 151 *Sei $A := \Delta_{o,4}$ über $\mathbb{C}$. Was besagt der Satz 18 hier? Ist die dort aufgeführte Spurform symmetrisch und was ist ihr Radikal? Ist die Algebra auflösbar? Man stelle die Werte der Spurform auf einer Basis zusammen.*

Übungsaufgabe 152 *Man löse die vorherige Aufgabe 151 mit den Körpern $K = GF(2)$ und $K = GF(5)$.*

Übungsaufgabe 153 *Man führe eine Literaturrecherche zur auflösbaren Stufe bzgl. der Gruppenalgebra durch.*

Übungsaufgabe 154 *Man führe eine Literaturrecherche dazu durch, dass $Aug(KG)$ für eine endliche p-Gruppe und einen Körper K der Charakteristik p nilpotent ist. Insbesondere ist $K1_G$ ein Radikalkomplement in KG. Für die Folge der Lie-Ableitungen von KG gilt also, dass sie mit denen der des Radikals übereinstimmen. Diese wiederum lassen sich durch die 2^n-ten assoziativen Potenzen des Radikals abschätzen. Wir erhalten also $st(KG^\circ) \leq \lfloor log_2(cl(rad(KG))) \rfloor$.*

Übungsaufgabe 155 *Seien K ein Körper, G eine endliche Gruppe und N ein Normalteiler von G. Dann ist $KGAug(KN) = Aug(KN)KG$ ein Ideal von KG, deren Faktorstruktur zu $K(G/N)$ isomorph ist. Man bestimme eine Basis dieses Ideales. Für die Gruppen Q_8, D_8, S_3 und A_4 stelle man die Ergebnisse exemplarisch zusammen. Gibt es bei diesen Beispielen einen Normalteiler N und einen Körper K, so dass $KGAug(KN)$ oder $Aug(KN)$ nilpotent ist? Sind stets beide Teilräume $KGAug(KN)$ und $Aug(KN)$ nilpotent oder nicht? Inwiefern kann man hierdurch die Nilpotenzklasse von $KGAug(KN)$ auf $Aug(KN)$ reduzieren? Inwiefern kann man dies bei einer normalen p-Sylow-Untergruppe anwenden? Was besagt dazu Übung 154?*

Übungsaufgabe 156 *Seien p eine Primzahl, K ein Körper mit $char(K) = p$ und G eine p-Gruppe. Gibt es ein $z \in G$ mit $G = \langle z \rangle_{\mathfrak{G}}$, so gilt $rad(KG) = (z - 1_G)KG$. Insbesondere gilt $cl(rad(KG)) = o(z)$. (Tip: Übung 154)*

Übungsaufgabe 157 *Seien p eine Primzahl, K ein Körper mit $char(K) = p$ und G eine p-Gruppe mit zyklischer Ableitung. Man verwende die Übungen 154, 155 und 156, um die auflösbare Stufe von KG° nach oben abzuschätzen. Was gilt also speziell für einen Körper der Charakteristik 2 und eine Diedergruppe, Quaternionengruppe oder Semidiedergruppe, deren Ordnung eine 2-Potenz ist?*

Übungsaufgabe 158 *Sei A eine endlich-dimensionale assoziative K-Algebra. Dann ist $auf(A)$ das kleinste Ideal, so dass $A/auf(A)$ auflösbar ist. Wir definieren rekursiv $auf(A)^n := auf(auf(A)^{n-1})$ für alle $n \geq 2$. Man zeige die Äquivalenz der folgenden Aussagen:*

(i) A ist auflösbar.

(ii) $auf(A) = 0$

(iii) Es gibt ein $n \in \mathbb{N}$ mit $auf(A)^n = 0$.

Des Weiteren zeige man, dass die Folge der auflösbaren Residuen stagnieren muss. Man bestimme diese Folge für $\Delta_{u,n}$ und für $\Delta_{u,n} \times \mathbb{H}$ (beide als $\mathbb{R}$-Algebren).

Übungsaufgabe 159 *Seien K ein Körper der Charakteristik p, $n \in \mathbb{N}$, A eine assoziative K-Algebra und $a \in A$. Dann sind $a\lambda$ und $a\rho$ vertauschbar. Wie kann man also $(a\lambda + a\rho)^{p^n}$ berechnen? Für $A := \Delta_{u,2}$ überprüfe man so, für welche Elemente a der Endomorphismus $a(\lambda + \rho)$ nilpotent ist. Wie kann man diesen Endomorphismus mit Hilfe der Basiselemente von A beschreiben?*

Übungsaufgabe 160 *Seien A eine assoziative K-Algebra. Dann ist $A^{<n>}$ für alle $n \in \mathbb{N}$ eine Ideal von A, und für alle $n \leq m$ gilt $A^{<n>} \geq A^{<m>}$. Ist A unitär, so stimmen sämtliche dieser Ideale mit A überein. Ist A nicht-unitär und rechtsartisch, so stagniert diese Idealkette. Sei $A^{<n>}$ das kleinste Glied der Kette. Dann gilt $A = rad(A) + A^{<n>}$. A ist genau dann nilpotent, wenn diese Kette bei 0 stagniert.*

Übungsaufgabe 161 *Sind folgende assoziative Algebra auflösbar, sind sie unitär?*

(i) eine Zero-Algebra.

(ii) eine kommutative Algebra

(iii) eine nilpotente Algebra

(iv) eine beliebige Gruppenalgebra

(v) eine reduzierte Algebra

(vi) eine lokale Algebra

(vii) ein Körper

(viii) eine Divisionsalgebra

(ix) direkte Produkte zweier auflösbarer Algebren

(x) Tensorprodukte auflösbarer Algebren

(xi) untere Dreiecksmatrizen

(xii) obere Dreiecksmatrizen

(xiii) Teilalgebren auflösbarer Algebren

(xiv) Faktoralgebren auflösbarer Algebren

(xv) volle Matrixalgebren über Körpern

(xvi) volle Matrixalgebren auflösbarer Algebren

(xvii) $GF(3)S_3$

(xviii) $GF(3)A_3$

(xix) $GF(2)S_5$

(xx) $\mathbb{Q}A_7$

(xxi) $GF(p)P$, wobei P eine p-Gruppe ist

(xxii) $GF(p)(P \times Q)$, wobei P eine p-Gruppe und Q eine abelsche Gruppe sind.

Übungsaufgabe 162 *Man untersuche, ob die Teile (iv) und (v) in Satz 17 zu folgenden äquivalent sind:*

(i) *Für alle* $a \in A \circ A$ *gilt* $< a, a >_{\lambda,\rho} = 0 = < a^2, 1_A >_{\lambda,\rho}$.

(ii) *Für alle* $a, b, c \in A$ *gilt* $< a \circ b, c >_{\lambda,\rho} = 0 = < (a \circ b)c, 1_A >_{\lambda,\rho}$.

Übungsaufgabe 163 *Unter den Bedingungen von Satz 17 zeige: Ist* $<,>_{\lambda,\rho}$ *assoziativ, so ist ihr Radikal ein Ideal. Ist* a *ein Element dieses Radikales, so ist* $a(\lambda + \rho)$ *nilpotent. (Tip: Übungsaufgabe 164)*

Übungsaufgabe 164 *Hier wird der für dieses Kapitel wesentliche Teil der Übungsaufgabe 42 auf Seite 277 in [18] dem Leser als Aufgabe gestellt: Seien* $n \in \mathbb{N}$, V *ein n-dimensionaler K-Vektorraum und* $f \in End_K(V)$. *Das charakteristische Polynom* $char_{f,K}$ *von* f *über* K *sei* $char_{f,K} = t^n + \sum_{i=0}^{n-1} c_i t^i$.

Es gelten:

$0 = Spur(f) + c_1$

$0 = Spur(f^2) + c_1 Spzr(f) + 2c_2$

$\ldots$

$0 = Spur(f^n) + c_1 Spur(f^{n-1}) + \cdots + c_{n-1}Spur(f) + nc_n$

Wann ist also f *ein nilpotenter Endomorphismus? Für welchen Hilfssatz ist diese Übungsaufgabe von Bedeutung? Wieso kann man diesen Hilfssatz sogar allgemeiner beweisen (nicht nur für* $char(K) = 0$, *sondern sogar für* $(char(K), dim_K(A)) = 1)$? *(Tip: Standard-Spurformen)*

Übungsaufgabe 165 *Man beweise den folgenden Satz von Wedderburn: Seien A eine endlich-dimensionale assoziative K-Algebra und I ein Ideal von A, das von nilpotenten Elementen K-erzeugt ist. Dann ist I nilpotent. (Tip: Eine rechtsartinsche assoziative Algebra ist bereits dann nilpotent, wenn jedes Element nilpotent ist (die Algebra slo nil ist).)*

Kapitel 4

Verallgemeinerte Quaternionenalgebren

4.1 Definition und Isomorphien

Definition und Bemerkung 5 *(Verallgemeinerte Quaternionenalgebra)*
Seien K ein Körper, $a, b \in K$ und $A(a, b, K)$ die 4-dimensionale unitäre K-Algebra mit K-Basis $\{1_{A(a,b,K)}, i, j, k\}$ und der Multiplikation

$\cdot$	$1_{A(a,b,K)}$	i	j	k
$1_{A(a,b,K)}$	$1_{A(a,b,K)}$	i	j	k
i	i	$a1_{A(a,b,K)}$	k	aj
j	j	-k	$b1_{A(a,b,K)}$	-bi
k	k	-aj	bi	$-ab1_{A(a,b,K)}$.

Die K-Algebra $A(a, b, K)$ nennen wir eine verallgemeinerte K-Quaternionenalgebra. Es sei darauf hingewiesen, daß in der gängigen Literatur $A(a, b, K)$ nur im Falle $char(K) \neq 2$ und $a, b \neq 0_K$ eine verallgemeinerte K-Quaternionenalgebra genannt wird (vgl. z.B. Kapitel 1 in [16]). Besteht Klarheit über den Körper K, so schreibt man auch $A(a, b)$ statt $A(a, b, K)$. Speziell ist $\mathbb{H} = A(-1, -1, \mathbb{R})$. Es sei angemerkt, daß $A(a, b)$ assoziativ und nur in Charakteristik 2 kommutativ ist. (In den Übungen gehen wir auf die Quaternionenalgebren in Charakteristik gleich 2 aus der gängigen Literatur noch einmal ein.)

In diesem Kapitel untersuchen wir die Struktur der K-Algebren $A(a, b)$. Insbesondere untersuchen wir die Voraussetzungen von Satz 4. Des Weiteren widmen wir uns der Frage, ob es ein einfaches Kriterium dafür gibt, wann zwei K-Algebren vom Typ $A(a, b)$ $\mathcal{A}_1$-isomorph sind. Die folgenden Isomorphiesätze werden für die Klassifikation der Algebren $A(a, b)$ und für die zweitgenannte Fragestellung wichtig sein.◊

Satz 23 *(Isomorphiesätze) Seien K ein Körper und $a, b \in K$. Es gelten:*

(i) $A(a,b) \cong_{A_1} A(b,a)$

(ii) Ist $a \neq 0_K$, so gilt $A(a,a) \cong_{A_1} A(a,-1_K)$.

(iii) Für alle $c \in K \setminus \{0_K\}$ gilt $A(a,b) \cong_{A_1} A(a,c^2b)$.

(iv) Sei $char(K) = 2$.
   Für alle $c \in K$ gilt $A(a,b) \cong_{A_1} A(a,c^2 + b)$.

Beweis. ad(i): Sei $A := A(b,a)$. Es ist $B := \{1_A, -j, i, k\}$ eine K-Basis von A. Die Multiplikationstafel von A in der Basis B hat, wie eine leichte Rechnung zeigt, die folgende Gestalt:

·	-j	i	k
-j	$a1_A$	k	ai
i	-k	$b1_A$	bj=-b(-j)
k	-ai	-bj=b(-j)	$-ab1_A$.

Daraus folgt leicht (i).

ad(ii): Sei $A := A(a,-1_K)$. Wegen $a \neq 0_K$ ist $B := \{1_A, i, k, aj\}$ eine K-Basis von A, deren Multiplikationstafel in der Basis B folgendermaßen aussieht:

·	i	k	aj
i	$a1_A$	aj	ak
k	$-aj$	$a1_A$	$-ai$
aj	$-ak$	ai	$-a^2 1_A$.

Damit gilt (ii).

ad(iii): Sei $A := A(a,c^2b)$. Wegen $c \neq 0_K$ ist $B := \{1_A, i, c^{-1}j, c^{-1}k\}$ eine K-Basis von A. Die Multiplikationstafel von A in der Basis B hat die Gestalt

·	i	$c^{-1}j$	$c^{-1}k$
i	$a1_A$	$c^{-1}k$	$ac^{-1}j$
$c^{-1}j$	$-c^{-1}k$	$b1_A$	$-bi$
$c^{-1}k$	$-ac^{-1}i$	bi	$-ab1_A$.

Daraus folgt (iii).

ad(iv): Sei $A := A(a,c^2 + b)$. Es ist $B := \{1_A, i, c1_A + j, ci + k\}$ eine K-Basis von A. Wir berechnen die Multiplikationstafel von A in dieser Basis.

Es gelten $i^2 = a1_A$, $i(c1_A + j) = ci + k$, $i(ci + k) = i^2(c1_A + k) = a(c1_A + k)$, $(c1_A + j)^2 = c^2 1_A + j^2 = b1_A$, $(c1_A + j)(ci + k) = c^2 i + ck + ck + (c^2 + b)i = bi$ und $(ci + k)^2 = c^2 a 1_A + a(c^2 + b)1_A = ab1_A$. Daraus folgt die Behauptung.$\diamond$

Bemerkung 19 *(Anmerkung zu den Isomorphiesätzen)* Sei K ein Körper.

(i) Gilt $char(K) \neq 2$, so ist die Behauptung von Teil (ii) in Satz 23 für $a = 0_K$ falsch. Es zeigt sich bald, daß $A(0_K, 0_K)$ ein drei-dimensionales, $A(0_K, -1_K)$ hingegen ein zwei-dimensionales Radikal besitzt.
Ist aber $char(K) = 2$, so folgt aus Teil (iv) von Satz 23, daß $A(0_K, 0_K) \cong_{\mathcal{A}_1} A(0_K, 1_K)$ gilt.

(ii) Ist in Teil (iii) von Satz 23 $c = 0_K$, so ist die dort gezeigte Aussage i.a. falsch. Wählt man nämlich $b \notin QA(K)$, so wird bald gezeigt, daß $A(0_K, b)$ nicht $\mathcal{A}_1$-isomorph zu $A(0_K, 0_K)$ ist.

(iii) Die Aussage in Teil (iv) von Satz 23 ist im Fall $char(K) \neq 2$ i.A. falsch, wie das Beispiel aus (i) zeigt.$\diamond$

4.2 Der Fall des grossen Radikals

Bemerkung 20 Sei K ein Körper. Wir betrachten die K-Algebra $A := A(0_K, 0_K)$ und definieren $I := \langle i, j, k \rangle_K$. Offenbar ist I ein drei-dimensionales Ideal von A, das von nilpotenten Elementen erzeugt wird. Aus dem Lemma in Kapitel 4.6 von [16] folgt, daß I ein nilpotentes Ideal von A der Kodimension 1. Folglich gilt $rad(A) = I$, und $K1_A$ ist ein Algebrenkomplement von $rad(A)$ in A. Insbesondere ist $A/rad(A)$ separabel, und es gilt $A \cong_{\mathcal{A}_1} (K, rad(A))$. Da $K1_A$ zentral ist, ist nach Teil (vi) von Satz 11 $K1_A$ das einzige Algebrenkomplement von $rad(A)$ in A. Abschließend bestimmen wir die auflösbaren Stufen von A, A° und $E(A)$. Offenbar gilt $A \circ A = \langle k \rangle_K = rad(A)^2$. Folglich gilt (vgl. Proposition 5) $st(A) = st(A^\circ) = 2$. Da $E(A)$ nicht abelsch ist, folgt aus Proposition 5 $st(E(A)) = 2$.$\diamond$

4.3 Der Fall der Charakteristik ungleich 2

Sei in diesem Abschnitt K ein Körper mit $char(K) \neq 2$.

4.3.1 Der Literatur-Fall

Bemerkung 21 Seien $a, b \in K$ mit $a \neq 0_K \neq b$. Wegen des Lemmas aus Kapitel 1.6 von [16] ist $A(a, b)$ eine zentral-einfache K-Algebra. Insbesondere ist $A(a, b)$ nach Kapitel 1 separabel. Da $A(a, b)$ 4-dimensional ist, ist $A(a, b)$ eine Divisionsalgebra oder zu $K^{2 \times 2}$ $\mathcal{A}_1$-isomorph. In Proposition des

Kapitels 1.6 von [16] ist die Frage geklärt, wann $A(a, b)$ ein Schiefkörper ist. Des Weiteren geben das Lemma und die Proposition in Kapitel 1.7 von [16] Aufschluß darüber, wann zwei verallgemeinerte Quaternionenalgebren diesen Typs $\mathcal{A}_1$-isomorph sind.◇

4.3.2 Eine Komponente ist Null

Wegen Teil (i) von Satz 23 reicht es aus, den Fall $A(a, 0_K)$ mit $a \neq 0_K$ zu untersuchen.

Satz 24 *(Isomorphiekriterium) Seien $a, b \in K$ mit $a \neq 0_K \neq b$. Es sind äquivalent:*

(i) $A(a, 0_K) \cong_{\mathcal{A}_1} A(b, 0_K)$

(ii) Es gibt ein $l \in K$ mit $a = l^2 b$ und $l \neq 0_K$.

(iii) $\langle a \rangle_{QA(K)} = \langle b \rangle_{QA(K)}$

Beweis. Offenbar sind (ii) und (iii) äquivalent. Des Weiteren folgt die Implikation von (ii) nach (i) aus Teil (iii) von Satz 23.

Sei α ein $\mathcal{A}_1$-Isomorphismus von $A(a, 0_K)$ auf $A(b, 0_K)$, und seien $f_1, ..., f_4 \in K$ mit $i\alpha = f_1 1_{A(b,0_K)} + f_2 i + f_3 j + f_4 k$. Mit einer leichten Rechnung folgt

$$a1 = i^2 \alpha = (i\alpha)^2 = (f_1{}^2 + f_2{}^2)b1 + 2f_1 f_2 i + (2f_1 f_3 + 2f_2 f_4)j + 2(f_1 f_4 + f_2 f_4 b)k.$$

Sei $f_1 = 0_K$. Dann gilt $f_2 = 0_K$ oder $f_4 = 0_K$. Im ersten Fall wäre dann $i\alpha = 0$ ein Widerspruch. Im zweiten Fall folgt die Behauptung.

Sei $f_1 \neq 0_K$. Dann gilt $f_2 = f_3 = f_4 = 0_K$, woraus auch in diesem Fall die Behauptung folgt.◇

Das Isomorphiekriterium Satz 24 und Teil (iii) von Satz 23 zeigen, daß noch die Algebren $A(1_K, 0_K)$ und $A(a, 0_K)$ mit $a \notin QA(K)$ zu untersuchen sind. Z.B. gilt $t \notin QA(\mathbb{Q}(t))$, weswegen der zweite Fall tatsächlich auftritt.

Bemerkung 22 *(Die Struktur der Algebren $A(a,0)$)* Sei $a \neq 0_K$. Wir definieren $I := \langle j, k \rangle_K$ und $T := \langle 1_{A(a,0_K)}, i \rangle_K$. Die Multiplikationstabelle von $A := A(a, 0_K)$ zeigt, daß I ein niles, und daher nilpotentes Ideal von A und T eine Teilalgebra von A sind. Offenbar gelten $T = K[i]$ und $min_{i,K} = t^2 - a$, welches die Nullstellen i und $-i$ in T besitzt. Ist $a \notin QA(K)$, so ist $min_{i,K}$ irreduzibel und damit T ein Körper. In diesem Fall ist T zu einem Zerfällungskörper des separablen Polynoms $min_{i,K}$ über K $\mathcal{A}_1$-isomorph. Im anderen Fall gilt $T \cong_{\mathcal{A}_1} K^2$. Nach Teil (iv) von Lemma 1 ist T eine separable K-Algebra, also ein Algebrenkomplement von $rad(A) = I$ in A. Insbesondere ist $A/rad(A)$ separabel und kommutativ.

Abschließend berechnen wir die auflösbaren Stufen von A, A° und $E(A)$. Man rechnet leicht nach (was der Leser als Übungsaufgabe durchführen möge), daß $A \circ A = rad(A)$ gilt. Daraus folgt (vgl. Proposition 5) $st(A) = st(A^\circ) = 2$. Da $E(A)$ nicht abelsch ist, folgt aus Proposition 5 $st(E(A)) = 2$.$\diamond$

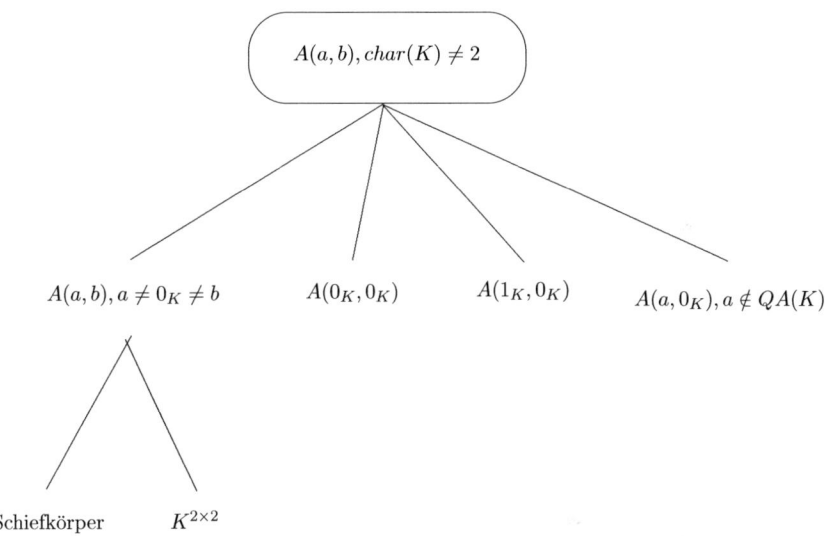

4.4 Der Fall der Charakteristik gleich 2

Seien in diesem Abschnitt K ein Körper mit $char(K) = 2$ und $a, b \in K$. In der folgenden Reduktion treten drei Fälle auf, die Bedingungen an die Elemente a, b stellen. Wir zeigen anschließend, daß die so entstehenden Algebren $A(a, b)$ paarweise nicht $\mathcal{A}_1$-isomorph sind.

Satz 25 *(Reduktion) Es gilt einer der folgenden drei Fälle:*

(i) $A(a, b) \cong_{\mathcal{A}_1} A(0_K, 0_K)$

(ii) *Es gibt ein* $a \in K \setminus QA(K)$ *mit* $A(a, b) \cong_{\mathcal{A}_1} A(a, 0_K)$.

(iii) Es gilt $a, b, ab \in K \setminus QA(K)$, und es existiert kein Paar $(g; h) \in K \times K$ mit $g^2a + h^2b = 1_K$.

Beweis. Seien $a, b \in QA(K)$. Dann folgt mit den Teilen (i) und (iv) aus Satz 23: $A(a, b) \cong_{\mathcal{A}_1} A(a + a, b + b) = A(0_K, 0_K)$.

Seien $a \in QA(K)$ und $b \in K \setminus QA(K)$. Dann gilt $A(a, b) \cong_{\mathcal{A}_1} A(b, 0_K)$, wie die Teile (i) und (iv) aus Satz 23 zeigen. Somit ist Fall (ii) erfüllt.

Den Fall $a \in K \setminus QA(K)$, $b \in QA(K)$ führt man mit Teil (i) von Satz 23 auf den vorherigen Fall zurück.

Seien $a, b \in K \setminus QA(K)$ und $ab \in QA(K)$. Jedenfalls gilt dann $a, b, ab \neq 0_K$. Nun folgt mit Teil (iii) von Satz 23 $A(a, b) = A(a, a^{-1}ab) \cong_{\mathcal{A}_1} A(a, a^{-1}) \cong_{\mathcal{A}_1} A(a, a^2a^{-1})$.

Weiter folgt mit Satz 23 $A(a, a^2a^{-1}) \cong_{\mathcal{A}_1} A(a, a) \cong_{\mathcal{A}_1} A(a, 1_K) \cong_{\mathcal{A}_1} A(a, 0_K)$. Also ist wieder Fall (ii) erfüllt.

Seien nun $a, b, ab \in K \setminus QA(K)$, und es existiere ein Paar $(g; h) \in K \times K$ mit $g^2a + h^2b = 1_K$. Nach Voraussetzung muß dann $g \neq 0_K \neq h$ gelten. Mit Satz 23 folgt nun $A(a, b) \cong_{\mathcal{A}_1} A(a, h^2b) = A(a, 1_K + g^2a) \cong_{\mathcal{A}_1} A(a, g^2a)$. Weiter gilt nach Satz 23 $A(a, g^2a) \cong_{\mathcal{A}_1} A(a, a) \cong_{\mathcal{A}_1} A(a, 1_K) \cong_{\mathcal{A}_1} A(a, 0_K)$. Also ist wiederum Fall (ii) erfüllt. Insgesamt ergibt sich die Behauptung.◇

Daß alle Fälle tatsächlich auftreten, zeigt die nächste Bemerkung.

Bemerkung 23 (i) Zur K-Algebra $A(0_K, 0_K)$ ist diesbezüglich nichts zu sagen.

(ii) Sei $K := GF(2)(t)$.
Es gilt $t \notin QA(K)$. Somit ist ein Beispiel für Fall (ii) aus Satz 25 vorhanden.

(iii) Sei $K := GF(2)(t_1, t_2)$.
Wir definieren $F := GF(2)(t_1)$. Es gilt $t_1t_2, t_2 \notin QA(K)$, und aus $QA(K) \cap F = QA(F)$ folgt $t_1 \notin K^2$. Angenommen es gäbe ein Paar $(g; h) \in K \times K$ mit $g^2t_1 + h^2t_2 = 1_K$. Dann würde es $g, h, l \in F[t_2]$ mit $l^2t_1 + g^2t_2 = h^2$ geben. Ein Gradvergleich liefert einen Widerspruch. Somit liegt ein Beispiel für Fall (iii) aus Satz 25 vor.◇

Nun untersuchen wir die Struktur der Algebren aus Satz 25. Dazu zeigen wir, dass alle Fälle pw. nicht-isomorphe Algebren liefern. Innerhalb jedes Falles untersuchen wir weiter, wann zwei Algebren dieses Typs isomorph sind.

4.4.1 Eine Komponente ist Null

Sei $a \in K \setminus QA(K)$. In dem nächsten Abspiel zeigt sich, daß die Algebra $A(a, 0_K)$ zwei nicht-konjugierte Radikalkomplemente besitzt. Somit wird an dieser Stelle der Abschnitt über die Thematik des Satzes von Wedderburn-Malcev (Kapitel 1) ergänzt.

Proposition 7 *(Abspiel) Es sei $A := A(a, 0_K)$. Es gelten:*

(i) $rad(A) = \langle j, k \rangle_K$

(ii) $A/rad(A)$ *ist nicht separabel.*

(iii) $\langle 1_A, i \rangle_k$ *und* $\langle 1_A, i + k \rangle_K$ *sind zwei Algebrenkomplemente von $rad(A)$ in A. Beides sind inseparable Körpererweiterungen von $K1_A$, und sie sind nicht unter $1 + rad(A)$ konjugiert.*

Beweis. Aus der Multiplkationstabelle von A folgt leicht, daß $\langle j, k \rangle_K$ ein nilpotentes Ideal und $\langle 1_A, i \rangle_K, \langle 1_A, i + k \rangle_K$ verschiedene Teilalgebren von A sind. Offenbar sind diese Teilalgebren Algebrenkomplemente von $\langle j, k \rangle_K$ in A und somit $\mathcal{A}_1$-isomorph. Es gilt $\langle 1_A, i \rangle_K = K[i]$. Das Polynom $t^2 + a$ ist nach der Voraussetzung über a irreduzibel über $K[t]$, woraus $min_{i,K} = t^2 + a$ folgt. Insbesondere ist $K[i]$ ein Körper, woraus $rad(A) = \langle j, k \rangle_K$ folgt. Da $t^2 + a$ die doppelte Nullstelle i in $K[i]$ besitzt, ist $t^2 + a$ inseparabel. Nach Teil (iv) von Lemma 1 folgt nun, daß $K[i]$ eine nicht separable K-Algebra ist. Es folgt die Behauptung, da die Algebra kommutativ ist.◇

Satz 26 *(Isomorphiekriterium) Sei $b \in K \setminus QA(K)$. Es sind äquivalent:*

(i) $A(a, 0_K) \cong_{\mathcal{A}_1} A(b, 0_K)$

(ii) $a \in \langle 1_K, b \rangle_{QA(K)}$

(iii) $\langle 1_K, a \rangle_{QA(K)} = \langle 1_K, b \rangle_{QA(K)}$

Beweis. Wegen $a, b \in K \setminus QA(K)$ gilt $dim_{QA(K)}(\langle 1_K, a \rangle_{QA(K)}) = 2 = dim_{QA(K)}(\langle 1_K, b \rangle_{QA(K)})$. Somit sind (ii) und (iii) äquivalent.
Sei $a \in \langle 1_K, b \rangle_{QA(K)}$. Dann gibt es $f, l \in K$ mit $a = f^2 + l^2 b$. Wegen $a \notin QA(K)$ gilt $l \neq 0_K$. Nun ergibt sich (i) mit den Teilen (iii) und (iv) aus Satz 23.
Sei $A(a, 0_K) \cong_{\mathcal{A}_1} A(b, 0_K)$ vermöge γ. Sind $f_1, ..., f_4 \in K$ mit $i\gamma = f_1 1_{A(b,0_K)} + f_2 i + f_3 j + f_4 k$, so folgt $a1_{A(b,0_K)} = i^2 \gamma = (i\gamma)^2 = f_1{}^2 1_{A(b,0_K)} + f_2{}^2 b1_{A(b,0_K)}$. Somit gilt die Behauptung.◇

4.4.2 Der Körperfall

Seien $a, b, ab \in K \setminus QA(K)$ und es existiere kein Paar $(g; h) \in K \times K$ mit $g^2 a + h^2 b = 1_K$.

Proposition 8 *(Die Struktur) Sei $A := A(a, b)$. Es gelten:*

(i) *A ist ein Zerfällungskörper des Polynoms* $(t^2 + a1_A)(t^2 + b1_A)$ *über* $K1_A$, *welches die Nullstellen* i, j *in* A *besitzt.*

(ii) $(K1_A; A)$ *ist eine inseparable Körpererweiterung. Insbesondere ist* A *keine separable* K-*Algebra.*

(iii) $(K1_A; A)$ *ist keine einfache Körpererweiterung. Insbesondere hat die Körpererweiterung* $(K1_A; A)$ *unendlich viele Zwischenkörper der* K-*Dimension zwei. Bis auf den Nullraum stimmen sämtliche Teilalgebren mit den Zwischenkörpern dieser Körpererweiterung überein.*

Beweis. ad(i): Sei $T := \langle 1_A, i \rangle_K$. Offenbar ist T eine Teilalgebra von A. Wegen $a \in K \setminus QA(K)$ gilt $min_{i,K} = t^2 + a$. Folglich ist $T = K[i]$ ein Körper. Da A kommutativ ist, ist sie auch eine T-Algebra. Wir zeigen nun, daß das Polynom $f := t^2 + b1_A$ über $T[t]$ irreduzibel ist. Angenommen, f hätte eine Nullstelle s in T. Seien $g, h \in K$ mit $s = g1_A + hi$. Dann würde $b = g^2 + h^2a$ folgen. Gilt $g \neq 0_K$, so würde daraus $g^{-2}b + h^2g^{-2}a = 1_K$ folgen, was ein Widerspruch ist. Gilt $g = 0_K$, so ergäbe sich $ab = h^2a^2 \in QA(K)$, was ebenfalls ein Widerspruch ist. Daraus ergibt sich (i).

ad(ii): Dies folgt aus (i) und Teil (iv) von Lemma 1.

ad(iii): Die Nicht-Primitivität folgt aus der Tatsache, daß für alle $x \in A$ $x^2 \in K1_A$, also $dim_K(K[x]) \leq 2$ gilt.
Sei nun T eine Teilalgebra von A. Da A ein Körper ist, enthält A außer der Null keine nilpotenten Elemente. Also ist T halbeinfach. Nach Hilfssatz 1 ist damit T unitär. Da 1_T ein Idempotent von A ist, folgt $1_T = 0_A$ oder $1_T = 1_A$. Im ersten Fall ist T der Nullraum, im zweiten Fall folgt aus dem Theorem 1.2.1 in [4], daß T ein Zwischenkörper der Körpererweiterung $(K1_A; A)$ ist.⋄

Für die Isomorphieuntersuchungen zwischen Algebren dieses Types benötigen wir die folgende Proposition.

Proposition 9 *Sei* $A := A(a, b)$.

(i) *Die Menge* $\{1_K, a, b, ab\}$ *ist* $QA(K)$-*linear unabhängig.*

(ii) *Das Quadrieren auf* A *ist ein Ringmonomorphismus mit Bild* $\langle 1_K, a, b, ab \rangle_{QA(K)} 1_A$.
Insbesondere sind die $\mathbb{Z}$-*Algebren* $\langle 1_K, a, b, ab \rangle_{QA(K)}$ *und* A *isomorph.*

(iii) *Es gilt* $\langle 1_K, a, b, ab \rangle_{QA(K)} \cong_{A_1} A(a^2, b^2, QA(K))$

(iv) *Die Galoisgruppe der Körpererweiterung* $(K1_A; A)$ *ist trivial.*

(v) $QA(K)$ *ist ein Teilkörper von* K.

Beweis. ad(i)-(iii): Seien $f_1, ..., f_4 \in K$ mit $f_1{}^2 1_K + f_2{}^2 a + f_3{}^2 b + f_4{}^2 ab = 0_K$. Wir definieren $a := f_1 1_A + f_2 i + f_3 j + f_4 k$. Es gilt $x^2 = (f_1{}^2 + f_2{}^2 a + f_3{}^2 b + f_4{}^2 ab) 1_A = 0_A$. Da nach Beispiel 8 A ein Körper ist, folgt damit $x = 0_A$ und somit $f_i = 0_K$ für alle $i \in \underline{4}$. Dies zeigt (i). Definieren wir $\gamma : A \longrightarrow A, a \longmapsto a^2$, so ist γ offenbar ein Ringhomomorphismus. Da A nach Beispiel 8 ein Körper ist und $1_A \gamma = 1_A$ gilt, ist γ ein Ringmonomorphismus. Wie die obige Rechnung zeigt, gilt zudem $A\gamma = \langle 1_K, a, b, ab \rangle_{QA(K)} 1_A$. Daraus folgen nun (i) und (ii). Nach (i) ist $\{1_K, a, b, ab\}$ eine $QA(K)$-Basis von $\langle 1_K, a, b, ab \rangle_{QA(K)}$. Stellt man ihre Multiplikationstabelle auf und vergleicht sie mit der von $A(a^2, b^2, QA(K))$, so ist die Isomorphie ersichtlich.

ad(iv): Sei $\alpha \in Aut_K(A)$. Jedenfalls gilt dann $1_A \alpha = 1_A$. Seien $k_1, ..., k_4 \in K$ mit $i\alpha = k_1 1_A + k_2 i + k_3 j + k_4 k$. Aus $a 1_A = i^2 \alpha = (i\alpha)^2$ ergibt ein Koeffizientenvergleich $k_1{}^2 + (k_2 + 1_K)^2 a + k_3{}^2 b + k_4{}^2 ab = 0_K$. Mit (i) folgt daraus $i\alpha = i$. Analog gilt auch $j\alpha = j$.

ad(v): Die ist eine bekannte Aussage aus der Körpertheorie.◇

Bevor wir ein Isomorphiekriterium beweisen, ist eine Anmerkung zu Proposition 9 angebracht. Wendet man diese Bemerkung wieder und wieder an, so erhält man das folgende Schaubild mit unendlich vielen Zwischenkörpern:

$$A(a, b)$$

$$K 1_{A(a,b)}$$
$$< 1_{A(a,b)}, a, b, ab >_{Pot(2,K)} \qquad \cong_{\mathfrak{A}_1} A(a^2, b^2, Pot(2, K)) \cong_{\mathfrak{R}_1} A(a, b)$$

$$Pot(2, K) 1_{A(a,b)}$$
$$< 1_{A(a,b)}, a^2, b^2, a^2 b^2 >_{Pot(4,K)} \qquad \cong_{\mathfrak{A}_1} A(a^4, b^4, Pot(4, K)) \cong_{\mathfrak{R}_1} A(a, b)$$

$$Pot(4, K) 1_{A(a,b)}$$
$$< 1_{A(a,b)}, a^4, b^4, a^4 b^4 >_{Pot(4,K)} \qquad \cong_{\mathfrak{A}_1} A(a^8, b^8, Pot(8, K)) \cong_{\mathfrak{R}_1} A(a, b)$$

$$Pot(8, K) 1_{A(a,b)}$$

usw.

Satz 27 *(Isomorphiekriterium) Seien $c, d \in K$. Es gelte $c, d, cd \in K \setminus QA(K)$, und es existiere kein Paar $(g; h) \in K \times K$ mit $g^2 c + h^2 b = 1_K$. Es sind äquivalent:*

(i) $A(a, b) \cong_{\mathfrak{A}_1} A(c, d)$

(ii) $a, b \in \langle 1_K, c, d, cd \rangle_{QA(K)}$

(iii) $\langle 1_K, a, b, ab \rangle_{QA(K)} = \langle 1_K, c, d, cd \rangle_{QA(K)}$

Beweis. Offenbar folgt aus (iii) Aussage (ii). Gilt (ii), so folgt (iii) mit Bemerkung 9.

Die Implikation von (i) nach (ii) folgt aus Teil (ii) von Bemerkung 9, denn: Ist γ ein $\mathcal{A}_1$-Isomorphismus von $A(a, b)$ auf $A(c, d)$, so gilt $a1_{A(c,d)} = i^2\gamma = (i\gamma)^2 \in \langle 1_K, c, d, cd \rangle_{QA(K)} \cdot 1_{A(c,d)}$. Genauso folgt $b \in \langle 1_K, c, d, cd \rangle_{K^2}$.

Es verbleibt also, die Implikation von (ii) nach (i) zu zeigen. Seien $f_1, g_1, ..., f_4, g_4 \in K$ mit $a = f_1{}^2 + f_2{}^2c + f_3{}^2d + f_4{}^2cd$ und $b = g_1{}^2 + g_2{}^2c + g_3{}^2d + g_4{}^2cd$. Wir definieren nun Elemente in $A(c, d)$ und zeigen, daß die Menge dieser Elemente eine K-Basis von $A(c, d)$ ist. Seien $i_0 := f_1 1_{A(c,d)} + f_2 i + f_3 j + f_4 k$, $j_0 := g_1 1_{A(c,d)} + g_2 i + g_3 j + f_4 k$ und $k_0 := i_0 j_0$. Dann gelten $i_0{}^2 = a1_{A(c,d)}$, $j_0{}^2 = b1_{A(c,d)}$ und $k_0{}^2 = ab1_{A(c,d)}$. Seien nun $l_1, l_2, l_3, l_4 \in K$ mit $x := l_1 1_{A(c,d)} + l_2 i_0 + l_3 j_0 + l_4 k_0$. Dann gilt $x^2 = (l_1{}^2 + l_2{}^2a + l_3{}^2b + l_4{}^2ab)1_{A(c,d)}$. Für das Element $y := l_1 1_{A(a,b)} + l_2 i_0 + l_3 j_0 + l_4 k_0 \in A(a, b)$ gilt nun $y^2 = (l_1{}^2 + l_2{}^2a + l_3{}^2b + l_4{}^2ab)1_{A(a,b)} = 0_{A(a,b)}$. Da $A(a, b)$ nach Beispiel 8 ein Körper ist, folgt nun $y = 0_{A(a,b)}$. Also gilt auch $l_i = 0_K$ für alle $i \in \underline{4}$. Nun betrachten wir die Multiplikationstabelle von $A(c, d)$ in der K-Basis $B := \{1_{A(c,d)}, i_0, j_0, k_0\}$. Eine einfache Rechnung zeigt, daß sie folgende Gestalt hat (das Einselement ist weggelassen):

$\cdot$	i_0	j_0	k_0
i_0	$a1_{A(c,d)}$	k_0	aj_0
j_0	k_0	$b1_{A(c,d)}$	bi_0
k_0	aj_0	bi_0	$ab1_{A(c,d)}$.

Daraus folgt die Behauptung.$\diamond$

Beispiel 10 *(i) Sei $K := GF(2)(t_1, t_2)$. Es sind $A(t_1, t_2)$ und $A(t_1 + t_2, t_2{}^3)$ Körper, die als K-Algebren isomorph sind.*

(ii) Sei $K := GF(2)(t_1, t_2, t_3)$. Es sind $A(t_1, t_2)$ und $A(t_1, t_3)$ Körper, die als K-Algebren nicht isomorph sind.

Beweis. ad(i): Wir definieren $F := GF(2)(t_1)$. Daß $A(t_1, t_2)$ ein Körper ist, wurde bereits in Teil (iii) von Bemerkung 23 gezeigt. Offenbar gilt $t_1 + t_2, t_2{}^3, t_1 t_2{}^3 + t_2{}^4 \notin QA(K)$. Angenommen es gäbe $g, h \in K$ mit $g^2(t_1 + t_2) + h^2 t_2{}^3 = 1_K$. Dann würde mit dem eben Gezeigten $g \neq 0_K \neq h$ gelten. Also gäbe es dann $g, h, f \in F[t_2] \setminus \{0_F\}$ mit $g^2(t_1 + t_2) + h^2 t_2{}^3 = f^2$. Es sind aber $g^2 t_2$ und $h^2 t_2{}^3$ Polynome, deren Monome nur ungerade Potenzen besitzen. Andererseits sind $g^2 t_1$ und f^2 Polynome, deren Monome nur gerade Potenzen besitzen. Dann würde aber $g = 0_K = h$ folgen, was ein Widerspruch ist. Also sind nach 8 beide K-Algebren Körper. Wegen $\{t_1 + t_2, t_2{}^3\} \subseteq \langle 1_K, t_1, t_2, t_1 t_2 \rangle_{K^2}$ folgt aus dem Isomorphiekriterium 27 nun (i).

ad(ii): Wir definieren $F := GF(2)(t_1, t_2)$ und $T := GF(2)(t_1)$. Daß $A(t_1, t_3)$ ein Körper ist, wurde in Teil (iii) von Bemerkung 23 gezeigt. Wegen $QA(K) \cap F = QA(F)$ und $QA(F) \cap T = QA(T)$ folgt $t_1, t_2, t_1 t_2 \notin K^2$. Angenommen, $A(t_1, t_2)$ wäre kein Körper. Dann gäbe es nach der Reduktion 25 $g, h, f \in F[t_3]$ mit $h^2 t_1 + g^2 t_2 = f^2$. Daraus folgt leicht, daß es auch $f, g, h \in F$ gibt, die nicht alle Null sind und $g^2 t_1 + h^2 t_2 = f^2$ erfüllen. Das liefert einen Widerspruch zu Teil (iii) von Bemerkung 23. Also sind nach 8 beide K-Algebren Körper. Allerdings gilt, wie eine einfache Gradbetrachtung zeigt, $t_3 \notin \langle 1_K, t_1, t_2, t_1 t_2 \rangle_{QA(K)}$. Mit dem Isomorphiekriterium 27 folgt nun (ii).◊

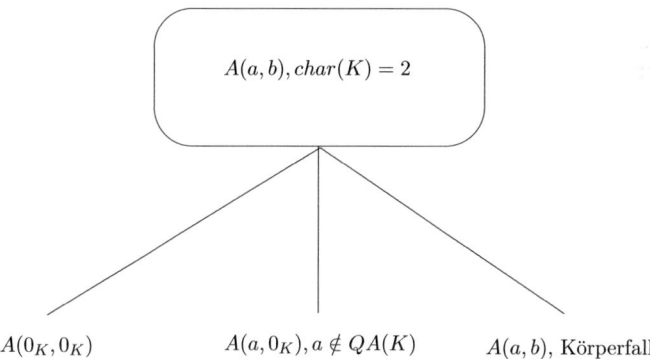

4.5   Übungsaufgaben

Übungsaufgabe 166 *Man beweise alle Aussagen in Definition und Bemerkung 5 ggfs. unter Zuhilfename der dort zitierten Literatur.*

Übungsaufgabe 167 *In Proposition 7 beschreibe man alle Radikalkomplemente.*

Übungsaufgabe 168 *In Bemerkung 22 beweise man alle Aussagen bzgl. der auflösbaren Stufen.*

Übungsaufgabe 169 *Seien a, b vertauschbare Elemente einer assoziativen Algebra der Charakteristik p. Was ist dann für alle $n \in \mathbb{N}$ der Ausdruck $(a + b)^{p^n}$? Was gilt speziell für $p = 2$ und $n = 1$?*

Übungsaufgabe 170 *Seien K ein Körpoer der Charakteristik 2. Dann ist die Menge der Quadrate $QA(K)$ von K ein Teilkörper. Was gilt für die Menge der 2^n-ten Potenzen für beliebiges $n \in \mathbb{N}$?*

Übungsaufgabe 171 *Ist die Menge der Quadrate von $\mathbb{Q}$ ein Teilkörper?*

Übungsaufgabe 172 *Ist die Menge der Quadrate von $\mathbb{R}$ ein Teilkörper?*

Übungsaufgabe 173 *Ist die Menge der Quadrate von $\mathbb{C}$ ein Teilkörper?*

Übungsaufgabe 174 *Seien K ein endlicher Körper ungerader Charakteristik und $a, b \in K$ mit $a \neq 0 \neq b$. Wozu ist dann $A(a, b, K)$ isomorph?*

Übungsaufgabe 175 *Seien $K := \mathbb{C}$ und $a, b \in K$ mit $a \neq 0 \neq b$. Wozu ist dann $A(a, b, K)$ isomorph?*

Übungsaufgabe 176 *Man schlage die zitierten Aussagen in Bemerkung 21 zur Isomorphie nach und formuliere sie mathematisch.*

Übungsaufgabe 177 *Sind $A(1, -1, \mathbb{R})$ und $A(1, \sqrt{(2)}, \mathbb{R})$ isomorph?*

Übungsaufgabe 178 *Sind $A(1, -1, \mathbb{Q})$ und $A(1, 2, \mathbb{Q})$ isomorph?*

Übungsaufgabe 179 *In Bemerkung 9 ermittle man die für (iii) notwendige Multiplikationstabelle, die im Beweis nicht weiter berechnet worden ist.*

Übungsaufgabe 180 *Seien K ein Körper mit 2 Elementen und $a, b \in K$. Wieviele und welche nicht-isomorphen Algebren $A(a, b, K)$ gibt es? Man ermittle jeweils (d.h. nur zu den Repräsentanten der Isomorphieklassen) das Radikal sowie ein Radikalkomplement (wenn vorhanden). Gibt es nur ein Radikalkomplement? Man fertige ein Hasse-Diagramm (der Repräsentanten der Isomorphieklassen) der Algebren über die Erkenntnisse innerhalb dieser Übungsaufgabe an!*

Übungsaufgabe 181 *Man löse Übungsaufgabe 180 für einen Körper mit 4 Elementen!*

Übungsaufgabe 182 *Gibt es in Übungsaufgabe 181 eine Vermutung für einen beliebigen endlichen Körper mit 2^n Elementen?*

Übungsaufgabe 183 *Seien $K := GF(2)(t)$ und $a, b \in \{0, 1, t, t^2, t^3, t + t^2, t + t^3, t^2 + t^3\}$. Wieviele paarweise nicht-isomorphe Algebren $A(a, b, K)$ entstehen so?*

Übungsaufgabe 184 *Seien* $K := GF(2)(t_1, t_2)$ *und* $a, b \in$ $\{0, 1, t_1, t_2, t_1 t_2, t_1{}^2, t_2{}^2, t_1 + t_2, t_1{}^3, t_2{}^3\}$. *Wieviele paarweise nicht-isomorphe Algebren $A(a, b, K)$ entstehen so?*

Übungsaufgabe 185 *Seien K ein Körper mit $char(K) = 2$ und D eine vier-dimensionale assoziative zentrale K-Divisionsalgebra. Dann gibt es bekanntlich $a, b \in K \setminus \{0\}$ und eine K-Basis $\{1, i, j, k\}$ mit folgenden Strukturkonstanten:*

$\cdot$	1	i	j	k
1	1	i	j	k
i	i	$a1$	k	aj
j	j	$k+i$	$j + b1$	$b1$
k	k	$a(j+1)$	$k+bi$	$ab1$.

So werden Quaternionenalgebren in grader Charakteristik definiert. Man erforsche, was passiert, wenn man die Bedingung $a, b \in K$ mit $a \neq 0 \neq b$ verletzt. Was für Arten von Algebren entsehen dann? Wann sind sie isomorph? Man stelle dieselbe Fragen, wenn man die Bedingung $char(K) = 2$ verletzt! (Diese Übungsaufgabe ist dazu dar, um das komplette Kapitel 4 dieser Arbeit auf diesen Fall zu übertragen. Dazu führe man auch eine Literaturrecherche durch, um sich mit diesen Algebren vertraut zu machen.)

114

Kapitel 5

Kommutative Algebren

Hauptbeispiele kommutativer Algebren sind Zentren von Algebren. Dieses Kapitel beschäftigt sich zunächst mit der Frage, wie die Algebrenkomplemente der Radikale dieser Zentren mit denen der umfassenden Algebra beschrieben werden können (Idee der Verträglichkeit). Danach erfolgt eine intrinsische Beschreibung, die das Innenleben kommutativer Algebren sichtbar werden läßt.

5.1 Vertäglichkeit mit dem Zentrum

Bemerkung 24 *Seien K ein Körper und A eine assoziative separable K-Algebra. Dann ist jede Teilalgebra von $Z(A)$ separabel.*

Beweis. Wir zeigen zunächst, daß $Z(A)$ separabel ist. Nach Aussage (iv) von Satz 1 existieren $r \in \mathbb{N}$ und assoziative endlich-dimensionale unitäre einfache K-Algebren A_i $(i \in \underline{r})$ derart, daß $A \cong_{A_1} \bigoplus_{i=1}^{r} A_i$ gilt und für jedes $i \in \underline{r}$ $(K1_{A_i}; Z(A_i))$ eine separable Körpererweiterung ist. Mit Teil (iii) von Korollar 1 folgt, daß für jedes $i \in \underline{r}$ $Z(A_i)$ eine separable $K1_{A_i}$-Algebra und damit auch eine separable K-Algebra ist. Nach Teil (ii) von Proposition 1 ist nun $Z(A)$ eine separable K-Algebra.
Sei nun T eine Teilalgebra von $Z(A)$. Dann ist nach Teil (i) von Korollar 1 T endlich-dimensional. Nach Teil (i) von Satz 20 folgt nun $rad(T) = \{0_A\}$. Also ist T halbeinfach. Mit Teil (ii) von Satz 20 ergibt sich die Behauptung, da $Z(A)$ kommutativ und damit insbesondere auflösbar ist.$\diamond$

Nun können wir die Aussagen des Satzes von Wedderburn-Malcev auf zentrale Teilalgebren übertragen. Dazu müssen aber zunächst seine Voraussetzungen überprüft werden.

Proposition 10 *Seien K ein Körper, A eine endlich-dimensionale assoziative K-Algebra, $A/rad(A)$ separabel und T eine Teilalgebra von $Z(A)$. Es gelten:*

(i) $rad(T) = rad(A) \cap T = rad(Z(A)) \cap T$
Insbesondere gilt $rad(Z(A)) = rad(A) \cap Z(A)$.

(ii) $T/rad(T)$ *ist separabel.*

Beweis. Wir zeigen diese Aussage zunächst für $Z(A)$. Es ist $rad(A) \cap Z(A)$ ein nilpotentes Ideal von $Z(A)$. Weiter ist $Z(A)/rad(A) \cap Z(A)$ zu einer Teilalgebra des Zentrums von $A/rad(A)$ A_1-isomorph. Aus Bemerkung 24 folgt die Separabilität von $Z(A)/rad(A) \cap Z(A)$. Insbesondere gelten (i) und (ii) für $Z(A)$.
Sei nun T eine Teilalgebra von $Z(A)$. Da $Z(A)$ eine kommutative K-Algebra ist, ist sie insbesondere auflösbar. Mit Satz 20 folgt nun die Behauptung.◇

Wir wissen nun, daß in der Situation von Proposition 10 zentrale Teilalgebren genau ein Radikalkomplement besitzen: denn sie sind **kommutativ**, und alle Radikalkomplemente sind konjugiert (vgl. Teil (vi) von 11 und Satz 10). Um dieses Komplement für auflösbare Algebren beschreiben zu können, ist die folgende Bemerkung hilfreich.

Bemerkung 25 *Seien A eine assoziative K-Algebra, T eine halbeinfache Teilalgebra von A und $X := \bigcap\limits_{r \in rad(A)} T^{(r)}$. Es gilt $X \subseteq C_A(rad(A))$.*

Beweis. Offenbar ist X unter Konjugation von $rad(A)$ invariant. Seien $x \in X$, $r \in rad(A)$. Dann gilt $x^{(r)} \in X \subseteq T$. Wegen Teil (ii) von Satz 2 existiert ein $s \in rad(A)$ mit $x^{(r)} = x + s$. Da T halbeinfach ist, folgt wegen $rad(A) \cap T \subseteq rad(T) = \{0_T\}$ nun $x^{(r)} = x$. Aus Teil (ii) von Satz 2 ergibt sich die Behauptung. ◇

Satz 28 *(Radikalkomplement zentraler Teilalgebren) Seien K ein Körper, A eine endlich-dimensionale assoziative K-Algebra, $A/rad(A)$ separabel, D ein Algebrenkomplement von $rad(A)$ in A und T eine zentrale Teilalgebra von A. Es gelten:*

(i) $D \cap T$ ist das einzige Algebrenkomplement von $rad(T)$ in T.

(ii) $D \cap T$ ist die größte halbeinfache und die größte separable Teilalgebra von T.

Beweis. Sei S das Algebrenkomplement von $rad(T)$ in T (vgl. Aussage (ii) von Proposition 10, Satz 8 , Teil (vi) von Berechnung 11 und Satz 10). Wir zeigen zunächst Aussage (ii) für S.
Nach Teil (ii) von Proposition 10 ist S separabel, also nach Teil (i) von Korollar 1 auch halbeinfach. Sei nun H eine halbeinfache Teilalgebra von T. Mit Teil (ii) von Propostion 10 und Teil (ii) von Satz 20 ergibt sich die Separabilität von H. Da T zentral ist, folgt aus Teil (i) von Korollar 3 bereits

$H \subseteq S$. Somit ist (ii) für S erfüllt.

Es verbleibt $S = D \cap T$ zu zeigen.

Da $D \cap T$ eine zentrale Teilalgebra ist, folgt aus Teil (i) von Proposition 10 $rad(D \cap T) = rad(A) \cap (D \cap T)$. Also ist $D \cap T$ halbeinfach, woraus $D \cap T \subseteq S$ folgt.

Andererseits ist nach Teil (ii) von Proposition 10 S eine separable Teilalgebra von A. Da S zentral ist, ergibt sich mit Teil (i) von Korollar 3 $S \subseteq D$. $\diamond$

Korollar 5 *(Schnitt aller Radikalkomplemente) Seien die Voraussetzungen von Satz 28 gegeben, A auflösbar und X der Schnitt aller Radikalkomplemente von A. Es gelten:*

(i) X ist das einzige Algebrenkomplement von $rad(Z(A))$ in $Z(A)$.

(ii) X ist die größte halbeinfache und die größte separable Teilalgebra von $Z(A)$.

(iii) Ist $Z(A)$ halbeinfach, so gilt $X = Z(A)$.

(iv) Ist A unitär und zentral, so gilt $X = K1_A$.

Beweis: ad(i) und (ii): Nach Bemerkung 24 gilt $X \subseteq C_A(rad(A))$. Da A auflösbar ist, ist D kommutativ. Somit gilt $X \subseteq C_A(rad(A)) \cap C_A(D) \subseteq C_A(rad(A) + D) = Z(A)$. Dies zeigt $X = X \cap Z(A)$. Mit Satz 28 folgen nun (i) und (ii).

ad(iii): Dies folgt auch aus (ii).

ad(iv): Wegen $K1_A \subseteq X$ (vgl. Bemerkung 4) folgt dies aus (ii). $\diamond$

Beispiele 2 (i) Seien $n \in \mathbb{N}$ und D_n die Solomon-Algebra. Zu ihrer Defintion und strukturellen Analysen möge der Leser die Dissertation von T. Bauer (siehe [2]) studieren. Aus Lemma 3.4 in [2] folgt die Auflösbarkeit von D_n. Nach Satz 3.6 und Lemma 3.4 in [2] liegt $Z(D_n)$ zudem in einem Algebrenkomplement von $rad(D_n)$ in D_n. In diesem Fall ist also das Zentrum der Schnitt aller Algebrenkomplemente des Radikals von D_n.

(ii) In dem zusammenfassenden Beispiel 3.4 stimmt das Zentrum mit den K-Vielfachen der Eins überein. Also ist das Zentrum der Schnitt aller Radikalkomplemente (vgl. Teil (iii) von Korollar 5).

(iii) Das gleiche Ergebnis wie in (ii) gilt allgemeiner für die Algebren der unteren und oberen Dreieicksmatrizen in beliebiger Dimension über einem Körper K: denn sie sind zentral. $\diamond$

5.2 Die Teilalgebra der vollseparablen Elemente

Nun betrachten wir das Innenleben kommutativer Algebren und beginnen damit, eine Teilalgebra einzuführen. Sie wird das Algebrenkomplement des Radikals werden.

Definitionen 5 *(separabel, vollseparabel, diagonalisierbar, zerfallend, halbeinfach, nilpotent)* Seien K ein Körper und $f \in K[t]$.
f heißt halbeinfach (oder auch quadratfrei) in $K[t]$, falls f Produkt von paarweise verschiedenen irreduziblen Polynomen aus $K[t]$ ist. Sind alle diese Faktoren linear, so heißt f diagonalisierbar in $K[t]$. Weiter nennen wir f vollseparabel in $K[t]$, falls f halbeinfach und separabel in $K[t]$ ist. Ist $\prod_{i=1}^{n} f_i{}^{s_i}$ die Primfaktorzerlegung von f in $K[t]$, so seien $halb(f) := \prod_{i=1}^{n} f_i$ und $max(f) := max\{s_1, \cdots, s_n\}$. Schließlich heißt f zerfallend in $K[t]$, wenn $halb(f)$ diagonalisierbar über $K[t]$ ist. f heißt nilpotent, wenn $f = t^n$ für ein $n \in \mathbb{N}$ gilt.◇

Definitionen 6 Seien K ein Körper, A eine assoziative unitäre K-Algebra und $a \in A$ algebraisch über K. a heißt halbeinfach, nilpotent, separabel, vollseparabel, diagonalisierbar bzw. zerfallend über K, falls $min_{a,K}$ halbeinfach, nilpotent, separabel, vollseparabel, diagonalisierbar bzw. zerfallend in $K[t]$ ist. Mit $H(A)$, $Nil(A)$, $Sep(A)$, $VSep(A)$, $D(A)$ bzw. $ZF(A)$ bezeichnen wir die Menge der halbeinfachen, nilpotenten, separablen, vollseparablen, diagonalisierbaren bzw. zerfallenden Elemente von A über K.
Ist K ein Körper und $f \in K[t], f \neq 0_K$, so seien $grad(f)$ der Grad des Polynoms f und (f) das Hauptideal $fK[t]$.◇

Bemerkung 26 (i) Seien K ein Körper und A eine assoziative unitäre K-Algebra. Dann enthält $Sep(A)$ jedes nilpotente Element von A. Offenbar ist der Schnitt von $VSep(A)$ mit der Menge der nilpotenten Elemente von A gleich $\{0_A\}$. Des Weiteren gelten $K1_A \subseteq D(A) \subseteq VSep(A) \subseteq H(A) \cap Sep(A)$ und $rad(A) \cup D(A) \subseteq ZF(A) \subseteq Sep(A)$.

(ii) Sei $(K; L)$ eine Körpererweiterung. Dann ist jedes Element der K-Algebra L genau dann separabel über K, wenn es vollseparabel über K ist. Es gilt also $Sep(L) = VSep(L)$.◇

Beispiel 11 Sei K ein Körper.

(i) Wir betrachten die K-Algebra $A := A(1_K, 0_K, K)$ in dem Fall $char(K) \neq 2$ (vgl. Abschnitt 22 von Kapitel 4). Es gilt $rad(A) = \langle j, k \rangle_K$. Wegen $i^2 = 1_A$ gilt $min_{i,K} = t^2 - 1_K = (t + 1_K)(t - 1_K)$. Also gilt $i \in VSep(A)$. Weiter gilt $(1_A + j)^{-1} = 1_A - j$. Also ist auch $i^{1_A + j} = i + 2_K k$ vollseparabel über K. Wäre $VSep(A)$ ein K-Raum, so wäre auch k

vollseparabel über K. Nach Teil (i) von Bemerkung 26 wäre somit $k = 0_A$, was ein Widerspruch ist.

(ii) Seien $char(K) = 2$ und $A := A(0_K, 0_K, K)$ (vgl. Abschnitt 20 in Kapitel 4). Es gilt $rad(A) = \langle i, j, k \rangle_K$. Sei $x \in A$, und seien $f_1, ..., f_4 \in K$ mit $x = f_1 1_A + f_2 i + f_3 j + f_4 k$. Dann gilt $x^2 = f_1{}^2 1_A$, also $(x + f_1 1_A)^2 = 0_A$. Dies zeigt $VSep(A) = K1_A$ und $A = Sep(A) = VSep(A) + rad(A)$.

(iii) Seien $char(K) = 2$, $a \in K \setminus K^2$ und $A := A(a, 0_K, K)$ (vgl. Beispiel 7 und Beispiel 23 in Kapitel 4). Es gilt $rad(A) = \langle j, k \rangle_K$. Sei $x \in A$, und seien $f_1, ..., f_4 \in K$ mit $x = f_1 1_A + f_2 i + f_3 j + f_4 k$. Dann gilt $x^2 = f_1{}^2 1_A + f_2{}^2 a$. Ist $f_2 = 0_K$, so ist x separabel über K. In diesem Fall ist x genau dann vollseparabel über K, wenn $x \in K1_A$ gilt. Ist $f_2 \neq 0_K$ und $x \notin K1_A$, so folgt $min_{x,K} = t^2 + f_1{}^2 + f_2{}^2 a \notin QA(K)[t]$. Offenbar ist also x nicht separabel über K. Dies zeigt nun $VSep(A) = K1_A$ und $Sep(A) = VSep(A) + rad(A)$.

(iv) Sei $char(K) = 2$, und es mögen $a, b \in K$ existieren, so daß $A := A(a, b, K)$ ein Körper ist (vgl. Beispiel 8 und Beispiel 23 in Kapitel 4). Sei $x \in A$. Dann gibt es ein $k \in K$ mit $x^2 = k1_A$. Ist $x \notin K1_A$, so gilt $min_{x,K} = t^2 - k$. In dem Körper A gilt $t^2 - k1_A = (t + a)^2$. Dies zeigt $Sep(A) = VSep(A) = K1_A.\diamond$

Lemma 6 *Seien K ein Körper und A eine assoziative unitäre K-Algebra.*

(i) Sei $f \in K[t]$. Genau dann ist f vollseparabel in $K[t]$, wenn $K[t]/(f)$ als K-Algebra separabel ist.

(ii) Sei $a \in A$. Genau dann gilt $a \in VSep(A)$, wenn $K[a]$ als K-Algebra separabel ist.

(iii) Ist A kommutativ und als K-Algebra separabel, so gilt $A = VSep(A)$.

Beweis. ad(i): Ist f vollseparabel in $K[t]$, so ist f nach Definition halbeinfach in $K[t]$. Ist umgekehrt die K-Algebra $K[t]/(f)$ separabel, so ist sie nach Teil (i) von Korollar 1 halbeinfach. Bekanntlich ist sie genau dann halbeinfach, wenn f halbeinfach in $K[t]$ ist. Es kann also vorausgesetzt werden, daß f halbeinfach in $K[t]$ ist. Seien also $n \in \mathbb{N}$ und $f_1, ..., f_n$ paarweise verschiedene in $K[t]$ irreduzible Polynome mit $f = \prod\limits_{i=1}^{n} f_i$. Nach dem Chinesischen Restsatz gilt $K[t]/(f) \cong_{\mathcal{A}_1} \bigoplus\limits_{i=1}^{n} K[t]/(f_i)$. Wegen Teil (ii) von Proposition 1 ist $\bigoplus\limits_{i=1}^{n} K[t]/(f_i)$ genau dann separabel, wenn für alle

$i \in \underline{n}, K[t]/(f_i)$ separabel ist. Mit Teil (iii) von Korollar 1 folgt nun (i).

ad(ii): Ist a algebraisch über K, so gilt $K[a] \cong_{\mathcal{A}_1} K[t]/(min_{a,K})$. Die Behauptung folgt damit aus (i), wenn wir bedenken, daß nach Teil (i) von Korollar 1 jede separable K-Algebra endlich-dimensional, also algebraisch ist.

ad(iii): Sei $a \in A$. Nach Teil (ii) von Bemerkung 17 ist $K[a]$ eine separable Teilalgebra von A. Mit (ii) folgt nun (iii).◇

In dem folgenden Satz nutzen wir eine weitere Eigenschaft separabler Algebren aus, nämlich dass das Tensorprodukt zweier separabler Algebren wieder eine separable Algebra ist. Diese Erkenntnis wird auch in diversen anderen Beweisen dieses Kapitels verwendet (für einen Beweis dieser Aussage verweisen wir den Leser z.B. auf Corollary in Kapitel 10.5 in [16]).

Satz 29 *(Die Teilalgebra der vollseparablen Elemente) Seien K ein Körper und A eine kommutative assoziative unitäre K-Algebra. Dann ist $V Sep(A)$ eine K-Teilalgebra von A.*

Beweis. Sicherlich gilt $\{1_K, 0_K\} \subseteq V Sep(A)$. Seien $a, b \in V Sep(A)$. Wegen Teil (iii) von Lemma 6 muß nur eingesehen werden, daß die K-Algebra $K[a, b]$ separabel ist. Offenbar sind $K[a]$ und $K[b]$ elementweise vertauschbare Teilalgebren von $K[a, b]$ mit $\langle K[a]K[b] \rangle_K = K[a, b]$. Also ist $K[a, b]$ ein homomorphes Bild von $K[a] \otimes_K K[b]$. Nach Teil (ii) von Lemma 6 sind $K[a]$ und $K[b]$ separabel. Aus dem Corollary in Kapitel 10.5 in [16] folgt, daß auch $K[a] \otimes_K K[b]$ separabel ist. Mit Teil (i) von Proposition 1 ergibt sich die Behauptung.◇

5.3 Die Wedderburn-Malcev-Situation

Satz 30 *(Separabilität und Vollseparabilität in kommutativen Algebren) Seien K ein Körper und A eine endlich-dimensionale assoziative kommutative unitäre K-Algebra. Es gelten:*

(i) $Sep(A) = V Sep(A) \oplus_K rad(A)$.
    Insbesondere ist $Sep(A)$ eine Teilalgebra von A.

(ii) $V Sep(A)$ ist eine separable K-Algebra.

(iii) $V Sep(A)$ ist das einzige Algebrenkomplement von $rad(Sep(A)) = rad(A)$ in $Sep(A)$. Insbesondere ist $Sep(A)/rad(A)$ separabel.

(iv) A ist genau dann separabel, wenn $A = V Sep(A)$ gilt.

(v) Es sind äquivalent:

(a) $A/rad(A)$ ist separabel.

(b) $A = Sep(A)$

(c) $VSep(A)$ ist ein Algebrenkomplement von $rad(A)$ in A.

(d) $VSep(A)$ ist das einzige Algebrenkomplement von $rad(A)$ in A.

Beweis. ad(i): Nach Bemerkung 26 gilt $rad(A) \cup VSep(A) \subseteq Sep(A)$ und $rad(A) \cap VSep(A) = \{0_A\}$. Weiterhin ist nach Satz 29 $VSep(A)$ eine Teilalgebra von A. Somit ist die Folgerung klar.

Es ist also nur noch zu zeigen, daß $rad(A) + VSep(A) \subseteq Sep(A)$ und $Sep(A) \subseteq rad(A) + VSep(A)$ gelten. Dazu beginnen wir mit der zweiten Inklusion.

Sei $a \in Sep(A)$. Da $min_{a,K}$ separabel in $K[t]$ ist, ist nach Teil (i) von Lemma 6 $K[a]/rad(K[a])$ separabel. Nach Satz 8 besitzt $rad(K[a])$ ein Algebrenkomplement X in $K[a]$. Aus Teil (iii) von Lemma 6 folgt $X \subseteq VSep(A)$. Wegen $rad(K[a]) = rad(A) \cap K[a]$ ist die betrachtete Inklusion wahr.

Seien $r \in rad(A)$ und $v \in VSep(A)$. Offenbar ist $B := K[r + v]$ eine Teilalgebra von $T := rad(A) \oplus_K K[v]$. Da v vollseparabel über K ist, ist nach Teil (ii) von Lemma 6 $K[v]$ eine separable K-Algebra, die nach Teil (vi) von 11 das einzige Algebrenkomplement von $rad(A)$ in T ist. Aus den Sätzen 20 und 21 folgt, daß $K[v] \cap B$ ein Algebrenkomplement von $rad(B) = rad(T) \cap B$ in B ist. Nach Teil (ii) von Bemerkung 17 ist $K[v] \cap B$ separabel, und es gilt $K[v] \cap B \cong_{A_1} K[t]/(halb(min_{r+v,K}))$. Mit Teil (i) von Lemma 6 folgt nun (i).

ad(ii): Seien $n \in \mathbb{N}$ und $B := \{b_1, ..., b_n\}$ eine K-Basis von $VSep(A)$. Dann gilt nach Satz 29 $VSep(A) = \langle B \rangle_K = K[B]$. Offenbar sind $K[b_i]$ $(i \in \underline{n})$ elementweise vertauschbare Teilalgbren von $VSep(A)$ mit $VSep(A) = \langle \prod_{i=1}^{n} K[b_i] \rangle_K$. Folglich ist $VSep(A)$ ein homomorphes Bild der K-Algebra $\bigotimes_{i=1}^{n} K[b_i]$. Nach Teil (ii) von Lemma 6 ist für jedes $i \in \underline{n}$ $K[b_i]$ eine separable K-Algebra. Also ist nach Corollary in Kapitel 10.5 von [16] auch $\bigotimes_{i=1}^{n} K[b_i]$ separabel. Somit ist nach Teil (i) von Proposition 1 auch $VSep(A)$ separabel.

ad(iii): Offenbar gilt nach (i) $rad(Sep(A)) = rad(A)$. Mit (i) und (ii) folgt, daß $Sep(A)/rad(A)$ separabel ist. Aus (i) und Teil (vi) von Korollar 11 folgt nun (iii).

ad(iv): Ist $A = VSep(A)$, so ist A nach (ii) separabel. Sei nun A separabel. Nach Teil (iii) von Lemma 6 ist dann jedes Element von A vollseparabel über K.

ad(v): $(a) \Rightarrow (d)$: Sei $A/rad(A)$ separabel. Nach Korollar 11 besitzt $rad(A)$ genau ein Algebrenkomplement T in A. Da T separabel ist, folgt aus Teil (iii) von Lemma 6 $T \subseteq VSep(T) \subseteq VSep(A)$. Nach (i) gilt $VSep(A) \cap rad(A) = \{0_A\}$. Mit der Dedekind-Identität folgt nun, daß $VSep(A) = T$ gilt.

$(d) \Rightarrow (c)$: Dies ist trivial.

$(c) \Rightarrow (b)$: Dies folgt aus (i).

$(b) \Rightarrow (a)$: Dies folgt aus (ii).◇

Folgerung 6 *(Kennzeichnung separabler Elemente) Seien K ein Körper, A eine assoziative unitäre K-Algebra und $a \in A$ algebraisch über K. Es sind äquivalent:*

(i) a ist separabel über K.

(ii) $K[a]/rad(K[a])$ ist separabel.

(iii) $Sep(K[a]) = K[a] = rad(K[a]) \oplus_K VSep(K[a])$

Beweis. Die Aussagen (ii) und (iii) sind wegen der Teile (i) und (iv) von Satz 30 äquivalent. Die Implikation von (iii) nach (i) ist trivial. Es gelte (i). Da $Sep(K[a])$ nach Teil (i) von Satz 30 eine Teilalgebra von $K[a]$ ist, folgt $Sep(K[a]) = K[a]$. Der Rest ergibt sich nun mit Teil (i) von Satz 30.◇

Folgerung 7 *(Eigenschaften der Teilalgebren $Sep(A)$ und $VSep(A)$) Seien K ein Körper und A eine assoziative kommutative endlich-dimensionale unitäre K-Algebra. Es gelten:*

(i) $VSep(A)$ ist die größte halbeinfache und die größte separable Teilalgebra von $Sep(A)$.

(ii) $VSep(A)$ ist die größte separable Teilalgebra von A.

(iii) $Sep(A)$ ist die größte unitäre Teilalgebra mit separabler Radikalfaktorstruktur von A.

Beweis. ad(i) und (ii): Nach Satz 30 ist $VSep(A)$ eine separable K-Algebra. Insbesondere ist $VSep(A)$ nach Teil (i) von Korollar 1 halbeinfach. Aus Teil (ii) von Satz 20 und den Teilen (i) und (ii) von Satz 30 folgt, daß jede halbeinfache Teilalgebra von $Sep(A)$ separabel ist. Sei T eine separable Teilalgebra von A. Mit Teil (iv) von Satz 30 folgt dann $T = VSep(T) \subseteq VSep(A)$.

ad(iii): Aus den Teilen (i) und (ii) von Satz 30 folgt, daß $Sep(A)$ die gewünschte Eigenschaft besitzt. Sei nun T eine unitäre Teilalgebra von A, die eine separable Radikalfaktorstruktur besitzt. Mit Teil (iv) von Satz 30 folgt dann $T = Sep(T) \subseteq Sep(A)$.$\diamond$

In dem folgenden Beispiel berechnen wir ein Radikalkomplement in einem linear algebraischen Kontext.

Beispiel 12 Seien $K := \mathbb{R}$, $a \in End_K(K^4)$ mit $min_{a,K} = (t^2+1)^2$ und $A := K[a]$. Es ist K ein perfekter Körper und A eine assoziative unitäre K-Algebra mit $dim_K(A) = grad(min_{a,K}) = 4$. Mit dem Chinesischen Restsatz folgt $rad(A) = (t^2 + 1)/((t^2 + 1)^2)$ und $A/rad(A) \cong_{A_1} \mathbb{C}$. Insbesondere ist nach Satz 30 $VSep(A)$ das einzige Radikalkomplement von A. Da $VSep(A)$ zweidimensional ist, benötigen wir zwei linear unabhängige, über K vollseparable Elemente von A. Jedenfalls gilt $1_A \in VSep(A)$. Wir überzeugen uns leicht davon, daß $min_{a^2,K} = t^2+2t+2$ gilt. Da dieses Polynom über dem perfekten Körper irreduzibel ist, ergibt sich $VSep(A) = \langle 1_A, a^2 \rangle_K$.$\diamond$

Eine interessante Frage ist, wann $VSep(A)$ ein Radikalkomplement ist. Diese Frage beantworten wir am Ende dieser Arbeit, da dafür noch ein wenig Vorarbeit zu leisten ist. Dort werden wir auch die Radikalkomplemente von auflösbaren assoziativen Algebren mit der Menge $VSep(A)$ in Beziehung setzen.

5.4 Eine allgemeine Jordan-Zerlegung

5.4.1 Die Konstruktion der Zerlegung

In der kommutativen Situation wurde das Algebrenkomplement des Radikals mit der Menge der vollseparablen Elemente beschrieben. In diesem Abschnitt werden wir einsehen, daß ein Element, für das sein Minimalpolynom bekannt ist, als Summe aus einem nilpotenten Element und einem Element des Radikalkomplementes dargestellt werden kann, und zwar auf eine konstruktive Art und Weise.

Wir beginnen unsere Analyse mit dem Falle endlich-dimensionaler assoziativer unitärer lokaler Algebren. Diese zeichnen sich dadurch aus, dass sie modulo dem Radikal zu einem Schiefkörper – im kommutativen Fall sogar zu einem Körper – isomorph sind.

Proposition 11 *(Die lokale Situation) Seien K ein Körper, $n \in \mathbb{N}$, $f \in K[t]$ irreduzibel und separabel in $K[t]$ und $A := K[t]/(f^n)$.*
Es gilt $rad(A) = (f)/(f^n)$, und $A/rad(A)$ ist zu dem Körper $K[t]/(f)$ A_1-isomorph. A ist also eine lokale K-Algebra. Aus Teil (i) von Lemma 6 folgt, daß $A/rad(A)$ separabel ist. Mit Satz 30 ergibt sich $A = Sep(A) =$

$rad(A) \oplus_K VSep(A)$, und $VSep(A)$ ist das einzige Algebrenkomplement von $rad(A)$ in A.

Wir beschreiben $VSep(A)$ auf drei Weisen, wobei die dritte die für die Beantwortung der gestellten Zerlegungsfrage die wichtigste Beschreibung ist. Es gelten:

(i) Es gibt ein $g \in K[t]$ mit $f^n \mid f(g)$ und $VSep(A) = K[g + (f^n)]$.

(ii) $VSep(A) = E(A) \dot{\cup} \{0_A\}$

(iii) $VSep(A) = \{R \mid \exists s \in K[t] : R = s + (f^n) \wedge (s = 0_K \vee grad(s) < grad(f))\}$

(iv) Sei $g \in K[t]$. Ist $(r; s) \in K[t] \times K[t]$ das Paar mit $g = rf + s$ und $s = 0_K$ oder $grad(s) < grad(f)$, so gelten $g + (f^n) = rf + (f^n) + s + (f^n)$, $rf + (f^n) \in rad(A)$ und $s + (f^n) \in VSep(A)$.

Beweis. ad(i): Wegen der Kronecker-Konstruktion[1] hat f eine Nullstelle $g + (f^n)$ in $VSep(A)$. Da $g + (f^n)$ eine Nullstelle von f in $VSep(A)$ ist,

---

[1]Leopold Kronecker (geboren am 7. Dezember 1823 in Liegnitz, gestorben 29. Dezember 1891 in Berlin) war ein deutscher Mathematiker. Leopold Kronecker entstammt einer gebildeten und wohlhabenden jüdischen Kaufmannsfamilie. Der Physiologe Hugo Kronecker (1839 bis 1914) war sein Bruder. Er genoss eine vorzügliche schulische Bildung, zunächst durch Privatlehrer, anschließend am Liegnitzer Gymnasium unter anderem durch seinen Mathematiklehrer, den späteren Universitätsprofessor Ernst Eduard Kummer. 1841 begann er das Studium der Philosophie an der Universität Berlin und besuchte während Vorlesungen in Mathematik, Naturwissenschaften, Philosophie und klassischer Philologie. Nach kurzen Abstechern an die Universitäten von Bonn und Breslau kehrte er 1844 nach Berlin zurück, wo er 1845 mit seiner Arbeit 'De Unitatibus Complexis' ('Über komplexe Einheiten') zum Doktor der Philosophie promoviert wurde. Er wurde 1843 Mitglied der Burschenschaft Fridericia Bonn. Danach verließ er die Universität und betätigte sich einige Jahre sehr erfolgreich als Geschäftsmann. 1855 war er wirtschaftlich unabhängig und kehrte als Privatgelehrter an die Universität Berlin zurück. Zu seinen Schülern zählte unter anderem Georg Cantor. 1861 wurde Kronecker ordentliches Mitglied der Berliner Akademie der Wissenschaften. Einen Ruf auf eine Professur in Göttingen lehnte er 1868 ab. Er blieb in Berlin und folgte dort 1883 seinem ehemaligen Lehrer Kummer auf dessen Lehrstuhl nach. Unter Mitwirkung von Weierstraß, Helmholtz, Schroeter und Fuchs gab er das von Crelle begründete Journal für Mathematik heraus. Im Jahr 1884 wurde er zum Mitglied der Leopoldina gewählt. Leopold Kronecker starb am 29. Dezember 1891 an den Folgen einer Bronchitis. Sein Grab befindet sich auf dem evangelischen Alten St.-Matthäus-Kirchhof in Tempelhof-Schöneberg. Seine Forschungen lieferten grundlegende Beiträge zur Algebra und Zahlentheorie, aber auch zur Analysis und Funktionentheorie. Im Laufe der Zeit wurde er Anhänger des Finitismus, ließ nur mathematische Gegenstände gelten, deren Existenz durch explizite Konstruktionen gesichert werden konnte, und versuchte die Mathematik allein auf Grundlage der natürlichen Zahlen zu definieren. Dadurch geriet er in Konflikt mit vielen bedeutenden Mathematikern seiner Zeit; insbesondere griff er Georg Cantor und dessen Mengenlehre öffentlich und scharf an, wobei er diese in weiten Strecken sehr unkonstruktiv untersucht. Kronecker war überzeugt, dass mit der Mengenlehre für die konkrete Analysis nichts zu gewinnen sei. Bekannt wurde auch sein Ausspruch: Die ganzen Zahlen hat der liebe Gott gemacht, alles andere ist Menschenwerk. Kroneckers Finitismus machte ihn zu einem Vorläufer des mathematischen Konstruktivismus. Nach David Hilbert hat Kronecker die Zahlentheoretiker mit den Lotophagen verglichen, 'die,

folgt $f^n \mid f(g)$. Aus der Irreduzibilität von f in $K[t]$ folgt nun (i).

ad(ii): Dies folgt aus der Lokalität von A.

ad(iii): Sei $g \in K[t]$, und es gelte $g = 0_K$ oder $grad(g) < grad(f)$. Ist $g + (f^n) \notin VSep(A)$, so folgt aus der Lokalität von A, daß $g + (f^n) \in rad(A) = (f)/(f^n)$ gilt. Daraus folgt $f \mid g$, was ein Widerspruch zur Gradbedingung ist.
Sei $s + (f^n) \in VSep(A)$. Seien $u, r \in K[t]$ mit $s = uf + r$ und $r = 0_K$ oder $grad(r) < grad(f)$. Wie eben gezeigt, gilt $r + (f^n) \in VSep(A)$. Dies zeigt $uf + (f^n) = 0_A$, also $s + (f^n) = r + (f^n)$.

ad(iv): Dies folgt aus (iii).$\diamond$

Nun kann die angesprochene Zerlegung konstruiert werden. Um die Konstruktion zu veranschaulichen, sind noch zwei Bezeichnungen notwendig.

Definition 8 *(nilpotenter und vollseparabler Anteil)* (i) Seien K ein Körper und A eine assoziative K-Algebra.
Nach Folgerung 6 gibt es zu jedem $a \in Sep(A)$ genau ein Paar $(a_{nil}; a_{vsep}) \in rad(K[a]) \times VSep(K[a])$ mit $a = a_{nil} + a_{vsep}$.
Es sei

$$Z_A : Sep(A) \longrightarrow A \times A, a \longmapsto (a_{nil}; a_{vsep}).$$

(ii) Seien $n \in \mathbb{N}$ und $A_1, ..., A_n$ assoziative K-Algebren.
Es sei

$$S(A_i, n) : \bigoplus_{i=1}^{n} (A_i \times A_i) \longrightarrow \bigoplus_{i=1}^{n} A_i \times \bigoplus_{i=1}^{n} A_i$$
$$((a_1; b_1), ..., (a_n; b_n)) \longmapsto ((a_1, ..., a_n); (b_1, ..., b_n)).\diamond$$

Satz 31 *(Die Konstruktion des nilpotenten und vollseparablen Anteils)* Seien K ein Körper, A eine assoziative unitäre K-Algebra und $a \in Sep(A)$.
Dann ist die K-Algebra $K[a]$ endlich-dimensional, assoziativ und unitär.
Nach Folgerung 6 gibt es genau ein Paar $(r; v) \in rad(K[a]) \times VSep(K[a])$ mit $a = r + v$. Wir werden nun dieses Paar konstruieren.
Seien dazu $f_1{}^{k_1} \cdots f_n{}^{k_n}$ die Primfaktorzerlegung von $min_{a,K}$ in $K[t]$, für alle $i \in \underline{n}$ $B_i := K[t]/(f_i^{k_i})$, $B := \bigoplus_{i=1}^{n} B_i$ und $C := K[t]/(min_{a,K})$.
Des Weiteren seien F_a der bekannte Einsetzungs-$\mathcal{A}_1$-Isomorphismus von

---

wenn sie einmal von dieser Kost etwas zu sich genommen haben, nie mehr davon lassen können'. Nach ihm benannt sind: der Satz von Kronecker-Weber, das Kronecker-Delta, das Kroneckersche Lemma, das Kronecker-Symbol, das Kronecker-Produkt und die Kronecker-Konstruktion.

$K[a]$ auf C und χ der im Chinesischen Restsatz benutzte $\mathcal{A}_1$-Isomorphismus von C auf B.

Für das Vorgehen mag das folgende Schaubild hilfreich sein:

$$
\begin{array}{ccc}
K[a] & \xrightarrow{\;F_a\chi\;} & B \\[4pt]
\uparrow{\scriptstyle +_C F_a{}^{-1}} & & \downarrow{\scriptstyle (Z_{B_1},\ldots,Z_{B_n})} \\[4pt]
C \times C & \xleftarrow{\;S(B_i,n)\,(\chi^{-1},\chi^{-1})\;} & \bigoplus\limits_{i=1}^{n} B_i \times B_i
\end{array}
$$

Es gilt $a F_a \chi = (t + (f_1{}^{k_1}), \cdots, t + (f_n{}^{k_n}))$. Die lokale Situation 11 zeigt, wie man für alle $i \in \underline{n}$, $t + (f_i{}^{k_i})$ zerlegt. Seien also für alle $i \in \underline{n}$, $r_i, s_i \in K[t]$ so gewählt, daß $t + (f_i{}^{k_i}) = (r_i + (f_i{}^{k_i})) + (s_i + (f_i{}^{k_i}))$, $r_i + (f_i{}^{k_i}) \in rad(B_i)$ und $s_i + (f_i{}^{k_i}) \in VSep(B_i)$ gelten. Dann gilt $a = (r_1 + (f_1{}^{k_1}), \cdots, r_n + (f_n{}^{k_n}))\chi^{-1}F_a{}^{-1} + (s_1 + (f_1{}^{k_1}), \cdots, s_n + (f_n{}^{k_n}))\chi^{-1}F_a{}^{-1}$. Dabei ist der erste Summand nilpotent, der zweite vollseparabel in $K[a]$. Wir werden später ein Beispiel hierzu betrachten.$\diamond$

Definition 9 *(allgemeine Jordan-Zerlegung)* Seien K ein Körper, A eine unitäre K-Algebra und $a \in A$. Ein Paar $(r; s) \in A \times A$ heißt eine allgemeine Jordan-Zerlegung von a in A, falls $a = r + s$, $rs = sr$, r nilpotent und $s \in VSep(A)$ gelten.

Ist $a \in Sep(A)$, so zeigt die Konstruktion in Satz 31, wie für a eine allgemeine Jordan-Zerlegung konstruiert werden kann.

An dieser Stelle sei angemerkt, daß in [21], Kapitel 1.4 eine Jordan-Zerlegung für lineare Abbildungen, deren Minimalpolynom separabel ist, definiert wird. Die dort definierte Jordan-Zerlegung ist für die Theorie der Lie-Algebren von Bedeutung.$\diamond$

Bemerkung 27 *(Anmerkung zu auflösbaren Algebren)* Seien K ein Körper, A eine endlich-dimensionale assoziative unitäre K-Algebra und $A/rad(A)$ separabel.

(i) Ist A kommutativ, so gilt nach Satz 30 $A = Sep(A) = VSep(A) \oplus_K rad(A)$. Mit Satz 31 kann a auf genau eine Weise als Summe aus einem Radikalelement von A und einem über K vollseparablen Element von A dargestellt werden.

(ii) Ist a separabel, so besitzt a eine allgemeine Jordan-Zerlegung. Allerdings stimmt diese Zerlegung i.A. nicht mehr der, die man aus der Zerlegung von A als direkte K-Raumsumme aus $rad(A)$ und einem Algebrenkomplement des Radikals erhält, überein. Unter der zusätzlichen Voraussetzung, daß A auflösbar ist, gilt nach Satz 20 $rad(K[a]) = rad(A) \cap K[a]$. Des Weiteren gibt es nach Satz 20 ein Algebrenkomplement T von $rad(A)$ in A so, daß $T \cap K[a]$ ein Algebrenkomplement von $rad(K[a])$ in $K[a]$. Mit dem Radikalkomplement T stimmen beide Zerlegungen überein, so daß wir bei auflösbaren Algebren die Zerlegungsfrage als geklärt ansehen. Wie bei nicht-auflösbaren Algebren zu verfahren ist, ist leider nicht bekannt. In den Übungsaufgaben möge der Leser diesen Ansatz auf reduzierte Algebren erweitern, zu denen auch die auflösbaren Algebren gehören.

(iii) Zu (ii) betrachten wir ein Beispiel. Seien $K := GF(3)$, $A := \Delta_{u,3}$ und

$$a := \begin{pmatrix} 2_K & 0_K & 0_K \\ 1_K & 1_K & 0_K \\ 2_K & 1_K & 2_K \end{pmatrix} \text{ (vgl. Abschnitt 1.3.2). Offenbar gilt in } A:$$

$$a = \begin{pmatrix} 0_K & 0_K & 0_K \\ 1_K & 0_K & 0_K \\ 2_K & 1_K & 0_K \end{pmatrix} + \begin{pmatrix} 2_K & 0_K & 0_K \\ 0_K & 1_K & 0_K \\ 0_K & 0_K & 2_K \end{pmatrix}. \text{ Dabei ist der erste Summand}$$

in $rad(A)$ und der zweite Summand in $D(3, K)$ enthalten. Andererseits gilt $min_{a,K} = (t + 1_K)(t - 1_K)$, d.h. $a \in VSep(A)$. Daran erkennt man die unterschiedlichen Zerlegungen. Allerdings ist die Algebra A auflösbar. Da a vollseparabel ist, ist $K[a]$ separabel (vgl. Folgerung 6). Nach Teil (i) von Satz 3 und Bemerkung 9 gibt es ein $r \in rad(A)$ mit $K[a]^{1_A + r} \subseteq D(3, K)$, also $K[a] \subseteq D(3, K)^{(1_A + r)^{-1}}$. Mit diesem Algebrenkomplement des Radikals von A stimmen die Zerlegungen wieder überein. In diesem Fall können die zugehörigen Konjugatoren z.B. mit dem Rekursionsverfahren 1 berechnet werden. Damit ermittelt man, daß die gesuchten Matrizen die Form

$$\begin{pmatrix} 1_K & 0_K & 0_K \\ 1_K & 1_K & 0_K \\ b & 2_K & 1_K \end{pmatrix} \text{ mit beliebigen } b \in K \text{ haben.} \diamond$$

5.4.2 Eigenschaften der Zerlegung

Für den folgenden Satz, in dem einige Eigenschaften der allgemeinen Jordan-Zerlegung zusammengefaßt werden, ist die nächste Bemerkung hilfreich. In Teil (iii),(d) des Satzes wird die Beziehung zur bekannten Jordan-Zerlegung für Zerfallsendomorphismen geklärt.

Bemerkung 28 Seien K ein Körper, $f, g \in K[t]$, V ein endlich-dimensionaler K-Vektorraum und $\alpha \in End_K(V)$. Es gelte $\alpha = f(\alpha) + g(\alpha)$, und $f(\alpha)$ sei nilpotent. Dann gilt für jeden Eigenwert k von α die Beziehung $k = g(k)$.

Beweis: Sei k ein Eigenwert von α mit Eigenvektor v. Dann ist $f(k)$ bzw. $g(k)$ ein Eigenwert von $f(\alpha)$ bzw. von $g(\alpha)$ mit Eigenvektor v. Wegen der Nilpotenz von $f(\alpha)$ folgt $f(k) = 0_K$. Daraus folgt $kv = v\alpha = vf(\alpha) + vg(\alpha) = g(k)v$. Wegen $v \neq 0_V$ ergibt sich die Behauptung.$\diamond$

Satz 32 *(Eigenschaften der allgemeinen Jordan-Zerlegung) Seien K ein Körper, A eine assoziative unitäre K-Algebra und $a \in A$. Es gelten:*

(i) *Es sind äquivalent:*

   (a) $a \in Sep(A)$

   (b) *a besitzt eine allgemeine Jordan-Zerlegung in $K[a]$.*

   (c) *a besitzt eine allgemeine Jordan-Zerlegung in A.*

(ii) *a besitzt höchstens eine allgemeine Jordan-Zerlegung in A.*

(iii) *Seien $(r;s)$ eine allgemeine Jordan-Zerlegung von a in A, $f, g \in K[t]$ mit $r = f(a)$ und $s = g(a)$. Es gelten:*

   (a) $min_{s,K} = halb(min_{a,K})$

   (b) $cl(r) = max(min_{a,K})$

   (c) *Seien $p, q \in K[t]$. Genau dann ist $(p(a); q(a))$ eine allgemeine Jordan-Zerlegung von a in A, wenn $p \in f + (min_{a,K})$ und $q \in g + (min_{a,K})$ gelten.*

   (d) *Genau dann gilt $a \in ZF(A)$, wenn $r \in D(A)$ gilt.*
   (Zusammenhang zur bekannten Jordan-Zerlegung für Zerfallsendomorphismen)

Beweis. ad(i): Die Implikation von (a) nach (b) ist in Satz 31 enthalten. Des Weiteren ist die Richtung von (b) nach (c) trivial. Sei $(r;s)$ eine allgemeine Jordan-Zerlegung von a in A. Wir definieren $T := K[r,s]$. Wegen $rs = sr$ ist T eine kommutative assoziative unitäre K-Algebra. Da r, s algebraisch über K sind, sind die K-Algebren $K[r]$ und $K[s]$ endlich-dimensional und elementweise vertauschbar. Damit ist auch T als homomorphes Bild von $K[r] \otimes_K K[s]$ endlich-dimensional. Offenbar gelten $r \in rad(T)$ und $s \in VSep(T)$. Aus Teil (i) von Satz 30 folgt nun $a = r + s \in Sep(T) \subseteq Sep(A)$.

ad(ii): Seien $(r_1; s_1), (r_2; s_2)$ allgemeine Jordan-Zerlegungen von a in A. Nach (i) besitzt dann a auch eine allgemeine Jordan-Zerlegung $(r;s)$ in $K[a]$. Also gibt es $f, g \in K[t]$ mit $r = f(a)$ und $s = g(a)$. Wir definieren $T := K[a, r_1]$. Da a, r_1 algebraisch über K sind, ist T als homomorphes Bild der K-Algebra $K[a] \otimes_K K[r_1]$ endlich-dimensional. Mit Teil (i) von Satz 30 folgt nun $Sep(T) = VSep(T) \oplus_K rad(T)$. Daraus folgt (ii).

ad(iii), (a): Seien $g_1 \cdots g_l$ bzw. $f_1{}^{t_1}, \cdots f_m{}^{t_m}$ die Primfaktorzerlegungen von $min_{s,K}$ bzw. von $min_{a,K}$ in $K[t]$.

(1) Wir zeigen zunächst, daß $grad(halb(min_{a,K})) = grad(min_{s,K})$

gilt.

Sei $T := K[a]$. Dann gelten $\langle r \rangle_{\mathcal{A}} \subseteq rad(T)$, $K[s] \subseteq VSep(T)$ (vgl. Satz 29) und $T = K[s] \oplus_K \langle r \rangle_{\mathcal{A}}$. Andererseits ist a nach (i) separabel über K. Mit Teil (i) von Satz 30 ergibt sich $T = Sep(T) = rad(T) \oplus_K VSep(T)$. Aus Dimensionsgründen folgt nun $VSep(T) = K[s]$ und $rad(T) = \langle r \rangle_{\mathcal{A}}$. Der Chinesische Restsatz ergibt $T/rad(T) \cong_{\mathcal{A}_1} \bigoplus_{i=1}^{m} K[t]/(f_i)$ und $K[s] \cong_{\mathcal{A}_1} \bigoplus_{i=1}^{l} K[t]/(g_i)$. Wegen $T/rad(T) \cong_{\mathcal{A}_1} K[s]$ folgt nun mit dem Hauptsatz von Wedderburn-Artin über die Struktur assoziativer Algebren die Gradgleichheit der beiden Polynome.

Da beide Polynome normiert sind, reicht es aus zu zeigen, daß $halb(min_{a,K}) \mid min_{s,K}$ gilt. Dies zeigen wir in (2).

(2) Seien L ein Zerfällungskörper von $min_{a,K}$ über K und $B := K[a] \otimes_K L$. Dann ist B ein endlich-dimensionaler L-Vektorraum. Sei im Folgenden ρ die rechtsreguläre Darstellung von $K[a]$. Es gilt $a\rho \otimes id_L = f(a\rho \otimes id_L) + g(a\rho \otimes id_L)$. Nach 65.5 von [18] ist der erste Summand nilpotent, und nach Wahl von L zerfällt $min_{a\rho \otimes id_L, L}$ über L. Sei l ein Eigenwert von $a\rho \otimes id_L$ in L. Dann folgt mit Bemerkung 28 $g(l) = l$. Da a separabel über K ist, folgt nun $halb(min_{a\rho \otimes id_L, L}) \mid_L min_{g(a\rho \otimes id_L), L} = min_{s\rho \otimes id_L, L}$ Mit 65.5 von [18] (Minimalpolynome bei Grundringerweiterungen bleiben erhalten) ergibt sich $halb(min_{a\rho, K}) \mid_L min_{s\rho, K}$, also $halb(min_{a,K}) \mid_L min_{s,K}$. Da beide Polynome in $K[t]$ enthalten sind, folgt nun (a).

ad(b): Sei $f_1^{t_1} \cdots f_m^{t_m}$ die Primfaktorzerlegung von $min_{a,K}$ über K. Wie im Beweis von (a) gelten $Sep(K[a]) = K[a]$, $rad(K[a] = \langle r \rangle_{\mathcal{A}}$ und $VSep(K[a]) = K[s]$. Sei $T := K[t]/(min_{a,K})$. Dann gilt $K[a] \cong_{\mathcal{A}_1} T$ und $rad(T) = (f_1 \cdots f_m)/(min_{a,K})$. Insbesondere gilt $cl(rad(T)) = cl(rad(K[a]))$. Sei $c := max\{r_1, \cdots, r_m\}$.

Wir zeigen zunächst $cl(rad(T)) = c$. Wegen $min_{a,K} \mid (f_1 \cdots f_m)^c$ gilt $cl(rad(T)) \leq c$. Angenommen, es gelte $cl(rad(T)) \leq c-1$. Sei o.B.d.A. $cl(rad(T)) \leq r_1 - 1$. Aus $min_{a,K} \mid (f_1 \cdots f_m)^c$ würde sich dann ein Widerspruch zu der Primfaktorzerlegung von $min_{a,K}$ über K ergeben.

Nun zeigen wir $cl(r) = cl(rad(K[a]))$. Wegen $r \in rad(K[a]))$ gilt $cl(rad(K[a])) \leq cl(r)$. Weiter gilt $rad(K[a]) = \langle r \rangle_{\mathcal{A}} = \{h(r) \mid h \in tK[t]\}$. Daraus folgt leicht die andere Ungleichung. Somit gilt (b).

ad(c): Sei $(p(a); q(a))$ eine weitere allgemeine Jordan-Zerlegung von a in A. Aus (ii) folgt $f(a) = p(a)$ und $g(a) = q(a)$, also $(f-p)(a) = 0_A = (g-q)(a)$. Daraus ergibt sich $p \in f + (min_{a,K})$ und $q \in g + (min_{a,K})$. Gilt andererseits $p \in f + (min_{a,K})$ und $q \in g + (min_{a,K})$, so gilt $p(a) = f(a)$ und $q(a) = g(a)$.

ad(d): Sei $a \in ZF(A) \subseteq Sep(A)$. Also besitzt a nach (i) eine allgemeine Jordan-Zerlegung $(r; s)$ in A. Aus (iii), (a) ergibt sich $s \in D(A)$. Ist umgekehrt $s \in D(A)$, so folgt aus den Teilen (a) und (b) aus (iii) $min_{a,K} \mid min_{s,K}^{cl(r)}$. Also ist a zerfallend.$\diamond$

Bevor wir nun ein Beispiel zur allgemeinen Jordan-Zerlegung betrachten, sind noch ein paar Worte zu Teil (iii) von Satz 32 angebracht. Dieser Teil ist hilfreich, um Minimalpolynome zu berechnen. Das faßt die nächste Folgerung zusammen. In Teil (iv) des Beweises von Satz 32 wurde diese Methode schon einmal benutzt.

Folgerung 8 *(Minimalpolynome) Seien K ein Körper, A eine assoziative unitäre K-Algebra, $a \in V Sep(A)$ und $r \in Nil(A)$. Gilt $ar = ra$, so gelten $a + r \in Sep(A)$ und $min_{a,K} \mid min_{a+r,K} \mid min_{a,K}^{cl(r)}$.*

Beweis. Nach Definition ist $(r; a)$ eine allgemeine Jordan-Zerlegung von $r + a$ in A. Aus den Teilen (i) und (iii) von Satz 32 folgt die Behauptung.$\diamond$

Das nächste Beispiel illustriert diese Folgerung.

Beispiel 13 (i) Seien $K := GF(2)(t)$ und $A := A(t, 0_K, K)$ (vgl. Abspiel 7). Dann ist i ein nilpotentes Element der Klasse 2. Somit gilt nach Folgerung 8 $min_{i+1_A,K} \mid (t - 1_K)^2$. Da i nicht in $K1_A$ enthalten ist, folgt $min_{i+1_A,K} = (t - 1_K)^2$.

(ii) Seien $K := \mathbb{Q}$, $A := End_K(K^3)$, B die Standardbasis des K^3 und $\gamma \in A$ gegeben durch

$$A := M_B(\gamma) = \begin{pmatrix} 2 & 0 & 0 \\ 1 & 1 & 0 \\ 1 & 1 & 2 \end{pmatrix}. \text{ Seien } N := \begin{pmatrix} 0 & 0 & 0 \\ 0 & 0 & 0 \\ 1 & 1 & 0 \end{pmatrix} \text{ und}$$

$$V := \begin{pmatrix} 2 & 0 & 0 \\ 1 & 1 & 0 \\ 0 & 0 & 2 \end{pmatrix}. \text{ Dann gelten } A = N + V, \ NV = VN \text{ und}$$

$cl(N) = 2$. Da $t^2 - 3t + 1$ irreduzibel über $\mathbb{Q}$ ist, folgt durch eine Betrachtung invarianter Teilräume (siehe z.B. [18] oder auch die Übungsaufgaben) $min_{V,K} = (t - 2)(t^2 - 3t + 1)$. Somit gilt nach Folgerung 8 $(t - 2)(t^2 - 3t + 1) \mid min_{A,K} \mid (t - 2)^2(t^2 - 3t + 1)^2$. Da $grad(min_{A,K}) \leq 3$ ist, folgt insgesamt $min_{A,K} = (t - 2)(t^2 - 3t + 1)$.$\diamond$

Nun betrachten wir ein Beispiel zur allgemeinen Jordan-Zerlegung, wozu vorher das Folgende angemerkt sei.

Bemerkung 29 (i) Durch die allgemeine Jordan-Zerlegung ist es uns bei endlich-dimensionalen assoziativen kommutativen unitären Algebren mit separabler Radikalfaktorstruktur möglich, die in der Einleitung angesprochene Hauptfrage, wie ein Element als Summe aus einem Radikalelement und einem Element eines Radikalkomplementes dargestellt werden kann, zu beantworten.

Betrachten wir nun eine Basis B der Algebra und zerlegen die Basiselemente mit Hilfe der allgemeinen Jordan-Zerlegung, etwa $b = b_{nil} + b_{vsep}$ für alle $b \in B$, so zeigt eine leichte Dimensionsbetrachtung, daß $\langle b_{nil} \mid b \in B \rangle_K$ bzw. $\langle b_{vsep} \mid b \in B \rangle_K$ ein K-Erzeugendensystem von $rad(A)$ bzw. $VSep(A)$ ist.

(ii) Wir betrachten einen linear algebraisch relevanten Spezialfall des in (i) Beschriebenen.

Seien K ein Körper, A eine assoziative unitäre K-Algebra und $a \in Sep(A)$. Wir wollen je eine Basis von $rad(K[a])$ und von $VSep(K[a])$ bestimmen. Sei dazu $(a_{nil}; a_{vsep})$ die allgemeine Jordan-Zerlegung von a in $K[a]$. Es gelten $\langle a_{nil} \rangle_A \subseteq rad(K[a])$, $K[a_{vsep}] \subseteq VSep(K[a])$ (vgl. Satz 29) und $K[a] = K[a_{vsep}] \oplus_K \langle a_{nil} \rangle_A$. Andererseits ist a nach Voraussetzung separabel über K. Mit Teil (i) von Satz 30 ergibt sich $K[a] = rad(K[a]) \oplus_K VSep(K[a])$. Aus Dimensionsgründen folgt nun $VSep(K[a]) = K[a_{vsep}]$ und $rad(K[a]) = \langle a_{nil} \rangle_A$.

Mit den Teilen (iii), (a) und (iii), (b) von Satz 32 ergibt sich nun, daß $\{(a_{nil})^s \mid s \in \overline{max(min_{a,K}) - 1}\}$ bzw. $\{(a_{vsep})^s \mid s \in \{0\} \cup \overline{grad(halb(min_{a,K})) - 1}\}$ eine K-Basis von $rad(K[a])$ bzw. von $VSep(K[a])$ ist.$\diamond$

Beispiel 14 Seien $K := \mathbb{R}$, $A := End_K(K^4)$, B die Standardbasis des K^4 und $\gamma \in A$ gegeben durch

$$M_B(\gamma) = \begin{pmatrix} 1 & 0 & 0 & 0 \\ 1 & 1 & 0 & 0 \\ 0 & 0 & -1 & 1 \\ 0 & 0 & -2 & 1 \end{pmatrix}.$$

Eine leichte Rechnung zeigt $char_{\gamma,K} = min_{\gamma,K} = (t-1)^2(t^2+1)$. Daraus folgt $halb(min_{\gamma,K}) = (t-1)(t^2+1)$ und $max(min_{\gamma,K}) = 2$. Wegen $char(K) = 0$ gilt $min_{\gamma,K} \in Sep(A)$.

Wir werden nun die allgemeine Jordan-Zerlegung von γ in A bestimmen. Dazu benutzen wir das Verfahren aus Satz 31.

Es gilt $\gamma F_\gamma \chi = (t + ((t-1)^2); t + (t^2+1))$. In den lokalen Komponenten bestimmen wir die Zerlegungen gemäß der lokalen Situation 11. Es gelten $t = 1(t-1)+1$ und $t = 0(t^2+1)+t$. Somit folgt $\gamma F_\gamma \chi = ((t-1),(0)) + ((1),(t))$. Dabei ist der erste Summand nilpotent, der zweite vollseparabel über K. Um nun das Bild unter χ^{-1} auszurechnen, müssen Kongruenzen gelöst werden (Chinesischer Restsatz). Es sind Polynome $f, g, h \in K[t]$ zu finden, die
$f \equiv t-1 \mod (t-1)^2$, $f \equiv 0 \mod t^2+1$,
$g \equiv 1 \mod (t-1)^2$, $g \equiv 0 \mod t^2+1$ und
$h \equiv 0 \mod (t-1)^2$, $h \equiv t \mod t^2+1$ erfüllen.

Die Lösungen lauten[2]

$f = (t-1)(t^2+1)(-\frac{1}{2}t+1)$,

$g = (t^2+1)(-\frac{1}{2}t+1)$ und

$h = \frac{1}{2}t^2(t-1)^2$. Damit ergibt sich $\gamma = f(\gamma) + (g+h)(\gamma)$. Dabei ist der erste Summand nilpotent, der zweite vollseparabel über K. In Basisdarstellung

gelten $M_B(f(\gamma)) = \begin{pmatrix} 0 & 0 & 0 & 0 \\ 1 & 0 & 0 & 0 \\ 0 & 0 & 0 & 0 \\ 0 & 0 & 0 & 0 \end{pmatrix}$ und

$M_B((g+h)(\gamma)) = \begin{pmatrix} 1 & 0 & 0 & 0 \\ 0 & 1 & 0 & 0 \\ 0 & 0 & -1 & 1 \\ 0 & 0 & -2 & 1 \end{pmatrix}$.

Man erkennt, daß die erste Matrix eine strikt untere Dreiecksmatrix ist, $cl(f(\gamma)) = 2$ und $min_{(g+h)(\gamma),K} = (t-1)(t^2+1)$ gelten.

Des Weiteren gilt nach Teil (ii) von Bemerkung 29, daß $\{f(\gamma)\}$ bzw. $\{1_A, (g+h)(\gamma), ((g+h)(\gamma))^2\}$ eine K-Basis von $rad(K[\gamma])$ bzw. von $VSep(K[\gamma])$ ist.◇

Ist der vollseparable Summand sogar diagonalisierbar, so gibt es nach dem Satz über die Jordan-Zerlegung sogar eine Basis des Vektorraums, so daß bezüglich dieser Basis der diagonalisierbare Anteil durch eine Diagonalmatrix und der nilpotente Summand durch eine strikt untere Dreiecksmatrix repräsentiert werden können. Ein ähnliches Ergebnis folgt nun auch, und wieder ist Folgerung 8 der Schlüssel.

Korollar 6 *Seien K ein Körper, V ein endlich-dimensionaler K-Vektorraum, $\varphi \in Sep(End_K(V))$ und $(r;s)$ die allgemeine Jordan-Zerlegung von φ in $K[\varphi]$. Es gelten:*

  (i) *Die Summanden aus der Primärzerlegung von V in $K[\varphi]$-Moduln sind bis auf $K[s]$-Isomorphie genau die irreduziblen $K[s]$-Moduln des $K[s]$-Moduls V.*

  (ii) *Zu jedem Summanden W aus der Primärzerlegung von V in $K[\varphi]$-Moduln gibt es eine Basis B_W von W so, daß $M_B(r_{|W})$ eine strikt untere Dreiecksmatrix ist.*

Beweis. ad(i): Sei $g \in K[t]$ mit $s = g(\varphi)$. Man erkennt sofort, daß alle Summanden s-invariant sind. Mit Teil (iii),(a) von Satz 32 und dem Satz von Krull-Remak-Schmidt folgt nun (i).

ad(ii): Dies folgt aus der Tatsache, daß wegen $r \in K[\varphi]$ alle Summanden r-invariant sind.◇

---

[2]Diese Thematik ist z.B. Inhalt der Vorlesungen Lineare Algebra I und II. Wir gehen darauf noch einmal für den Leser in den Übungsaufgaben ein.

5.5   Die Teilalgebra der zerfallenden und der diagonalisierbaren Elemente

In Teil (iii),(d) von Satz 32 sind die Mengen $D(A)$ und $ZF(A)$ ins Interesse der Untersuchungen gerückt. Sie stellen den Zusammenhang der allgemeinen Jordan-Zerlegung zu der bekannten Jordan-Zerlegung für Zerfallsendomorphismen her. Wir untersuchen nun diese Mengen, wobei wir der Menge der diagonalisierbaren Elemente beginnen.

Satz 33 *(Die Teilalgebra der diagonalisierbaren Elemente) Seien K ein Körper und A eine assoziative kommutative unitäre K-Algebra. $D(A)$ ist eine unitale Teilalgebra von A. Ist $D(A)$ endlich-dimensional, so gilt $D(A) \cong_{\mathcal{A}_1} K^{dim_K(D(A))}$. Insbesondere ist in diesem Fall $D(A)$ separabel.*

Beweis. Sicherlich gilt $K1_A \subseteq D(A)$. Seien $a, b \in D(A)$. Nach dem Chinesischen Restsatz gibt es $r, s \in \mathbb{N}$ mit $K[a] \cong_{\mathcal{A}_1} K^r$ und $K[b] \cong_{\mathcal{A}_1} K^s$. Daraus folgt $K[a] \otimes_K K[b] \cong_{\mathcal{A}_1} K^{rs}$. Weiter ist $K[a, b]$ (da erzeugt von den elementweise vertauschbaren Teilalgebren $K[a]$ und $K[b]$) ein homomorphes Bild von K^{rs}. Nach Teil (iii) von Satz 20 gibt es zu jedem Ideal I von K^{rs} ein $t \in \mathbb{N}$ mit $I \cong_{\mathcal{A}_1} K^t$. Da K^{rs} halbeinfach ist, besitzt I ein Idealkomplement in K^{rs}. Folglich gibt es ein $w \in \mathbb{N}$ mit $K^{rs}/I \cong_{\mathcal{A}_1} K^w$. Daraus ergibt sich, daß es ein $p \in \mathbb{N}$ derart gibt, daß $K[a, b] \cong_{\mathcal{A}_1} K^p$ gilt. An dieser Stelle erkennt man auch den Zusatz, wenn man nämlich statt a, b eine endliche Basis von $D(A)$ betrachtet. Ist nun $x \in K[a, b]$, so gibt es nach Teil (iii) von Satz 20 ein $d \in \mathbb{N}$ mit $K[x] \cong_{\mathcal{A}_1} K^d$. Aus dem Chinesischen Restsatz folgt nun $x \in D(A)$.◇

Satz 34 *(Zusammenspiel mit der Teilalgebra der zerfallenden Elemente) Seien K ein Körper und A eine endlich-dimensionale assoziative kommutative unitäre K-Algebra. Es gelten:*

(i) $ZF(A) = rad(A) \oplus_K D(A)$
Insbesondere ist $ZF(A)$ eine Teilalgebra von A und $D(A)$ das einzige Algebrenkomplement von $rad(ZF(A)) = rad(A)$ in $ZF(A)$.

(ii) $D(A)$ ist die größte halbeinfache Teilalgebra von A, für die K ein Zerfällungskörper ist. Insbesondere gilt $A = D(A)$ genau dann, wenn A zu $K^{dim_K(A)}$ $\mathcal{A}_1$-isomorph ist.

(iii) $ZF(A)$ ist größte unitale Teilalgebra von A, für die K ein Zerfällungskörper ist.

(iv) Ist $A/rad(A)$ separabel, so gilt $H(A) = VSep(A)$.
Insbesondere ist dann $H(A)$ eine Teilalgebra von A.

(v) Im Allgemeinen ist $H(A)$ keine Teilalgebra von A.

Beweis. ad(i): Dies folgt aus den Teilen (i) und (iii),(d) von Satz 32.

ad(ii): Wegen Satz 33 hat $D(A)$ die gewünschte Eigenschaft. Sei nun T eine Teilalgebra von A, für die es ein $r \in \mathbb{N}$ so gibt, daß $T \cong_{A_1} K^r$ gilt. Sei $x \in T$. Nach Teil (iii) von Satz 20 existiert ein $s \in \mathbb{N}$ mit $K[x] \cong_{A_1} K^s$. Mit dem Chinesischen Restsatz folgt nun $x \in D(T) \subseteq D(A)$.

ad(iii): Wegen (i) und (ii) hat $ZF(A)$ die gewünschte Eigenschaft. Sei T eine unitale Teilalgebra von A, und es existiere ein $r \in \mathbb{N}$ mit $T/rad(T) \cong_{A_1} K^r$. Dann ist $T/rad(T)$ separabel. Also gibt es nach Satz 8 ein Algebrenkomplement D von $rad(T) = rad(A) \cap T$ in T. Wegen (ii) gilt somit $D \subseteq D(A)$. Daraus folgt $T \subseteq rad(A) + D(A)$. Mit (i) ergibt sich daher $T \subseteq ZF(A)$.

ad(iv): Sei $A/rad(A)$ separabel. Jedenfalls gilt $VSep(A) \subseteq H(A)$.
Sei nun $x \in H(A)$. Aus dem Chinesischen Restsatz ergibt sich, daß $K[x]$ eine halbeinfache Teilalgebra von A ist. Da A auflösbar ist, folgt aus Teil (ii) von Satz 20 die Separabilität von $K[x]$. Somit ist nach Teil (ii) von Lemma 6 x in $VSep(A)$ enthalten.

ad(v): Seien $char(K) = 2$, $K \setminus QA(K) \neq \emptyset$ und $a \in K \setminus QA(K)$.
Wir betrachten die K-Algebra $A := A(a, 0_K, K)$. Wegen Beispiel 7 gilt $rad(A) = \langle j, k \rangle_K$, und $\langle 1_A, i \rangle_K$ ist ein Algebrenkomplement von $rad(A)$ in A. Es gilt $i^2 = (i+j)^2 = a1_A$. Daraus folgt $min_{i,K} = min_{i+j,K} = t^2 + a$, und $t^2 + a$ ist irreduzibel in $K[t]$. Somit gelten $i, i+j \in H(A)$. Da $j \in rad(A)$ gilt, ist $H(A)$ nicht einmal ein K-Raum.◇

Durch das folgende Hasse-Diagramm[3] werden die Ergebnisse grob

---

[3]Helmut Hasse (geboren am 25. August 1898 in Kassel, gestorben am 26. Dezember 1979 in Ahrensburg bei Hamburg) war ein deutscher Mathematiker und gilt als einer der führenden Algebraiker und Zahlentheoretiker seiner Zeit. Hasse ging in Kassel und Berlin (Fichte-Gymnasium) zur Schule. Im Ersten Weltkrieg meldete er sich freiwillig zur Marine und war in Kiel stationiert, wo er 1917 bis 1918 auch Vorlesungen von Otto Toeplitz besuchte. Nach dem Krieg studierte er zunächst in Göttingen; die Lektüre des Buches 'Zahlentheorie' von Kurt Hensel mit seinen neuen p-adischen Methoden bewog ihn aber 1920 zu diesem nach Marburg zu wechseln, wo er im Mai 1921 promovierte (mit der Arbeit über quadratische Formen in den rationalen Zahlen, die das Lokal-Global-Prinzip begründete). Im Februar 1922 folgte die Habilitation (Äquivalenz quadratischer Formen über den rationalen Zahlen). Im Herbst 1922 erhielt er eine Stelle als Privatdozent in Kiel, und zur selben Zeit heiratete er Clara Ohle. Ostern 1925 wurde er als Ordinarius nach Halle berufen und wurde, neben Heinrich Jung, Direktor des dortigen Mathematischen Instituts. 1930 übernahm er die Nachfolge seines Lehrers Kurt Hensel in Marburg. Nach der Machtergreifung der Nationalsozialisten gehörte er am 11. November 1933 zu den Unterzeichnern des Bekenntnisses der Professoren an den deutschen Universitäten und Hochschulen zu Adolf Hitler und dem nationalsozialistischen Staat. 1934 wurde er in Göttingen Nachfolger von Hermann Weyl, der wegen seiner politischen Ansichten und

skizziert:

seiner jüdischen Frau in die Emigration getrieben wurde. Während der Zeit des Nationalsozialismus war er als Vorstandsmitglied der DMV in einen Machtkampf mit Ludwig Bieberbach, einem der Hauptvertreter der Deutschen Mathematik, verwickelt, da er die Unabhängigkeit der DMV erhalten wollte. Hasse ging es vor allem darum, das Ansehen der deutschen Mathematik im Ausland zu erhalten. Auch in seiner Zeit in Göttingen bemühte er sich, dem durch die Vertreibung jüdischer und gegen die Nationalsozialisten eingestellter Professoren entstandenen Bedeutungsverlust durch hohe Anforderungen an die wissenschaftliche Arbeit am Institut entgegenzuwirken. Politisch stand Hasse wie viele ehemalige Angehörige der Reichskriegsmarine weit rechts. Er war seit 1932, so eine erhaltene Kartei im Reichswissenschaftsministerium, oder seit 1938 Mitglied in der NSDAP. Die Mitgliedschaft sei ihm 1938 gemäß seinen Entnazifizierungakten angeblich verweigert worden, da er auch jüdische Vorfahren hatte. Die Begründung der Absage lautete, dass man bis nach dem Krieg warten wolle, um über seine Mitgliedschaft zu entscheiden. Im Krieg forschte er für die deutsche Kriegsmarine über Ballistik in Berlin und versuchte noch in den letzten Kriegstagen, sich freiwillig zum Fronteinsatz zu melden. Nach dem Kriege kam Hasse nach Göttingen zurück. Er wurde aber bald von den britischen Behörden seines Lehrstuhls enthoben. Stattdessen ging Hasse nach Berlin (Ost), wo er zuerst ab 1946 an der Deutschen Akademie der Wissenschaften und später an der Humboldt-Universität wirkte, an der er 1949 Professor wurde. In dieser Zeit entstanden seine Monographie und sein Lehrbuch der Zahlentheorie. 1950 nahm Hasse einen Ruf an die Universität Hamburg an, wo er bis zu seiner Emeritierung im Jahre 1966 blieb. Zu seinen Mitarbeitern und Studenten in Göttingen in den 1930er Jahren zählten Ernst Witt, Friedrich Karl Schmidt, Oswald Teichmüller, Martin Eichler und Harold Davenport. Zu seinen Doktoranden zählen Peter Roquette, Heinrich-Wolfgang Leopoldt, Cahit Arf, Wolfgang Franz, Günter Pickert, Curt Meyer, Paul Lorenzen, Otto Schilling, Hans Wittich, Günter Tamme, Hans Reichardt (in Marburg), Hermann Ludwig Schmid und Helmut Brückner (in Hamburg) und er stand auch mit Arnold Scholz in regem Briefwechsel. Mit Emmy Noether führte er einen ausgedehnten Briefwechsel auch nach ihrer Emigration. Hasse war ab 1926 Mitglied der Leopoldina (deren Cothenius-Medaille er erhielt), der Akademien der Wissenschaften in Göttingen, Berlin, Mainz sowie der spanischen und finnischen Akademien der Wissenschaften. 1953 erhielt er den Nationalpreis der DDR I. Klasse für Wissenschaft und Technik. Er war Ehrendoktor der Universität Kiel. 1929 bis 1979 war er Herausgeber des Journal für die reine und angewandte Mathematik. Hasse leistete fundamentale Beiträge zur algebraischen Zahlentheorie, insbesondere den Beweis höherer Reziprozitätsgesetze (mit vielen detaillierten Untersuchungen in speziellen Zahlkörpern) und der Klassenkörpertheorie. Sein berühmter Bericht für die Deutsche Mathematikervereinigung (DMV) fasst die Entwicklung bis 1926 bis 1927 zusammen. Er arbeitete auch über die Theorie der komplexen Multiplikation in Zahlkörpern und nach dem Krieg über die Klassenzahlen abelscher Zahlkörper. Mit seinem Lehrer Kurt Hensel war er ein Pionier in der Einführung und Weiterentwicklung lokaler (p-adischer) Methoden in der Algebra und Zahlentheorie. Er bewies, dass für quadratische Formen in den rationalen Zahlen aus der lokalen Lösbarkeit (p-adisch und reell) von Gleichungen die globale folgt. Für Gleichungen höheren Grades gilt dies im Allgemeinen nicht mehr und ist Gegenstand des 'Lokal-Global-Prinzips'. 1936 erzielte er einen großen wissenschaftlichen Durchbruch mit seinem Beweis der Riemannschen Vermutung im Fall elliptischer Kurven bzw. Funktionenkörper. 1936 hielt er darüber einen Plenarvortrag auf dem Internationalen Mathematikerkongress in Oslo (Über die Riemannsche Vermutung in Funktionenkörpern). Er arbeitete auch über die Theorie der Algebren. 1932 untersuchte er die Brauergruppe, die Gruppe der zentral einfachen Algebren über einem Grundkörper K, für den Fall p-adischer Grundkörper, also im lokalen Fall und fand so auch die von ihm gesuchte lokale Theorie des Normenrestsymbols von Zahlkörpern. Auch bei der Brauergruppe gilt ein Lokal-Global-Prinzip, ihre globale Zerfällung ist mit der lokalen äquivalent (Brauer-Hasse-Noether-Theorem). Nach ihm ist

136

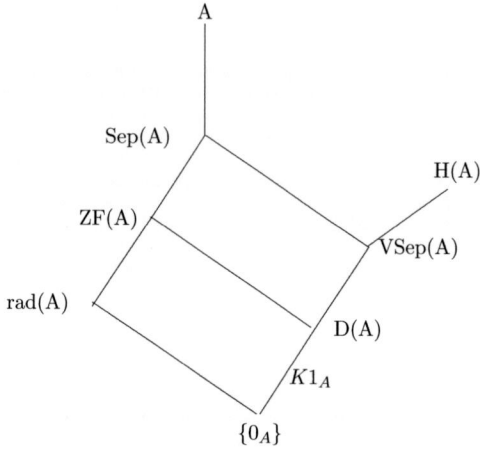

In den Punkten (ii)-(iv) von Beispiel 11 ergeben sich die folgenden Hasse-Diagramme:

(ii) $A := A(0_K, 0_K, K)$, $char(K) = 2$

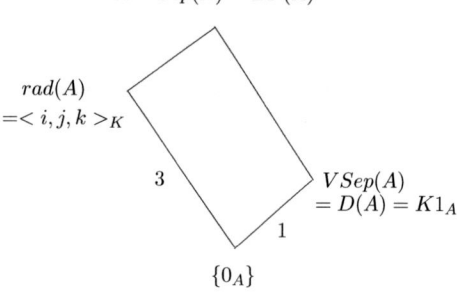

---

das Hasse-Diagramm benannt, eine graphische Darstellung halbgeordneter Mengen und die Hasse-Arf-Theorie, eine Verzweigungstheorie (zusammen mit dem türkischen Mathematiker Cahit Arf) .

(iii) $A := A(a, 0_K, K)$, $char(K) = 2$, $a \notin QA(K)$

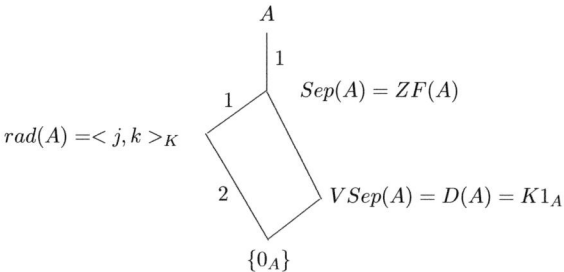

(iv) $A := A(a, b, K)$, $char(K) = 2$, A Körper

$$A$$

$$3$$

$$Sep(A) = ZF(A)$$
$$= VSep(A) = D(A) = K1_A$$

$$1$$

$$rad(A) = \{0_A\}$$

Bevor wir uns damit beschäftigen, die Ergebnisse der letzten vier Abschnitte dieses Kapitels auf nicht notwendig unitäre kommutative Algebren zu erweitern, betrachten wir die entwickelte Theorie im Fall einer kommutativen Gruppenalgebra.

5.6 Kommutative Gruppenalgebren

Seien im Folgenden G eine endliche abelsche Gruppe und K ein Körper. Wir unterscheiden die Gruppenalgebra KG danach, ob sie halbeinfach ist oder nicht, was bekanntlich der Satz von Maschke zum Inhalt hat. Das Ziel dieses Abschnittes ist es, die Teilalgebren $H(KG)$, $D(KG)$, $VSep(KG)$, $ZF(KG)$, $rad(KG)$ und $Sep(KG)$ zu ermitteln. Des Weiteren möchten wir eine allgemeine Jordan-Zerlegung für die Elemente von $Sep(KG)$ bestimmen. Mit aug bezeichnen wir die Augmentationsabbildung von KG nach K, ihr Kern ist $Aug(KG)$.

Proposition 12 *(halbeinfache abelsche Gruppenalgebren) Seien G eine endliche abelsche Gruppe und K ein Körper, so dass KG halbeinfach ist. Dann gelten folgende Aussagen:*

(i) $rad(KG) = 0$

(ii) $H(KG) = Sep(KG) = VSep(KG) = KG$

(iii) $ZF(KG) = D(KG)$

(iv) Für alle $a \in KG$ ist $(0; a)$ eine allgemeine Jordan-Zerlegung von a.

Beweis. Sei also KG halbeinfach. Dann gilt $rad(KG) = \{0_{KG}\}$. Aus Satz 2 folgt, daß KG separabel ist. Mit Satz 30 ergibt sich somit $KG = Sep(KG) = VSep(KG)$. Insbesondere ist für jedes $a \in KG$ $(0_{KG}; a)$ die allgemeine Jordan-Zerlegung von a über KG. Des Weiteren zeigt Satz 34 die Identität $ZF(KG) = D(KG)$.◇

Es stellt sich also die Frage, wie die Teilalgebra $D(KG)$ zu berechnen ist. Dieses Problem werden wir am Ende dieses Abschnittes klären, da diese Bestimmung auch für den nicht-halbeinfachen Fall eine zentrale Frage ist.

Proposition 13 *(modulare abelsche Gruppenalgebren) Seien G eine endliche abelsche Gruppe und K ein Körper, so dass KG nicht halbeinfach ist. Seien p eine Primzahl mit $char(K) = p$, S_p die normale p-Sylow-Untergruppe und H das normale Komplement von S_p in G. Dann gelten folgende Aussagen:*

(i) $rad(KG) = KGAug(KS_p) = Aug(KS_p)KG$

(ii) KH ist das Radikalkomplement, welches zudem separabel ist.

(iii) $H(KG) = VSep(KG) = KH$

(iv) $KG = Sep(KG)$
   Insbesondere besitzt jedes Element von KG eine allgemeine Jordan-Zerlegung.

(v) $ZF(KG) = rad(KG) \oplus D(KG)$

(vi) $D(KG) = D(KH)$

(vii) *Ist für jedes* $g \in G$ $(g_{nil}; g_{vsep})$ *die allgemeine Jordan-Zerlegung über* KG, *so ist* $(\sum_{g \in G} k_g g_{nil}; \sum_{g \in G} k_g g_{vsep})$ *die allgemeine Jordan-Zerlegung für* $\sum_{g \in G} k_g g$.

(viii) *Sind* $s \in S_p$, $h \in H$ *und* $(s_{nil}; s_{vsep})$ *eine allgemeine Jordan-Zerlegung von* s, *so ist* $(s_{nil}h; s_{vsep}h)$ *eine allgemeine Jordan-Zerlegung von* sh.

(ix) *Für jedes* $s \in S$ *ist* $((s - aug(s))1_G; aug(s)1_G)$ *eine allgemeine Jordan-Zerlegung von* s.

Beweis. Sei nun KG nicht halbeinfach. Also existiert eine Primzahl p, die $\mid G \mid$ teilt und für die $char(K) = p$ gilt. Sind S_p die p-Sylow-Untergruppe von G und H ein normales Komplement von S_p in G, so folgt aus der Proposition in Kapitel 4.7 in [16], daß $rad(KG) = KG\,Aug(KS_p)$ gilt und die Radikalfaktorstruktur von KG zu KH isomorph ist. Da nach dem ersten Fall KH separabel ist, folgt aus Satz 30, daß $KG = Sep(KG)$ und $KH = VSep(KG)$ gelten. Um $ZF(KG)$ bestimmen zu können, müssen wir nach Satz 34 zunächst $D(KG)$ ermitteln. Letztere Teilalgebra stimmt nach Satz 34 mit $D(KH)$ überein. Schließlich bestimmen wir die allgemeine Jordan-Zerlegung für die Elemente aus KG. Ist für jedes $g \in G$ $(g_{nil}; g_{vsep})$ die allgemeine Jordan-Zerlegung über KG, so ist $(\sum_{g \in G} k_g g_{nil}; \sum_{g \in G} k_g g_{vsep})$ die allgemeine Jordan-Zerlegung für $\sum_{g \in G} k_g g$. Es genügt also, die allgemeine Jordan-Zerlegung für die Elemente aus G zu ermitteln. Sei also $g \in G$. Dann gibt es ein $s \in S_p$ und ein $h \in H$ mit $g = sh$. Ist $(s_{nil}; s_{vsep})$ die allgemeine Jordan-Zerlegung von s über KG, so ist $(s_{nil}h; s_{vsep}h)$ diejenige für g. Somit haben wir dieses Problem nur für Elemente aus S_p zu lösen. Man rechnet leicht nach, daß für alle $s \in S_p$ $(s - aug(s)1_G; aug(s)1_G)$ die allgemeine Jordan-Zerlegung von s über KG ist.◇

In beiden Fällen ist es also noch notwendig, für eine halbeinfache kommutative Gruppenalgebra die Teilalgebra der diagonalisierbaren Elemente zu ermitteln. Eine Basis hierzu wird in dem nächsten Resultat angegeben:

Satz 35 *(Basis für $D(A)$) Seien K ein Körper, A eine endlich-dimensionale assoziative halbeinfache kommutative K-Algebra und I die Menge der Einselemente der minimalen Ideale von A. Es ist I eine K-Basis von $D(A)$. Insbesondere ist $D(A)$ zu K^n isomorph, wobei n die Anzahl der minimalen Ideale von A ist.*

Beweis. Bekanntlich ist I eine linear-unabhängige Teilmenge von A. Nach Satz 33 gibt es ein $r \in \mathbb{N}$, so daß $D(A)$ zu K^r isomorph ist. Folglich besitzt

$D(A)$ eine Basis aus Idempotenten von A. Jedes Idempotent von A liegt in $\langle I \rangle_K$ und somit auch ganz $D(A)$.

Da nach Satz 33 $D(A)$ eine Teilalgebra von A ist, genügt es zu zeigen, daß jedes Idempotent von A diagonalisierbar ist. Sei also e ein Idempotent von A. Wegen $e^2 = e$ schließen wir, daß $min_{e,K}$ das Polynom $t(t - 1_K)$ teilt, woraus die Behauptung folgt.◇

Im Falle einer halbeinfachen Gruppenalgebra lassen sich diese Eins-elemente mit Methoden der Charaktertheorie ermitteln. Dieses Ergebnis kann z.B. in [10], Kapitel 7, nachgelesen werden. Dort ist auch eine Einführung in die Darstellungs- und Charaktertheorie vorhanden, die dem Leser als weitere Vertiefung dienen mag:

Satz 36 *(irreduzible Charaktere und Einselemente) Seien G eine endliche abelsche Gruppe und K ein Körper, so dass KG halbeinfach ist. Dann gibt es endlich viele irreduzible Charaktere $\chi_1, \cdots, \chi_h$, und die Elemente*

$$e_i := \frac{\chi_i(1)}{|G|} \sum_{g \in G} \chi_i(g^{-1})g$$

sind die Einselemente der KG-direkt zerlegenden minimalen Ideale.◇

Um die Einselemente mit Hilfe von Satz 36 zu ermitteln, müssen die irredu-ziblen Charaktere abelscher Gruppen bestimmt werden. S. Perlis und G.L. Walker geben in [15] eine Zerlegung der kommutativen Gruppenalgebra an, die wir an dieser Stelle anwenden, um mit Satz 35 daraus die Dimension der Teilalgebra der diagonalisierbaren zu ermitteln und die Anzahl und Grade der irreduziblen Charaktere abzulesen. Seien dazu G eine endliche abelsche Gruppe der Mächtigkeit r, zu jedem Teiler d von r das Element ω_d eine primitive d-te Einheitswurzel (in einer geeigneten Körper-Erweiterung von K), $d_d := dim_K(K(\omega_d))$, $o_d := | \{a \in G \mid o(a) = d\} |$ und $a_d := \frac{o_d}{d_d}$. Es gilt nun der folgende Satz:

Satz 37 *(Perlis/Walker: Zerlegung kommutativer Gruppenalgebren) Seien G eine endliche abelsche Gruppe der Ordnung r und K ein Körper, so dass KG halbeinfach ist. Dann ist KG isomorph zu $\bigoplus_{d|r} K(\omega_d)^{a_d}$. Es gibt also zu jedem Teiler d von r genau a_d irreduzible Charaktere der Dimension $dim_K(K(\omega_d))$. Insbesondere ist $D(KG)$ von der Dimension $\sum_{d|r} a_d$.*◇

Man erkennt, dass die Größe von $D(KG)$ stark unter dem Einfluss des Körpers K variiert. Dazu merken wir als Folgerung an, wobei φ die be-kannte Eulersche-Phi-Funktion ist:

Folgerung 9 *Seien G eine endliche abelsche Gruppe der Ordnung r. Dann gelten folgende Aussagen:*

(i) $\mathbb{C}G$ ist isomorph zu $\mathbb{C}^r$. Insbesondere ist $\mathbb{C}G$ diagonalisierbar. Es gibt $\mid G \mid$ irreduzible Charaktere vom Grade 1.

(ii) $\mathbb{Q}G$ ist isomorph zu $\bigoplus\limits_{d|r} \mathbb{Q}(\omega_d)^{a_d}$. Insbesondere ist $D(\mathbb{Q}G)$ von der Dimension $\sum\limits_{d|r} \frac{|\{a \in G | o(a) = d\}|}{\varphi(d)}$. Zu jedem Teiler d von r gibt es $\frac{|\{a \in G | o(a) = d\}|}{\varphi(d)}$ irreduzible Charaktere vom Grad $\varphi(d)$.◇

Wir betrachten zwei Beispiele hierzu:

Beispiel 15 Wir betrachten die zyklische Gruppe Z_3 der Ordnung 3 über den reellen Zahlen. Für den Teiler 1 erhalten wir in der direkten Zerlegung einmal $\mathbb{R}$. Für den Teiler 3 ist $a_3 = 1$, da die reellen Zahlen keine dritte Einheitswurzel enthalten und es zwei Elemente der Ordnung 3 gibt. Somit zerlegt sich $\mathbb{R}Z_3$ in $\mathbb{R} \oplus \mathbb{C}$. Die Dimension von $D(\mathbb{R}Z_3)$ ist 2. Es gibt zwei irreduzible Charaktere.◇

Beispiel 16 Wir betrachten die zyklische Gruppe Z_4 der Ordnung 4 über den rationalen Zahlen. Wie man sich leicht überlegt, gilt $a_1 = a_2 = a_4 = 1$. Damit ist die Dimension von $D(\mathbb{R}Z_4)$ genau 3. Es gibt drei irreduzible Charaktere, und die Gruppenalgebra $\mathbb{Q}Z_4$ zerlegt sich in $\mathbb{Q} \oplus \mathbb{Q} \oplus \mathbb{Q}(i)$.◇

Wir beschliessen diesen Abschnitt mit der Konstruktion der primitiven Idempotenten, also der Einselemente der minimalen Ideale. Interessanterweise müssen hierzu nicht explizit die irreduziblen Charaktere für beliebige abelsche Gruppen berechnet werden. Mit ihrer Hilfe kann die Teilalgebra $D(KG)$ explizit berechnet werden, ihre Dimension ist ja bereits durch obige Resultate bekannt und berechenbar. (Die irreduziblen Moduln sind bekannt. Hierauf gehen wir in den Übungsaufgaben ein.) An dieser Stelle bedanke ich mich bei Prof. Geoffrey Robinson für seine Hinweise zu dieser Thematik (siehe [28]).

Konstruktion 2 Seien G eine endliche abelsche Gruppe der Ordnung r und K ein Körper, so dass KG halbeinfach ist. Dann ist $char(K)$ also kein Teiler von r. Zunächst betrachtet man einen Spezialfall, nämlich dass K alle r-ten Einheitswurzeln enthält. Dann ist K ein sogenannter Zerfällungskörper. In diesem Spezialfall bestimmen wir die irreduziblen Charaktere. Ist G zyklisch, etwa erzeugt von g, so sind die irreduziblen Charaktere genau die r verschiedenen Homomorphismen von G in $E(K)$, die g auf eine r-te Einheitswurzel abbilden. Ist nun G eine beliebige endliche abelsche Gruppe, so ist G das direkte Produkt zyklischer Gruppen $G_1 \times \cdots \times G_l$. Für jeden Faktor G_i kann man also die entsprechenden irreduziblen Charaktere $\chi_{i,1} \cdots \chi_{i,s_i}$ wie bereits gezeigt bestimmen. Die irreduziblen Charaktere von G entstehen als l-stellige Produkte $\chi_{1,j_1} \cdots \chi_{l,j_l}$, wobei $j_i \in \underline{s_{ij}}$ gilt. Dabei ist das Produkt der Abbildungen durch bildweises

Multiplizieren definiert. In diesem Fall können wir dann auch die primitiven Idempotente wie in Satz 36 beschrieben ermitteln.

Wir betrachten nun die Körpererweiterung $(K; K(\omega_r))$, wobei ω_r eine primitive r-te Einheitswurzel ist. Dann ist $L := K(\omega_r)$ ein Zerfällungskörper für G. Wir wissen also nach obiger Konstruktion, wie wir die irreduziblen Charaktere von LG ermitteln können. Seien diese nun $\chi_1, \cdots, \chi_h$. Da $char(K)$ zu r teilerfremd ist, ist das Polynom $t^r - 1$ separabel, also die Körpererweiterung $(K; L)$ galoisch. Die Galois-Gruppe dieser Körpererweiterung $Gal(L; K) = Aut_K(L)$ operiert auf den irreduziblen Charakteren von LG, also auf der Menge $Irr_L(G) := \{\chi_1, \cdots, \chi_h\}$, und zwar schlicht durch Hintereinanderausführung von Abbildungen. Sind $\chi \in Irr_L(G)$ und $\sigma \in Gal(L; K)$, so definieren wir mit der Festlegung $\omega := \chi\sigma$ das Element

$$e_\omega := \tfrac{1}{|G|} \sum_{g \in G} ((\chi_i(g^{-1})\sigma)g.$$

$Irr_L(G)$ zerfällt durch diese Gruppenoperation in Bahnen, etwa $\Omega_1, \cdots, \Omega_w$. Zu jeder der Bahnen Ω_i definieren wir nun das Element

$$e_i := \tfrac{1}{|G|} \sum_{\omega \in \Omega_i} e_\omega.$$

Dadurch erhalten wir alle primitiven Idempotenten.◇

5.7 Nicht-unitäre kommutative Algebren

Wir werden nun die Ergebnisse der Abschnitte 2-5 dieses Kapitels auf nicht notwendig unitäre, kommutative Algebren übertragen. In diesem Abschnitt sei dazu die folgende Generalvoraussetzung angenommen:

Im Folgenden seien K ein Körper und A eine assoziative K-Algebra.

Die Hauptschwierigkeit für diese Verallgemeinerung besteht darin, die Begriffe algebraisch, separabel etc. für derartige Algebren zu verallgemeinern. Dies wird durch Definition 10 und Satz 38 realisiert.

Definition 10 Sei $a \in A$. Wir nennen a algebraisch, zerfallend, diagonalisierbar, separabel, vollseparabel bzw. halbeinfach über K, falls a in der unitären K-Algebra A^K die entsprechende Eigenschaft besitzt. Ist a algebraisch über K, so sei $\widetilde{min}_{a,K}$ das Minimalpolynom von a - als Element von A^K - über K.◇

Als nächstes untersuchen wir dieses Minimalpolynom hinsichtlich der Frage, ob es auch ohne die Algebra A^K definierbar ist.

Definition und Bemerkung 6 Sei $a \in A$. Es sei $\widetilde{F}_a : tK[t] \longrightarrow A, f \longmapsto f(a)$. $\widetilde{F}_a$ ist ein Algebrenhomomorphismus mit $Bild\widetilde{F}_a = \langle a \rangle_A$. Des Weiteren ist $\langle a \rangle_A$ ein Ideal von $K[a]$, und es gilt $K[a] = \langle a \rangle_A \oplus_K K1_{A^K}$. Daraus folgt $K[a] \cong_{A_1} (K, \langle a \rangle_A).\diamond$

Lemma 7 *Sei* $a \in A$. *Es gelten:*

 (i) *Genau dann ist* a *algebraisch über* K, *wenn* $\widetilde{F}_a$ *nicht injektiv ist.*

 (ii) *Sei* a *algebraisch über* K. *Es gilt* $Kern\widetilde{F}_a = \widetilde{min}_{a,K}K[t]$.

Beweis. Die Rückrichtung von (i) ist trivial.
Sei nun a algebraisch über K. Dann gilt $t \mid \widetilde{min}_{a,K}$, da sich ansonsten ein Widerspruch zu Teil (vi) von Bemerkung 6 ergibt. Daraus folgt die Implikation $\Longrightarrow$ in (i) und die Inklusion $\supseteq$ in (ii). Sei nun a algebraisch über K und $g \in Kern\widetilde{F}_a$. Dann gibt es $u, h \in K[t]$ mit $g = u\widetilde{min}_{a,K} + h$ und $h = 0_K$ oder $grad(h) < grad(\widetilde{min}_{a,K})$. Wegen $h(a) = 0_K$ folgt daraus $h = 0_K.\diamond$

Als nächstes stellt sich die Frage, ob diese neue Defintion mit der im unitären Fall kompatibel ist. Für die Beantwortung dieser Frage benötigen wir die folgende Definition.

Definition 11 *(Nullteiler)* Mit $N(A)$ bezeichnen wir die Menge der (beidseitigen) Nullteiler von $A.\diamond$

Lemma 8 *Seien* A *endlich-dimensional und unitär sowie* T *eine unitale Teilalgebra von* A. *Es gelten* $E(T) = E(A) \cap T$, $N(T) = N(A) \cap T$ *und* $T = N(T) \dot{\cup} E(T)$.

Beweis. Sicherlich gilt $E(T) \subseteq E(A) \cap T$. Sei nun $x \in E(A) \cap T$. Nach Teil (2) von Theorem 1.2.1 in [4] ist T disjunkte Vereinigung von $E(T)$ und $N(T)$. Wäre x ein Nullteiler von T, so ist x auch ein Nullteiler von A. Das widerspricht der Wahl von x. Durch ein analoges Argument ergibt sich die zweite Gleichung.$\diamond$

Folgerung 10 *(Kennzeichnung Einheiten und Nullteiler) Seien* A *endlich-dimensional und unitär sowie* $a \in A$.
Genau dann ist a *eine Einheit bzw. ein Nullteiler von* A, *wenn* t *ein Teiler bzw. kein Teiler von* $min_{a,K}$ *ist.*

Beweis. Nach Lemma 8 reicht es aus, eine Äquivalenz zu zeigen. Mit Lemma 8 ergibt sich:
$a \in N(A)$
$\Longleftrightarrow a\rho \in N(A\rho)$
$\Longleftrightarrow a\rho \in N(End_K(A)) \cap A\rho$

$\Longleftrightarrow a\rho \in N(End_K(A))$

$\Longleftrightarrow Kern\,a\rho \neq \{0_A\}$

$\Longleftrightarrow 0_K$ ist ein Eigenwert von $min_{a\rho,K}$

$\Longleftrightarrow t \mid min_{a\rho,K}$

$\Longleftrightarrow t \mid min_{a,K}.\diamond$

Bemerkung 30 Seien A unitär und $a \in A$. Ist a als Element der Algebra A algebraisch über K, so auch als Element der Algebra A^K, denn $t\,min_{a,K}$ leistet das Gewünschte. Offenbar ist auch a als Element der Algebra A algebraisch, wenn a als Element von A^K algebraisch ist. Es kann also guten Gewissens der Begriff algebraisch benutzt werden. Es entstehen für den Leser hoffentlich keine Verwirrungen.$\diamond$

Folgerung 11 *Seien A unitär und $a \in A$ algebraisch über K.*

(i) *Gilt $a \in E(A)$, so folgt $tmin_{a,K} = \widetilde{min}_{a,K}$. In diesem Fall ist t kein Teiler von $min_{a,K}$.*

(ii) *Gilt $a \in N(A)$, so folgt $min_{a,K} = \widetilde{min}_{a,K}$. In diesem Fall ist t ein Teiler von $min_{a,K}$.*

Beweis. ad(i): Sicherlich gilt $min_{a,K} \mid \widetilde{min}_{a,K} \mid tmin_{a,K}$. Seien $g,h \in K[t]$ mit $\widetilde{min}_{a,K} = min_{a,K}h$ und $tmin_{a,K} = \widetilde{min}_{a,K}g$. Daraus folgt, daß g und h normiert sind und daß $t = hg$ gilt. Wäre $h = 1_K$, so würde $\widetilde{min}_{a,K} = min_{a,K}$ gelten. Aus Folgerung 10 erhielte man nun $t \mid min_{a,K}$, was Teil (ii) von Lemma 7 widerspricht (mit $A := K[a]$). Also gilt (i).

ad(ii): Sicherlich gilt $min_{a,K} \mid \widetilde{min}_{a,K}$. Wegen Folgerung 10 (mit $A := K[a]$) gilt auch $\widetilde{min}_{a,K} \mid min_{a,K}.\diamond$

In dem folgenden Satz wird die Kompatibilität der Begriffe gezeigt wird.

Satz 38 *Sei A unitär. Es gelten:*

(i) $H(A) = H(A^K) \cap A$

(ii) $VSep(A) = VSep(A^K) \cap A$

(iii) $Sep(A) = Sep(A^K) \cap A$

(iv) $ZF(A) = ZF(A^K) \cap A$

(v) $D(A) = D(A^K) \cap A$

Beweis. Dies folgt aus Lemma 8 und Folgerung 11.◇

Satz 38 impliziert, daß die Definitionen in diesem Kapitel mit den alten Definitionen kompatibel sind. Deswegen benutzen wir bei der folgenden Definition auch die bisherigen Bezeichnungen.

Definition und Bemerkung 7 Es seien $D(A)$, $ZF(A)$, $VSep(A)$, $Sep(A)$ bzw. $H(A)$ die Menge der diagonalisierbaren, zerfallenden, vollseparablen, separablen bzw. halbeinfachen Elemente von A über K. Aufgrund der Definition gelten trivialerweise:
$D(A) = D(A^K) \cap A$, $ZF(A) = ZF(A^K) \cap A$, $Sep(A) = Sep(A^K) \cap A$, $VSep(A) = VSep(A^K) \cap A$ und $H(A) = H(A^K) \cap A$. Ist $a \in A$, so sei weiter ein Paar $(r; s) \in A \times A$ eine allgemeine Jordan-Zerlegung von a, wenn $a = r + s$, $rs = sr$, r nilpotent und $s \in VSep(A)$ gelten.◇

Zum Abschluß dieses Abschnittes übertragen wir sämtliche Ergebnisse des Kapitels auf kommutative, nicht notwendig unitäre Algebren. Im ersten Satz geht es dementsprechend um die Mengen $Sep(A)$ und $VSep(A)$, der zweite Satz faßt die Ergebnisse über $ZF(A)$ und $D(A)$ zusammen und der dritte Satz zeigt die Eigenschaften der allgemeinen Jordan-Zerlegung auf.

Satz 39 *Es gelten:*

(i) *Genau dann gilt $a \in VSep(A)$, wenn $\langle a \rangle_A$ separabel ist.*

(ii) *Genau dann gilt $a \in Sep(A)$, wenn $\langle a \rangle_A$ endlich-dimensional und eine separable Radikalfaktorstruktur besitzt.*

(iii) *Ist A kommutativ, so ist $VSep(A)$ eine Teilalgebra von A.*

(iv) *Sei A kommutativ und endlich-dimensional.*

  (a) *$Sep(A) = VSep(A) \oplus_K rad(A)$*
  Insbesondere ist $Sep(A)$ eine Teilalgebra von A.

  (b) *$VSep(A)$ ist eine separable Teilalgebra von A und das einzige Algebrenkomplement von $rad(A)$ in $Sep(A)$.*

  (c) *A ist genau dann separabel, wenn $A = VSep(A)$ gilt.*

  (d) *Es sind äquivalent:*

    (1) $A/rad(A)$ ist separabel.
    (2) $Sep(A) = A$
    (3) $VSep(A)$ ist ein Algebrenkomplement von $rad(A)$ in A.
    (4) $VSep(A)$ ist das einzige Algebrenkomplement von $rad(A)$ in A.

(e) $VSep(A)$ ist die größte halbeinfache und separable Teilalgebra von $Sep(A)$.

(f) $VSep(A)$ ist die größte separable Teilalgebra von A.

(g) $Sep(A)$ ist die größte Teilalgebra mit separabler Radikalfaktorstruktur von A.

Beweis. ad(i): Sei $a \in VSep(A)$. Dann gilt nach Definition 7 $a \in VSep(A^K)$. Also ist $K[a]$ eine separable Teilalgebra von A (vgl. Folgerung 6). Nach Teil (ii) von Bemerkung 17 ist damit auch $\langle a \rangle_A$ separabel. Ist umgekehrt $\langle a \rangle_A$ separabel, so auch $K[a]$ nach Definition und Bemerkung 6 und Teil (ii) von Proposition 1. Mit Folgerung 6 folgt $a \in VSep(A^K) \cap A = VSep(A)$.

ad(ii): Sei $a \in A$ algebraisch über K. Nach Folgerung 6 gilt $a \in VSep(A^K)$ genau dann, wenn $K[a]/rad(K[a])$ separabel ist. Wegen Definition und Bemerkung 6 und Teil (iv) von Korollar 2 ist dies dazu äquivalent, daß $\langle a \rangle_A/rad(\langle a \rangle_A)$ separabel ist.

ad(iii): Sei A kommutativ. Nach Satz 29 ist $VSep(A^K)$ eine Teilalgebra von A^K. Also ist auch $VSep(A) = VSep(A^K) \cap A$ eine Teilalgebra von A.

ad(iv): Sei A kommutativ und endlich-dimensional.

(a): Mit Teil (i) von Satz 30, Teil (ii) von Korollar 2 und der Dedekind-Identität folgt: $Sep(A) = Sep(A^K) \cap A = (VSep(A^K) \oplus_K rad(A)) \cap A$ $= rad(A) \oplus_K (VSep(A^K) \cap A) = rad(A) \oplus_K VSep(A)$.

(c): Offenbar gilt $VSep(A^K) = VSep(A) \oplus_K K1_{A^K}$. Des Weiteren folgt aus $A^K = A \oplus_K K1_{A^K}$, Teil (iv) von Satz 30 und Teil (iv) von Korollar 2: $A = VSep(A) \Longleftrightarrow A^K = VSep(A^K) \Longleftrightarrow A^K$ separabel $\Longleftrightarrow A$ separabel.

(b): Dies folgt aus (c) und Teil (vi) von Satz 11.

(d): Es gelte (1). Aus Teil (iv) von Korollar 2 folgt, daß A^K eine separable Radikalfaktorstruktur besitzt. Mit Teil (v) von Satz 30 ergibt sich $A^K = Sep(A^K)$. Da offenbar $Sep(A^K) = Sep(A) \oplus_K K1_{A^K} \cong_{A_1} (K, Sep(A))$ gilt, folgt nun $Sep(A) = A$. Nun gelte (2). Mit den Teilen (iii) und (iv),(a) folgt dann (3). Die Implikation von (3) nach (4) ist trivial. Schließlich folgt aus (4) mit Teil (b) und Teil (vi) von 11 die Aussage (1).

(e) und (f): Wegen (b) besitzt $VSep(A)$ die gewünschten Eigenschaften. Nach (iv),(a) und (b) und Teil (ii) von Satz 20 ist jede halbeinfache

Teilalgebra von $Sep(A)$ separabel. Sei T eine separable Teilalgebra von A. Mit (c) folgt dann $T = V\,Sep(T) \subseteq V\,Sep(A)$.

(g): Nach (d) besitzt $Sep(A)$ die gewünschte Eigenschaft. Sei T eine Teilalgebra von, die eine separable Radikalfaktorstruktur hat. Mit (d) ergibt sich $T = Sep(T) \subseteq Sep(A)$.⋄

Satz 40 *Sei $a \in A$. Es gelten:*

(i) *Genau dann gilt $a \in D(A)$, wenn $\langle a \rangle_{\mathcal{A}}$ endlich-dimensional, halbeinfach und K ein Zerfällungskörper für $\langle a \rangle_{\mathcal{A}}$ ist.*

(ii) *Genau dann gilt $a \in ZF(A)$, wenn $\langle a \rangle_{\mathcal{A}}$ endlich-dimensional und K ein Zerfällungskörper für $\langle a \rangle_{\mathcal{A}}$ ist.*

(iii) *Genau dann gilt $a \in H(A)$, wenn $\langle a \rangle_{\mathcal{A}}$ endlich-dimensional und halbeinfach ist.*

(iv) *Ist A kommutativ, so ist $D(A)$ eine Teilalgebra von A.*
Ist $D(A)$ zusätzlich endlich-dimensional, so ist $D(A)$ separabel und K ein Zerfällungskörper für $D(A)$.

(v) *Sei A endlich-dimensional und kommutativ.*
Es gelten:

(a) *$ZF(A) = D(A) \oplus_K rad(A)$*
Insbesondere ist $ZF(A)$ eine Teilalgebra von A, und es gilt $rad(ZF(A)) = rad(A)$.

(b) *$D(A)$ ist das einzige Algebrenkomplement von $rad(A)$ in $ZF(A)$.*

(c) *$D(A)$ ist die größte halbeinfache und separable Teilalgebra von A, für die K ein Zerfällungskörper ist. Insbesondere gilt $A = D(A)$ genau dann, wenn A zu $K^{dim_K(A)}$ $\mathcal{A}_1$-isomorph ist.*

(d) *$ZF(A)$ ist die größte Teilalgebra von A, für die K ein Zerfällungskörper ist.*

(e) *Ist $A/rad(A)$ separabel, so gilt $H(A) = V\,Sep(A)$.*

Beweis. ad(i) und (ii): Sei $a \in ZF(A)$ ($a \in D(A)$). Nach dem Chinesischen Restsatz ist $K[a]$ endlich-dimensional (,halbeinfach) und über K zerfallend. Wegen Teil (iii) von Satz 20 besitzt auch die Teilalgebra $\langle a \rangle_{\mathcal{A}}$ von $K[a]$ diese Eigenschaften. Ist umgekehrt K ein Zerfällungskörper für die (halbeinfache) Algebra $\langle a \rangle_{\mathcal{A}}$, so ist wegen Definition und Bemerkung 6 und Teil (ii) von Korollar 2 $K[a]$ (halbeinfach,) endlich-dimensional und K ein Zerfällungskörper für $K[a]$. Wegen des Chinesischen Restsatzes folgt $a \in ZF(A^K) \cap A = ZF(A)$ ($a \in D(A^K) \cap A = D(A)$).

ad(iii): Sei $a \in H(A)$. Dann ist nach dem Chinesischen Restsatz $K[a]$ endlich-dimensional und halbeinfach. Also ist es auch das Ideal $\langle a \rangle_{\mathcal{A}}$ (vgl. Definition und Bemerkung 6). Sei umgekehrt $\langle a \rangle_{\mathcal{A}}$ endlich-dimensional und halbeinfach. Wegen Definition und Bemerkung 6 und Teil (ii) von Korollar 2 gilt dies auch für $K[a]$. Der Chinesische Restsatz zeigt nun $a \in H(A^K) \cap A = H(A)$.

ad(iv): Nach Satz 33 ist $D(A^K)$ eine Teilalgebra von A^K. Also ist auch $D(A) = D(A^K) \cap A$ eine Teilalgebra von A. Offenbar gilt $D(A)^K = D(A) \oplus_K K1_{A^K} \cong_{\mathcal{A}_1} (K, D(A))$. Mit Korollar 2 ergibt sich (iv).

ad(v): (a): Dies folgt mit Teil (i) von Satz 34, Teil (ii) von Korollar 2 und der Dedekind-Identität.

(b): Dies folgt aus (iv), (v),(a) und Teil (vi) von Satz 11.

(c): Nach (iv) und Teil (i) von Korollar 1 besitzt $D(A)$ die angesprochenen Eigenschaften. Sei T eine halbeinfache Teilalgebra von A, für die K ein Zerfällungskörper ist. Nach Teil (ii) von Proposition 1 ist T separabel. Ist nun $t \in T$, so ist nach Teil (iii) von Satz 20 $\langle t \rangle_{\mathcal{A}}$ endlich-dimensional, halbeinfach und über K zerfallend. Mit (i) folgt $t \in D(A)$.

(d) Nach Teil (v),(a) und Teil (iv) besitzt $ZF(A)$ die gewünschten Eigenschaften. Seien T eine Teilalgebra von A, für die K ein Zerfällungskörper ist, und $t \in T$. Wegen Teil (iii) von Satz 20 zerfällt $\langle t \rangle_{\mathcal{A}}$ über K, woraus sich mit (ii) $t \in ZF(A)$ ergibt.

(e) Sei $A/rad(A)$ separabel. Nach Teil (iv) von Korollar 2 ist $A^K/rad(A^K)$ separabel, woraus mit Teil (iv) von Satz 34 $H(A^K) = VSep(A^K)$ folgt. Ein Schnitt mit A ergibt die Behauptung.$\diamond$

Satz 41 *Sei $a \in A$. Es gelten:*

(i) Es sind äquivalent:

   (a) $a \in Sep(A)$

   (b) a besitzt eine allgemeine Jordan-Zerlegung in $\langle a \rangle_{\mathcal{A}}$.

   (c) a besitzt eine allgemeine Jordan-Zerlegung in A.

(ii) a besitzt höchstens eine allgemeine Jordan-Zerlegung in A.

(iii) Sei $(r; s)$ eine allgemeine Jordan-Zerlegung von a in $\langle a \rangle_{\mathcal{A}}$, und seien $f, g \in tK[t]$ mit $r = f(a)$ und $s = g(a)$.

(a) $cl(r) = max(\widetilde{min}_{a,K})$

(b) $\widetilde{min}_{s,K} = halb(\widetilde{min}_{a,K})$

(c) $\widetilde{min}_{s,K} \mid \widetilde{min}_{a,K} \mid \widetilde{min}_{s,K}^{cl(r)}$

(d) Seien $p,q \in tK[t]$.
Genau dann ist $(p(a); q(a))$ eine allgemeine Jordan-Zerlegung von a in A, wenn $p \equiv f \mod \widetilde{min}_{r,K}$ und
$q \equiv g \mod \widetilde{min}_{s,K}$ *gelten.*

(e) Sei ρ die rechtsreguläre Darstellung von $K[a]$.
Die Summanden aus der Primärzerlegung von A^K in $K[a\rho]$-Moduln sind bis auf $K[s\rho]$-Isomorphie genau die irreduziblen $K[s\rho]$-Moduln des $K[s\rho]$-Moduls A^K.
Zu jedem Summanden W aus der Primärzerlegung von A^K in $K[a\rho]$-Moduln gibt es eine Basis B_W von W so, daß $M_B(r\rho_{|W})$ eine strikt untere Dreiecksmatrix ist.

(f) Genau dann gilt $a \in ZF(A)$, wenn $s \in D(A)$ gilt.

Beweis. ad(i): Es gelte (a). Nach Teil (i) von Satz 32 besitzt a eine allgemeine Jordan-Zerlegung in $K[a]$. Nach Definition und Bemerkung 6 und Teil (ii) von Korollar 2 gilt $rad(K[a]) = rad(\langle a \rangle_A)$. Daraus folgt (b). Die Implikation von (b) nach (c) ist trivial. Abschließend gelte (c). Nach Teil (i) von Satz 32 ergibt sich $a \in Sep(A^K) \cap A = Sep(A)$.

ad(ii): Da jede allgemeine Jordan-Zerlegung von a in A auch eine von a in A^K ist, folgt (ii) aus Teil (ii) von Satz 32.

ad(iii): (a),(b): Das ist dieselbe Argumentation wie in (ii). Nur folgen (a) und (b) jetzt aus den Teilen (iii),(a) und (b) von Satz 32 und aus Korollar 6.

(c): Dies folgt aus (a) und (b).

(d): Das ist dieselbe Argumentation wie in (ii).

(e): Das folgt aus Teil (v),(a) von Satz 40.◇

5.8 Auflösbare Algebren

Zum Abschluß dieser Arbeit beantworten wir nun die angesprochene Frage, wann $VSep(A)$ ein Radikalkomplement ist. Dazu ist die nächste Proposition wichtig. Durch die Beantwortung dieser Frage erhält man eine Bechreibung, wie die Radikalkomplemente bei auflösbaren Algebren mit der Menge der vollseparablen Elemente berechnet werden können. Mit dieser Beschreibung endet diese Arbeit. Sie wird im Kontext von Cartan-Teilalgebren assoziierter

Lie-Algebren eine wichtige Rolle spielen. Dieses Thema wird ausführlich in [24] betrachtet. Es zeigt sich, dass derartige Algebren fast genau die Lie-nilpotenten assoziativen Algebren sind.

Proposition 14 *(Radikal und nilpotente Elemente) Sei A eine rechtsartinsche assoziative K-Algebra. Es sind äquivalent:*

(i) $rad(A) = Nil(A)$

(ii) $Nil(A/rad(A)) = \{0_A + rad(A)\}$

(iii) $A/rad(A)$ *ist zu einer direkten Summe von K-Divisionsalgebren $\mathcal{A}_1$-isomorph.*

Beweis. Es gelte $rad(A) = Nil(A)$. Ist $a \in A$ und $a + rad(A)$ nilpotent, so gibt es ein $n \in \mathbb{N}$ mit $a^n \in rad(A)$. Da $rad(A)$ nil ist, existiert ein $m \in \mathbb{N}$ mit $(a^n)^m = 0_A$. Also ist a nilpotent, woraus sich mit $rad(A) = Nil(A)$ $a \in rad(A)$ ergibt.

Es gelte nun $Nil(A/rad(A)) = \{0_A + rad(A)\}$. Ist $a \in Nil(A)$, so gilt $a + rad(A) \in Nil(A/rad(A))$ und damit nach Voraussetzung $a \in rad(A)$. Somit sind (i) und (ii) äquivalent.

Nach dem Hauptsatz von Wedderburn-Artin ist $A/rad(A)$ zu einer direkten Summe von vollen Matrixringen über K-Divisionsalgebren $\mathcal{A}$-isomorph. Sind $n \in \mathbb{N}_{\geq 2}$ und D eine K-Divisionsalgebra, so besitzt $D^{n \times n}$ offenbar nilpotente Elemente ungleich Null. Eine direkte Summe von K-Divisionalgebren enthält jedoch außer der Null keine nilpotenten Elemente. Also sind auch (ii) und (iii) äquivalent.◇

Satz 42 *Seien K ein perfekter Körper und A eine endlich-dimensionale assoziative K-Algebra. Es sind äquivalent:*

(i) $VSep(A)$ *ist ein Radikalkomplement.*

(ii) *Es gibt genau ein Radikalkomplement, und $A/rad(A)$ ist zu einer direkten Summe von K-Divisionsalgebren $\mathcal{A}_1$-isomorph.*

Beweis. Sei $VSep(A)$ ein Radikalkomplement. Da K perfekt ist, ist nach Satz 10 die Bahn von $VSep(A)$ unter $(rad(A); *)$ die Menge der Radikalkomplemente. Offenbar ist $VSep(A)$ unter allen Algebrenautomorphismen invariant. Somit ist $VSep(A)$ nach Bemerkung 8 das einzige Radikalkomplement. Da $Nil(VSep(A)) = \{0_A\}$ gilt, folgt nun $Nil(A/rad(A)) = \{rad(A)\}$, woraus sich mit Proposition 14 (ii) ergibt.

Es gelte nun (ii). Sei T das Radikalkomplement. Ist $x \in VSep(A)$, so folgt aus der Perfektheit von K mit Teil (i) von Satz 39, daß $\langle x \rangle_A$ eine separable Teilalgebra von A ist. Wegen der Perfektheit von K liegt nach Teil (i) von Korollar 3 damit diese separable Teilalgebra in einem Radikalkomplement, also in T. Somit gilt $x \in T$, was $VSep(A) \subseteq T$ zeigt. Sei nun

$t \in T$. Da K perfekt ist, gilt $t \in Sep(A)$. Wegen Teil (i) von Satz 41 existieren $r \in Nil(A)$ und $x \in VSep(A)$ mit $t = r + x$. Mit der vorher gezeigten Inklusion folgt $r \in Nil(T)$. Andererseits gilt nach Proposition 14 $Nil(A/rad(A)) = \{rad(A)\}$. Dies zeigt $Nil(T) = \{0_A\}$, also $r = 0_A$. Somit gilt $t = x \in VSep(A)$. Insgesamt folgt also $T = VSep(A)$, was (i) zeigt.◇

Korollar 7 *Seien K ein perfekter Körper und A eine endlich-dimensional assoziative auflösbare K-Algebra. Es sind äquivalent:*

(i) $VSep(A)$ ist ein Radikalkomplement.

(ii) Es gibt genau ein Radikalkomplement.

Beweis. Da A auflösbar ist, ist $A/rad(A)$ zu einer direkten Summe von Körpern $\mathcal{A}_1$-isomoph. Somit gilt die Behauptung nach Satz 42.◇

Es stellt sich die Frage, ob die Radikalkomplemente im Falle einer auflösbaren Algebra mit der Menge der vollseparablen Elemente der Algebra in Beziehung stehen. Dies ist in der Tat der Fall, wie die letzten Sätze dieser Arbeit zeigen.

Proposition 15 *Seien K ein Körper, A eine endlich-dimensionale assoziative auflösbare K-Algebra, $A/rad(A)$ separabel sowie T eine Teilalgebra von A. Genau dann gilt $T \subseteq VSep(A)$, wenn T kommutativ und separabel ist.*

Beweis. Ist T kommutativ und separabel, so gilt nach Teil (iv),(c) von Satz 40 $T = VSep(T)$. Insbesondere gilt $T \subseteq VSep(A)$.
Es gelte $T \subseteq VSep(A)$. Wegen $Nil(A) \cap VSep(A) = \{0_A\}$ besitzt T keine nilpotenten Elemente ungleich 0_A. Also ist T halbeinfach, und mit Teil (ii) von Satz 20 ergibt sich die Separabilität von T. Insbesondere folgt aus Teil (i) von Korollar 3, daß T in einem Radikalkomplement von A liegt. Da A auflösbar ist, ist dieses Radikalkomplement kommutativ. Folglich ist auch T kommutativ.◇

In dem folgenden Satz zeigen wir, dass im auflösbaren Fall die Radikalkomplememte maximal vollseparable kommutative Teilalgebren sind. Dies bedeutet in dem angedeuteten Kontext von assoziierten Lie-Algebren in [24], dass die Radikalkomplemente maximale Tori sind.

Satz 43 *Seien K ein Körper, A eine endlich-dimensionale assoziative auflösbare K-Algebra, $A/rad(A)$ separabel sowie T eine Teilmenge von A. Es sind äquivalent:*

(i) T ist ein Radikalkomplement in A.

(ii) T ist unter den in V Sep(A) enthaltenen Teilalgebren von A ein bezüglich ⊆ maximales Element.

Beweis. Sei T ein Radikalkomplement in A. Dann ist offenbar T kommutativ und separabel. Aus Proposition 15 folgt damit $T \subseteq VSep(A)$. Sei nun H eine Teilalgebra von A, für die $T \subseteq H \subseteq VSep(A)$ gilt. Dann ist H nach Proposition 15 eine separable Teilalgebra von A. Wegen Teil (i) von Korollar 3 gibt es dann ein $r \in rad(A)$ mit $H^{(r)} \subseteq T$. Also ergibt sich wegen $dim_K(H) = dim_K(H^{(r)})$ (vgl. Bemerkung 8) schon $T = H$.

Sei nun T unter den in $VSep(A)$ enthaltenen Teilalgebren von A ein bezüglich ⊆ maximales Element. Da $A/rad(A)$ separabel ist, gibt es nach Satz 8 ein Radikalkomplement X in A. Wegen Proposition 15 ist T eine separable Teilalgebra von A. Also gibt es nach Teil (i) von Korollar 3 ein $r \in rad(A)$ mit $T^{(r)} \subseteq X$. Aus Bemerkung 8 ergibt sich weiter, daß mit T auch $T^{(r)}$ ein unter den in $VSep(A)$ enthaltenen Teilalgebren von A bezüglich ⊆ maximales Element ist. Somit gilt $T^{(r)} = X$, und nach Bemerkung 8 ist damit T ein Radikalkomplement in A.◇

Mit diesem Satz können nun die beiden Extremfälle der Teilmenge $VSep(A)$ für auflösbare Algebren beschrieben werden.

Korollar 8 *Seien K ein Körper, A eine endlich-dimensionale assoziative auflösbare K-Algebra sowie A/rad(A) separabel. Es gelten:*

(i) Genau dann gilt $A = VSep(A)$, wenn A kommutativ und separabel ist.

(ii) Genau dann ist V Sep(A) ein Radikalkomplement, wenn V Sep(A) eine Teilalgebra von A ist.

(iii) Sei K perfekt. Es sind äquivalent:

    (a) Es gibt genau ein Radikalkomplement.

    (b) V Sep(A) ist einziges Radikalkomplement.

    (c) V Sep(A) ist ein Radikalkomplement.

    (d) V Sep(A) ist eine Teilalgebra von A.

    (e) V Sep(A) ist ein Teilraum von A.

    (f) V Sep(A) ist zentral.

Beweis. ad(i): Dies folgt aus Satz 43 und Proposition 15.

ad(ii): Die angesprochene Äquivalenz ergibt sich aus Satz 43.

ad(iii): Die Äquivalenz von (a), (b) und (c) ist die Aussage von Korollar 7. Des Weiteren sind (b) und (d) nach (ii) äquivalent. Offenbar folgt aus Aussage (d) diejenige in (c). Als nächstes zeigen wir die Implikation von (e) nach (b). Sei also $VSep(A)$ ein Teilraum von A. Da K perfekt ist, gibt es nach Satz 8 ein Radikalkomplement T, das nach Satz 43 in $VSep(A)$ enthalten ist. Da $VSep(A) \cap rad(A) = \{0_A\}$ gilt, ergibt sich aus Dimensionsgründen $T = VSep(A)$. Gilt Aussage (b), so folgt aus Korollar 5, daß $VSep(A)$ zentral ist. Sei schließlich $VSep(A)$ zentral. Dann gilt offenbar $VSep(A) = VSep(Z(A))$. Aus Satz 29 ergibt sich dann, daß $VSep(Z(A))$ eine Teilalgebra von $Z(A)$ ist. Also ist auch $VSep(A)$ eine Teilalgebra von $Z(A)$ und damit auch von A.$\diamond$

Als Beispiel zu diesem Korollar betrachten wir noch einmal die Dreiecksmatrizen.

Beispiel 17 Sei $A := \Delta_{u,2}$. Seien $e, r \in A$, so daß $rad(A) = \langle r \rangle_K$ gilt und $C := \langle 1_A, e \rangle_K$ ein Radikalkomplement ist. Dann gilt $r^2 = 0_A$, also $VSep(A) \neq A$. In 11 wurde gezeigt, daß C maximale Bahnlänge besitzt. Insbesondere gibt es mindestens zwei Radikalkomplemente. Ist K perfekt, so gilt also nach Korollar 8, daß $VSep(A)$ nicht einmal ein K-Teilraum ist. In der Tat zeigt eine leichte Rechnung, daß
$VSep(A) = K1_A \cup \{a \mid \exists k, m \in K, l \in K \setminus \{0_K\} : a = k1_A + le + mr\}$ gilt.$\diamond$

Den Abschluß dieser Arbeit bildet der folgende Satz, in dem eine Idee davon vermittelt werden soll, wie das Radikalkomplement bei auflösbaren Algebren berechnet werden kann.

Satz 44 *Seien K ein Körper und A eine endlich-dimensionale assoziative auflösbare K-Algebra mit separabler Radikalfaktorstruktur. Es gelten:*

(i) Ist B unter den linear unabhängigen Teilmengen von $VSep(A)$, deren Elemente paarweise kommutieren, ein bezüglich $\subseteq$ maximales Element, so ist $\langle B \rangle_K$ ein Radikalkomplement.

(ii) Ist B eine Basis eines Radikalkomplementes von A, so ist B unter den linear unabhängigen Teilmengen von $VSep(A)$, deren Elemente paarweise kommutieren, ein bezüglich $\subseteq$ maximales Element.

Beweis. ad(i): Sei $C := \langle B \rangle_A$. Dann ist C eine endlich-dimensionale kommutative K-Algebra. Nach Voraussetzung gilt $B \subseteq VSep(C)$, woraus sich mit Teil (iv),(b) von Satz 39 $C = VSep(C)$ ergibt. Insbesondere ist C separabel, und es gilt $C \subseteq VSep(A)$. Sei X eine Teilalgebra von A, für die $C \subseteq X \subseteq VSep(A)$ gilt. Dann ist X nach Proposition 15 eine kommutative separable K-Algebra. Der Basisergänzungssatz und die Maximalität von B liefern $X = C$. Also ist C nach Satz 43 ein Radikalkomplement. Da C eine kommutative, in $VSep(A)$ enthaltene Teilalgebra von A ist, liefern der Basisergänzungssatz und die Maximalität von B zudem $\langle B \rangle_K = C$. Somit

154

gilt (i).

ad(ii): Sei B eine Basis eines Radikalkomplementes C. Nach Satz 43 ist B eine linear unabhängige Teilmenge von $V\,Sep(A)$, deren Elemente paarweise kommutieren. Sei T eine linear unabhängige Teilmenge von $V\,Sep(A)$, deren Elemente paarweise kommutieren und für die $B \subseteq T$ gilt. Offenbar gilt $\langle B\rangle_A \subseteq \langle T\rangle_A$. Aus Teil (iv),(b) von Satz 39 ergibt sich, daß $\langle T\rangle_A$ eine separable Teilalgebra von A ist, woraus sich mit Teil (iv) von Korollar 3 $\langle B\rangle_A = \langle T\rangle_A$ ergibt. Es folgt nun mit (i) $\langle T\rangle_K \subseteq \langle T\rangle_A = \langle B\rangle_A = \langle B\rangle_K$. Daraus ergibt sich $\mid T \mid \le \mid B \mid$, also insgesamt $B = T.\diamond$

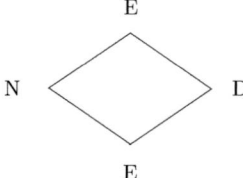

5.9 Offene Fragen

Offene Fragen 2 *Die allgemeine Zerlegungsfrage ist zu lösen, ob es zu einem separablen Element a mit allgemeiner Jordan-Zerlegung $(a_{nil}; a_{vsep})$ einer assoziativen endlich-dimensionalen unitären Algebra A mit separabler Radikalfaktorstruktur stets eine Radikalkomplement T gibt, so dass die allgemeine Jordan-Zerlegung von a mit der, die man durch $A = rad(A) \oplus T$ findet übereinstimmt.*

5.10 Übungsaufgaben

Übungsaufgabe 186 *Wir betrachten den Fall einer zyklischen Gruppe C_n der Ordnung n. Man zeige, dass die Gruppenalgebra zu $K[t]/(t^n - 1)$ isomorph ist. Schreiben wir $t^n - 1 = \prod_k f_k(t)^{m_k}$ für die Primfaktorzerlegung von $t^n - 1$ über $K[t]$, dann gilt nach dem Chinesischen Restsatz welche K-Algebrenisomorphie? Was gilt speziell im Falle von $\mathbb{Q}$? (Hinweis:[26])*

Übungsaufgabe 187 *Man übersetze den folgenden Text von Geoffrey Robinson (siehe [28]) und führe eine geeignete Literaturrecherche durch, um seinen Inhalt zu verstehen. In diesem Text werden die irreduziblen Moduln halbeinfacher kommutativer Gruppenalgebren konstruiert:*

> This is all fairly standard, but here goes. If M is an irreducible KG-module, then (since G is Abelian) we obtain a homomorphism $\theta : G \to \mathrm{End}_{KG}(M)^\times$, so $\theta(G)$ is a finite Abelian subgroup of the group of units of a division algebra (using Schur's Lemma). Hence $\mathrm{Im}\theta$ is cyclic. In other words, the problem is now reduced to proving the result in the case G cyclic. Let us recalibrate notation, and assume that $|G| = r$ and $G = \langle g \rangle$ is cyclic. Let us consider out irreducible KG module M and θ as before. Let $\theta(g)$ have order d (we could actually assume that $d = r$ at this point, given what has gone before, but let us work in greater generality). Let $f(x) \in K[x]$ be the minimum polynomial of $\theta(g)$. Then $f(x)$ must be irreducible, for if $p(x) \in K[x]$ is an irreducible factor of $f(x)$, then $p(\theta(g))$ is not invertible, so must be the zero matrix, as it commutes with all of $\theta(G)$. Also, $f(x)$ divides $x^d - 1$, since $\theta(g)$ has order d, and $f(x)$ does not divide $x^h - 1$ (hence is coprime to it) for $0 < h < d$. Each eigenvalue of $\theta(g)$ (in a suitable extension of K) is therefore a primitive d-th root of unity. Let ω_d be one of these. By the theory of the rational canonical form, we may choose a K-basis for M such that the matrix X representing $\theta(g)$ with respect to that basis is the companion matrix for $f(x)$. The size of the matrix for $\theta(g)$ is thus $[K(\omega_d) : K] \times [K(\omega_d) : K]$. For each positive integer a coprime to d, and less than d, we may define a new matrix representation ψ of $\langle g \rangle$ by setting $\psi(g) = X^a$ (and following the previous constructions carefully, (up to similarity) there are no other choices for which g can act as a matrix of order exactly d on an irreducible KG-module). This explains how to construct all $\phi(d)$ inequivalent irreducible representations of $\langle g \rangle$ of degree $[K(\omega_d) : K]$ over K (where ϕ is Euler's function).

Übungsaufgabe 188 *Man beweise oder widerlege, ob das Zentrum folgender assoziativer Algebren separabel ist:*

(i) $\mathbb{H}$ *als* $\mathbb{R}$-Algebra

(ii) K *als* K-Algebra für einen Körper K

(iii) $\mathbb{R}$ *als* $\mathbb{Q}$-Algebra

(iv) $K^{n \times n}$ *als* K-Algebra für einen Körper K und ein $n \in \mathbb{N}$

(v) $A^{n \times n}$ als K-Algebra für eine separable K-Algebra A und einen Körper K

(vi) $A^{n \times n}$ als K-Algebra für eine separable kommutative K-Algebra A und einen Körper K

(vii) $A(a, b, K)$ für einen Körper K mit $char(K) \neq 2$

(viii) $A(a, b, K)$ für einen Körper K mit $char(K) = 2$

(ix) $\Delta_{u,n}$ als $\mathbb{R}$-Algebra und ein $n \in \mathbb{N}$

(x) $\Delta_{o,n}$ als $\mathbb{Q}$-Algebra und ein $n \in \mathbb{N}$

(xi) $\mathbb{H} \times \mathbb{R} \times \mathbb{R}^{2 \times 2}$ als $\mathbb{R}$-Algebra

(xii) eine komplexe endlich-dimensionale assoziative unitäre Algebra

(xiii) eine komplexe endlich-dimensionale assoziative kommutative unitäre Algebra

(xiv) eine komplexe endlich-dimensionale assoziative unitäre halbeinfache Algebra

(xv) eine komplexe endlich-dimensionale assoziative unitäre kommutative halbeinfache Algebra

(xvi) eine nilpotente komplexe Algebra

(xvii) eine nilpotente Algebra

(xviii) $A \times B$ für assoziative endlich-dimensional unitäre Algebren mit separablen Radikalfaktorstrukturen

(xix) $A \times B$ für assoziative endlich-dimensional unitäre auflösbaren Algebren mit separablen Radikalfaktorstrukturen

(xx) $A \otimes B$ für assoziative endlich-dimensional unitäre Algebren mit separablen Radikalfaktorstrukturen

(xxi) $A \otimes B$ für assoziative endlich-dimensional unitäre auflösbaren Algebren mit separablen Radikalfaktorstrukturen

Übungsaufgabe 189 In Übungsaufgabe 188 gebe man – wenn möglich – die Elemente des Zentrums explizit an (intrinsische Beschreibung).

Übungsaufgabe 190 In Übungsaufgabe 188 gebe man – wenn möglich – die Elemente des Zentrums durch Schnittbildung der umfassenden Algebra an (externe Beschreibung).

Übungsaufgabe 191 *In Übungsaufgabe 188 ermittle man – wenn möglich – für die zentralen Elemente eine allgemeine Jordan-Zerlegung.*

Übungsaufgabe 192 *In Übungsaufgabe 188 ermittle man – wenn möglich – das Radikal und ein Radikalkomplement des Zentrums der Algebra. Ist das Radikalkomplement eindeutig?*

Übungsaufgabe 193 *In Übungsaufgabe 188 ermittle man – wenn möglich – die Teilalgebren der separablen, vollseparablen, halbeinfachen, nilpotenten, zerfallenden und diagonalisierbaren Elemente.*

Übungsaufgabe 194 *In Übungsaufgabe 188 ermittle man – wenn möglich – ein Hasse-Diagramm der Teilalgebren der separablen, vollseparablen, halbeinfachen, nilpotenten, zerfallenden und diagonalisierbaren Elemente.*

Übungsaufgabe 195 *In Übungsaufgabe 102 untersuche man das Zentrum von eAe hinsichtlich folgender Fragestellungen:*

(i) Was ist das Zentrum?

(ii) Was sind die Elemente des Zentrums?

(iii) Kann das Zentrum durch Schnittbildung der umfassenden Algebra beschrieben werden?

(iv) Wie zerlegt sich das Zentrum in sein Radikal und ein Radikalkomplement?

(v) Ist das Radikalkomplement des Zentrums eindeutig?

(vi) Was ist die allgemeine Jordan-Zerlegung der zentralen Elemente?

(vii) Wann ist ein zentrales Element halbeinfach?

(viii) Wann ist ein zentrales Element nilpotent?

(ix) Wann ist ein zentrales Element separabel?

(x) Wann ist ein zentrales Element vollseparabel?

(xi) Wann ist ein zentrales Element diagonalisierbar?

(xii) Wann ist ein zentrales Element zerfallend?

(xiii) Man zeichne ein Hasse-Diagramm des Zentrums hinsichtlich der Teilalgebren der separablen, vollseparablen, halbeinfachen, nilpotenten, zerfallenden und diagonalisierbaren Elemente.

Übungsaufgabe 196 *In Übungsaufgabe 103 untersuche man das Zentrum der Zero-Erweiterung hinsichtlich folgender Fragestellungen:*

(i) Was ist das Zentrum?

(ii) Was sind die Elemente des Zentrums?

(iii) Kann das Zentrum durch Schnittbildung der umfassenden Algebra beschrieben werden?

(iv) Wie zerlegt sich das Zentrum in sein Radikal und ein Radikalkomplement?

(v) Ist das Radikalkomplement des Zentrums eindeutig?

(vi) Was ist die allgemeine Jordan-Zerlegung der zentralen Elemente?

(vii) Wann ist ein zentrales Element halbeinfach?

(viii) Wann ist ein zentrales Element nilpotent?

(ix) Wann ist ein zentrales Element separabel?

(x) Wann ist ein zentrales Element vollseparabel?

(xi) Wann ist ein zentrales Element diagonalisierbar?

(xii) Wann ist ein zentrales Element zerfallend?

(xiii) Man zeichne ein Hasse-Diagramm des Zentrums hinsichtlich der Teilalgebren der separablen, vollseparablen, halbeinfachen, nilpotenten, zerfallenden und diagonalisierbaren Elemente.

Die Übungsaufgabe kann unter der zusätzlichen Voraussetzung betrachtet werden, dass A separabel bzw. separabel und kommutativ ist.

Übungsaufgabe 197 *Seien K ein Körper und A eine endlich-dimensionale assoziative auflösbare K-Algebra mit separabler Radikalfaktorstruktur. Ist das Zentrum von A halbeinfach, so ist es separabel, und es stimmt mit dem Schnitt aller Radikalkomplemente von A überein. Gibt es Beispiele hierzu?*

Übungsaufgabe 198 *Man untersuche, ob die Situation in Übungsaufgabe 197 in Übungsaufgabe 102 auftreten kann. Wann genau tritt sie auf?*

Übungsaufgabe 199 *Man untersuche, ob die Situation in Übungsaufgabe 197 in Übungsaufgabe 103 auftreten kann. Wann genau tritt sie auf?*

Übungsaufgabe 200 *Was ist das Radikal der Algebra in Beispiel 12?*

Übungsaufgabe 201 *Jedes idempotente Element einer Algebra ist vollseparabel.*

Übungsaufgabe 202 *Sei A eine assoziative endlich-dimensionale K-Algebra, die eine Basis aus idempotenten Elementen besitzt. Dann ist A die Summe aller Radikalkomplemente.*

Übungsaufgabe 203 *Sei A eine assoziative endlich-dimensionale kommutative K-Algebra, die eine Basis aus idempotenten Elementen besitzt. Dann ist A diagonalisierbar.*

Übungsaufgabe 204 *Sei A eine assoziative endlich-dimensionale K-Algebra, die eine Basis aus vollseparablen Elementen besitzt. Dann ist A die Summe aller Radikalkomplemente.*

Übungsaufgabe 205 *Sei A eine assoziative endlich-dimensionale K-Algebra mit separabler Radikalfaktorstruktur. Ist A die Summe aller Radikalkomplemente, besitzt dann A eine Basis aus vollseparablen Elementen? Gibt es Beispiele hierzu?*

Übungsaufgabe 206 *Sei A eine assoziative endlich-dimensionale K-Algebra mit separabler Radikalfaktorstruktur. Was lässt sich über die Algebra aussagen, wenn die Summe aller Radikalkomplemente mit einen Radikalkomplement zusammenfällt? Gibt es Beispiele hierzu?*

Übungsaufgabe 207 *Man untersuche, ob die Situation in Übungsaufgabe 205 in Übungsaufgabe 102 auftreten kann. Wann genau tritt sie auf?*

Übungsaufgabe 208 *Man untersuche, ob die Situation in Übungsaufgabe 205 in Übungsaufgabe 103 auftreten kann. Wann genau tritt sie auf?*

Übungsaufgabe 209 *Sei A eine assoziative endlich-dimensionale K-Algebra mit separabler Radikalfaktorstruktur. Was lässt sich über die Summe aller Radikalkomplemente hinsichtlich Teilalgebra, Teilraum, Ideal, Rechtsideal und Linksideal aussagen?*

Übungsaufgabe 210 *Wir betrachten für einen Körper K und $a, b \in K$ die Algebra $A := A(a, b, K)$. Man untersuche in den folgenden Fällen für a, b, wieviele paarweise nicht isomorphe Algebren entstehen:*

(i) $K = GF(2)$, $a, b \in K$ beliebig

(ii) $K = GF(4)$, $a, b \in K$ beliebig

(iii) $K := GF(2)(t)$, $a, b \in \{0, 1, t, t^2, t + t^2, t^3\}$

(iv) $K := GF(2)(t_1, t_2)$, $a, b \in \{0, 1, t_1, t_2, t t_1 + t_2, t_1{}^2, t_2{}^2, t_1{}^3, t_1 t_2\}$.

Wieviele Algebren sind jeweils zu betrachten? Wieviele Isomorphiebetrachtungen sind jeweils zu untersuchen?

Übungsaufgabe 211 *In Übungsaufgabe 210 untersuche man folgende Fragestellungen:*

   (i) *Wie zerlegt sich die Algebra in ihr Radikal und ein Radikalkomplement?*

  (ii) *Ist das Radikalkomplement eindeutig?*

 (iii) *Was ist die allgemeine Jordan-Zerlegung der der Algebren-Elemente?*

Übungsaufgabe 212 *In Übungsaufgabe 210 untersuche man folgende Fragestellungen:*

   (i) *Was ist $H(A)$, und wozu ist $H(A)$ isomorph?*

  (ii) *Was ist $D(A)$, und wozu ist $D(A)$ isomorph?*

 (iii) *Was ist $V\,Sep(A)$, und wozu ist $V\,Sep(A)$ isomorph?*

 (iv) *Was ist $rad(A)$, und was ist die Nilpotenzklasse des Radikals?*

  (v) *Was ist $Sep(A)$, und was ist ihr Radikal und ein Radikalkomplement? Ist es eindeutig?*

 (vi) *Was ist $ZF(A)$, und was ist ihr Radikal und ein Radikalkomplement? Ist es eindeutig?*

Übungsaufgabe 213 *Seien K ein Körper, $n \in \mathbb{N}$, A, B eine endlich-dimensionale assoziative unitäre K-Algebren, e ein zentrales Idempotent von A, M ein endliches Monoid und G eine endliche Gruppe. Bei den folgenden Algebren A entscheide man, ob $Nil(A) = rad(A)$ gilt:*

    (i) $\Delta_{u.n}$

   (ii) $\Delta_{o,n}$

  (iii) *KM für kommutatives idempotentes M*

  (iv) *KG für abelsches G*

   (v) *KG für $G = Q_8$ und $K := \mathbb{Q}$*

  (vi) *KG für $G = D_8$ und $K := \mathbb{R}$*

 (vii) *KG für $G = SD_8$ und $K := \mathbb{C}$*

(viii) $K^{n \times n}$

  (ix) $\mathbb{H}$

   (x) *eAe, wobei $rad(A) = Nil(A)$ gilt (siehe Übungsaufgabe 102)*

(xi) Zero-Erweiterung für A, wobei A separabel ist und $Nil(A) = rad(A)$ gilt (siehe Übungsaufgabe 103)

(xii) $A(a, b, K)$ für $char(K) = 2$ und $a, b \in K$

(xiii) $A(a, b, K)$ für $char(K) \neq 2$ und $a, b \in K$

Falls die Bedingung $Nil(A) = rad(A)$ nicht erfüllt ist, untersuche man weiter, unter welchen Voraussetzungen sie erfüllbar ist.

Übungsaufgabe 214 *Seien K ein Körper, $a, b \in K$, $n \in \mathbb{N}$, A, B eine endlich-dimensionale assoziative unitäre K-Algebren, e ein zentrales Idempotent von A, M ein endliches Monoid und G eine endliche Gruppe. Bei den folgenden Algebren A entscheide man, ob $V Sep(A)$ ein Teilraum ist:*

(i) $\Delta_{u.n}$

(ii) $\Delta_{o,n}$

(iii) KM für kommutatives idempotentes M

(iv) KG für abelsches G

(v) KG für $G = Q_8$ und $K := \mathbb{Q}$

(vi) KG für $G = D_8$ und $K := \mathbb{R}$

(vii) KG für $G = SD_8$ und $K := \mathbb{C}$

(viii) $K^{n \times n}$

(ix) $\mathbb{H}$

(x) eAe, wobei $V Sep(A)$ ein Teilraum ist (siehe Übungsaufgabe 102)

(xi) Zero-Erweiterung für A, wobei A separabel ist und $V Sep(A)$ ein Teilraum ist (siehe Übungsaufgabe 103)

(xii) $A(a, b, K)$ für $char(K) = 2$

(xiii) $A(a, b, K)$ für $char(K) \neq 2$

Falls $V Sep(A)$ kein Teilraum ist, untersuche man weiter, unter welchen Voraussetzungen diese Eigenschaft erfüllbar ist. Was bedeutet dies strukturell für die Algebra?

Übungsaufgabe 215 *In Übungsaufgabe 210 bestimme man die Einheiten und die Nullteiler sämtlicher Algebren.*

Übungsaufgabe 216 *Seien $K := GF(2)$, $G = \mathbb{Z}_3$ und $H = \mathbb{Z}_4$. Man bestimme die Einheiten und Nullteiler folgender Algebren:*

(i) KG

(ii) KH

(iii) $KG \otimes KG$

(iv) $KH \times KH$

(v) $K(G \times H)$.

Übungsaufgabe 217 *Seien $K := \mathbb{Q}$ und $a \in K$. Zu der Matrix $M :=$*
$\begin{pmatrix} a & 0_K & 0_K \\ a & 1_K & 0_K \\ a & 1_K & 1_K \end{pmatrix}$ *untersuche man folgende Fragestellungen:*

(i) *Wann ist M separabel?*

(ii) *Was ist im separablen Fall von M eine allgemeine Jordan-Zerlegung von M? Was sind die Minimalpolynome der Komponenten der Jordan-Zerlegung?*

(iii) *Wann ist M zerfallend?*

(iv) *Was ist im zerfallenden Fall von M eine allgemeine Jordan-Zerlegung von M? Was sind die Minimalpolynome der Komponenten der Jordan-Zerlegung?*

(v) *Wann ist M nilpotent?*

(vi) *Wann ist M vollseparabel?*

(vii) *Wann ist M diagonalisierbar?*

Ändern sich die Aussagen für $\mathbb{R}$, $\mathbb{C}$ oder einen endlichen Körper statt $\mathbb{Q}$?

Übungsaufgabe 218 *Man verallgemeinere den Teil (ii) von Beispiel 13 mit Hilfe eines beliebigen Elementes $a \in K$ und der Matrix $M :=$*
$\begin{pmatrix} a & 0_K & 0_K \\ 1_K & 1_K & 0_K \\ 1_K & 1_K & a. \end{pmatrix}$

Übungsaufgabe 219 *Man führe die analogen Überlegungen wie in Beispiel 14 für die Matrix $M := \begin{pmatrix} 1 & 1 & 0 & 0 \\ 0 & 2 & 0 & 0 \\ 0 & 0 & 2 & 1 \\ 0 & 0 & 2 & 3 \end{pmatrix}$ durch. Inwiefern ist dabei der Körper K von Bedeutung?*

Übungsaufgabe 220 *In Übungsaufgabe 219 sowie auch in Beispiel 14 wird die Berechnung von Minimalpolynomen mittels invarianter Unterräume durchgeführt. Dazu beweise man die folgenden Aussagen (siehe z.B. [18], Seite 280ff.) für einen linearen Endomorphismus f eines K-Vektorraums V und f-invariante Unterräume $U_1, \cdots, U_n$:*

(i) $min_{f_{|U_1},K} \mid min_{f,K}$

(ii) $min_{f_{V/U},K} \mid min_{f,K}$

(iii) $min_{f,K} \mid min_{f_{|U_1},K} \cdot min_{f_{V/U},K}$

(iv) *Ist V direkte Summe der Unterräume U_i, so gilt* $min_{f,K} = kgV(min_{f_{|U_1},K}, \cdots, min_{f_{|U_n},K})$.

Inwiefern sind diese Aussagen nun für die obigen Beispiele relevant?

Übungsaufgabe 221 *Seien K ein Körper mit $char(K) = 2$, $a, b \in K$ und $A := A(a, b, K)$. Für die Elemente*

(i) 1

(ii) i

(iii) j

(iv) k

(v) ai

(vi) aj

(vii) ak

(viii) $i + bk$

(ix) $ai + bj$

(x) $1 + i$

(xi) $1 + i + j + k$

bestimme man, wann sie

(a) *halbeinfach*

(b) *vollseparabel*

(c) *separabel*

(d) *nilpotent*

(e) diagonalisierbar

(f) zerfallend

sind. Zusätzlich ermittle man eine allgemeine Jordan-Zerlegung dieser Elemente. Was sind die Ergebnisse, wenn $char(K) \neq 2$ erfüllt ist?

Übungsaufgabe 222 *Im Folgenden betrachten wir Polynome f über Körpern K und die Restklassenalgebra $A_{f,K} := K[t]/(f)$. Für die Kombinationen aus Polynom und Körper*

(i) $K := GF(2); f := (t+1)(t-1)$

(ii) $K := GF(2); f := t^2$

(iii) $K := GF(2); f := (t+1)$

(iv) $K := GF(2); f := t^2 + t + 1$

(v) $K := GF(3); f := (t+1)(t-1)$

(vi) $K := GF(3); f := t^2$

(vii) $K := GF(3); f := (t+1)$

(viii) $K := GF(3); f := (t+a)(t-1)$ für ein $a \in K$ mit $a \neq 0$ und $a \neq 1$

(ix) $K := GF(3); f = t^2 + t + a$ für ein $a \in K$ mit $a \neq 0$ und $a \neq 1$

(x) $K := \mathbb{Q}; f := (t+1)(t-1)$

(xi) $K := \mathbb{Q}; f := t^2$

(xii) $K := \mathbb{Q}; f := (t+1)$

(xiii) $K := \mathbb{Q}; f := t^2 + t + 1$ und

(xiv) $K := \mathbb{R}; f := t^2 + \sqrt{(2)}t + 1$.

Man ermittle jeweils die Struktur von $A_{f,K}$ hinsichtlich

(a) $H(A_{f,K})$

(b) $D(A_{f,K})$

(c) $Sep(A_{f,K})$

(d) $VSep(A_{f,K})$

(e) $rad(A_{f,K})$ und

(f) $ZF(A_{f,K})$.

Man zeichne ein Hasse-Diagramm für alle Kombinationen bzgl. dieser
Teilalgebren für $A_{f,K}$. Wann liegt f in einer dieser Teilalgebren?

Übungsaufgabe 223 *Für die folgenden Kombinationen aus Matrix und
Körper bestimme man eine allgemeine Jordan-Zerlegung, falls sie existiert:*

(i) $K := GF(5); M := \begin{pmatrix} 0_K & 0_K & 0_K \\ 1_K & 0_K & 0_K \\ 1_K & 1_K & 1_K \end{pmatrix}$

(ii) $K := GF(2); M := \begin{pmatrix} 1_K & 0_K & 0_K \\ 1_K & 1_K & 0_K \\ 1_K & 1_K & 1_K \end{pmatrix}$

(iii) $K := GF(2)(t); M := \begin{pmatrix} 0_K & 0_K & 0_K \\ 1_K & 1_K & 0_K \\ 0_K & 0_K & t \end{pmatrix}$

(iv) $K := GF(3)(t); M := \begin{pmatrix} t & 0_K & 0_K \\ 1_K & 0_K & 0_K \\ 1_K & 1_K & 1_K \end{pmatrix}$

(v) $K := \mathbb{R}; M := \begin{pmatrix} 0_K & 0_K & 1_K \\ 0_K & 1_K & 0_K \\ 1_K & 0_K & 0_K \end{pmatrix}$

(vi) $K := \mathbb{C}; M := \begin{pmatrix} 0_K & 0_K & 1_K \\ 0_K & 1_K & 0_K \\ 1_K & 0_K & 0_K \end{pmatrix}$

(vii) $K := \mathbb{Q}; M := \begin{pmatrix} 1_K & 1_K & 1_K \\ 1_K & 1_K & 1_K \\ 1_K & 1_K & 1_K \end{pmatrix}$ *und*

(viii) $K := \mathbb{Q}(i); M := \begin{pmatrix} 1_K & 0_K & 0_K \\ 0_K & 0_K & 0_K \\ i & 1_K & 1_K \end{pmatrix}$.

Wann ist die Matrix zerfallend?

Übungsaufgabe 224 *In Übungsaufgabe 223 ermittle man diejenigen Beispiele, die in $\Delta_{u,3}$ liegen. Nur für diese vgl. man die allgemeine Jordan-
Zerlegung mit der Zerlegung, die man durch die Zerlegung von $\Delta_{u,3}$ als
$D(n,3)$ und $rad(\Delta_{u,3})$ erhält. Mit welchem Radikalkomplement stimmen die
Zerlegungen wieder überein?*

Übungsaufgabe 225 *In Beispiel 5 ermittle man das Minimalpolynom eines beliebigen Elementes dargestellt mit der Basis $\{e, r\}$. Welche Eigenschaften kann man daraus ablesen?*

Übungsaufgabe 226 *In dem Beweis von Proposition 14 werden zwei Aussagen über nilpotente Elemente getroffen. Welche sind dies? Man formuliere diese mathematisch genau und beweise sie!*

Übungsaufgabe 227 *In Anmerkung 27 wird erklärt, warum man die Zerlegungsfrage für auflösbare Algebren als gelöst ansehen kann. Die Algebren aus Proposition 14 nennt man reduziert (oder auch basisch). Zu diesen zählen auch die auflösbaren Algebren (warum?). Man zeige, dass man für diese mit einer ähnlichen Argumentation wie in Anmerkung 27 die Zerlegungsfrage als geklärt ansehen kann.*

Übungsaufgabe 228 *Man lese sich die Abhandlung über den Chinesischen Restsatz in wikipedia.de durch.*

Übungsaufgabe 229 *Man formulieren den Chinesischen Restsatz in der in diesem Kapitel benötigten Fassung und Beweise ihn (vgl. Übungsaufgabe 228.*

Übungsaufgabe 230 *Man beweise die Proposition 12.*

Übungsaufgabe 231 *Man beweise die Proposition 13.*

Übungsaufgabe 232 *Sei G eine endliche Gruppe der Ordnung r. Man zeige, dass im abelschen Fall die Aussage $\mid G \mid = \sum\limits_{d \mid r} \mid \{a \mid a \in G, o(a) = d\} \mid$ gilt. Gilt auch die Umkehruhn hierzu? Was gilt speziell im zyklischen Fall von G?*

Übungsaufgabe 233 *Seien G eine endliche Gruppe der Ordnung r und K ein Körper. Wann ist KG diagonalisierbar?*

Übungsaufgabe 234 *Was ist der kleinste Teilkörper K oberhalb von $\mathbb{Q}$, so dass für jede endliche abelsche Gruppe G die Gruppenalgebra KG diagonalisierbar ist? Welche Bedeutung hat dieser Teilkörper in der Theorie der algebraischen Zahlkörper?*

Übungsaufgabe 235 *Seien G eine endliche abelsche Gruppe und K ein Körper, so dass KG halbeinfach ist. Wann stimmt die Anzahl der irreduziblen Charaktere mit $\mid G \mid$ überein?*

Übungsaufgabe 236 *Im Folgenden betrachten wir kommutative Gruppenalgebren zu abelsche Gruppen G über Körpern K:*

(i) $K := \mathbb{C}$; $G := Z_2$

(ii) $K := \mathbb{C}$; $G := Z_{49}$

(iii) $K := \mathbb{C}$; $G := Z_{81}$

(iv) $K := \mathbb{C}$; $G := Z_{3969}$

(v) $K := \mathbb{C}$; $G := Z_{7938}$

(vi) $K := \mathbb{R}$; $G := Z_2$

(vii) $K := \mathbb{R}$; $G := Z_{49}$

(viii) $K := \mathbb{R}$; $G := Z_{81}$

(ix) $K := \mathbb{R}$; $G := Z_{3969}$

(x) $K := \mathbb{R}$; $G := Z_{7938}$

(xi) $K := \mathbb{Q}(i)$; $G := Z_2$

(xii) $K := \mathbb{Q}(i)$; $G := Z_{49}$

(xiii) $K := \mathbb{Q}(i)$; $G := Z_{81}$

(xiv) $K := \mathbb{Q}(i)$; $G := Z_{3969}$

(xv) $K := \mathbb{Q}(i)$; $G := Z_{7938}$

(xvi) $K := \mathbb{Q}$; $G := Z_2$

(xvii) $K := \mathbb{Q}$; $G := Z_{49}$

(xviii) $K := \mathbb{Q}$; $G := Z_{81}$

(xix) $K := \mathbb{Q}$; $G := Z_{3969}$ und

(xx) $K := \mathbb{Q}$; $G := Z_{7938}$.

Man ermittle – wenn möglich – eine Basis und die Dimension folgender Teilalgebren von KG:

(a) $H(KG)$

(b) $D(KG)$

(c) $Sep(KG)$

(d) $VSep(KG)$

(e) $rad(KG)$ und

(f) $ZF(KG)$.

Die Ergebnisse visualisiere man durch ein Hasse-Diagramm für alle Kombinationen. Zusätzlich berechne man – wenn möglich – die allgemeine Jordan-Zerlegung der Elemente von KG, zerlege die Gruppenalgebra bis auf Isomorphie in Körper, ermittle die irreduziblen Charaktere von KG und insbesondere ihre Anzahl.

Übungsaufgabe 237 *Im Folgenden betrachten wir kommutative Gruppenalgebren zu abelsche Gruppen G über Körpern K:*

(i) $K := GF(2);\ G := Z_4$

(ii) $K := GF(2);\ G := Z_2 \times Z_9$

(iii) $K := GF(2);\ G := Z_2 \times Z_2 \times Z_{5^2} \times Z_7$

(iv) $K := GF(2);\ G := Z_{2^3} \times Z_{3^3}$

(v) $K := GF(4);\ G := Z_4$

(vi) $K := GF(4);\ G := Z_2 \times Z_9$

(vii) $K := GF(4);\ G := Z_2 \times Z_2 \times Z_{5^2} \times Z_7$

(viii) $K := GF(4);\ G := Z_{2^3} \times Z_{3^3}$

(ix) $K := GF(3);\ G := Z_9$

(x) $K := GF(3);\ G := Z_9 \times Z_4$

(xi) $K := GF(3);\ G := Z_9 \times Z_5$

(xii) $K := GF(3);\ G := Z_{17^2} \times Z_{11}$

(xiii) $K := GF(9);\ G := Z_9$

(xiv) $K := GF(9);\ G := Z_9 \times Z_4$

(xv) $K := GF(9);\ G := Z_9 \times Z_5$ *und*

(xvi) $K := GF(9);\ G := Z_{17^2} \times Z_{11}$.

Man ermittle – wenn möglich – eine Basis und die Dimension folgender Teilalgebren von KG:

(a) $H(KG)$

(b) $D(KG)$

(c) $Sep(KG)$

(d) $V\,Sep(KG)$

(e) $rad(KG)$ und

(f) $ZF(KG)$.

Die Ergebnisse visualisiere man durch ein Hasse-Diagramm für alle Kombinationen. Zusätzlich berechne man – wenn möglich – die allgemeine Jordan-Zerlegung der Elemente von KG, zerlege das Radikalkomplement der Gruppenalgebra bis auf Isomorphie in Körper, ermittle die irreduziblen Charaktere von dieses Komplementes und insbesondere ihre Anzahl.

Anhang A

Über einen Satz von Thorsten Bauer

Wie wir in Kapitel 3, Abschnitt 2 dieser Arbeit angedeutet haben, scheint der Beweis des Satzes 5.4 in [2] lückenhaft zu sein. Deswegen werden wir in diesem Anhang den Beweis der zweiten Behauptung dieses Satzes erneut führen und den kompletten Satz danach auf nicht notwendig unitäre Algebren übertragen. Worin die Lücke der in [2] geführten Argumentation besteht, wird deutlich, wenn wir den hier geführten Beweis mit dem aus [2] vergleichen.

A.1   Der Beweis

Für unseren Beweis sind einige Vorbereitungen notwendig.

Lemma 9 *(Einheitengruppe der Radikalfaktorstruktur) Seien K ein Körper und A eine endlich-dimensionale assoziative unitäre K-Algebra. Es gilt $E(A)/(1_A + rad(A)) = E(A/rad(A))$.*

Beweis. Sei $x \in E(A)$. Es gilt $x(1_A + rad(A)) = x + xrad(A) = x + rad(A) \in E(A/rad(A))$. Sei $a + rad(A) \in E(A/rad(A))$. Dann gibt es ein $b \in A$, so daß $ab \in 1_A + rad(A)$ gilt. Dies zeigt $ab \in E(A)$. Wegen Theorem 1.2.1 in [4] ist a eine Einheit oder ein Nullteiler von A. Im ersten Fall schließen wir $a + rad(A) = a(1_A + rad(A)) \in E(A)/(1_A + rad(A))$. Ist a ein Nullteiler von A, so gibt es ein $0_A \neq c \in A$ mit $ca = 0_A$. Also gilt auch $cab = 0_A$. Da jedoch ab eine Einheit von A ist, ergibt sich $c = 0_A$, was ein Widerspruch ist.⋄

Neben diesem doch eher elementaren Lemma benötigen wir zudem den folgenden sehr tiefliegenden Satz von Stuth (vgl. Corollary 5.3.1.2 in [8]).

Satz 45 *(Stuth) Sei D ein Schiefkörper. Ist U ein auflösbarer Subnormalteiler von E(D), so ist U zentral. Insbesondere folgt aus der Auflösbarkeit von E(D), daß D ein Körper ist.*◇

Es sei angemerkt, daß Hua in [5] darauf hingewiesen, aber nicht bewiesen hat, daß ein Schiefkörper genau dann ein Körper ist, wenn seine Einheitengruppe auflösbar ist.

Nun können wir die Idee von Thorsten Bauer vervollständigen.

Satz 46 *(Bauer) Seien K ein Körper mit $\mid K \mid > 3$ und A eine endlichdimensionale assoziative unitäre K-Algebra. Ist E(A) auflösbar, so ist A auflösbar.*

Beweis: Da $E(A)$ auflösbar ist, ergibt sich auch die Auflösbarkeit der Faktorgruppe $E(A)/(1_A + rad(A))$. Wegen Lemma 9 ist somit auch $E(A/rad(A))$ auflösbar. Aus dem klassischen Satz von Wedderburn-Artin über die Struktur assoziativer Algebren folgt, daß es endlich-dimensionale assoziative K-Divisionsalgebren $D_1, ..., D_r$ und $n_1, ..., n_r \in \mathbb{N}$ gibt, so daß $A/rad(A) \cong_{\mathcal{A}_1} \bigoplus_{i=1}^{r} D_i^{n_i \times n_i}$ gilt. Somit gibt es zu jedem $i \in \underline{r}$ eine zu $K^{n_i \times n_i}$ $\mathcal{A}_1$-isomorphe Teilalgebra von $A/rad(A)$. Daraus schließen wir, daß zu jedem $i \in \underline{r}$ eine zu $GL(n_i, K)$ isomorphe Untergruppe in $E(A/rad(A))$ enthalten ist. Da diese nach Voraussetzung auflösbar ist, folgt aus 6.10 in [6], daß für alle $i \in \underline{r}$ $n_i = 1$ gilt. Folglich ist $A/rad(A)$ zu einer direkten Summe von Schiefkörpern isomorph. Da nach Voraussetzung sämtliche Einheitengruppen dieser Schiefkörper auflösbar sind, sind sie nach dem Satz von Stuth 45 sogar abelsch. Folglich ist A nach Definition auflösbar.◇

Zum Vergleich sei an dieser Stelle der Beweis von Thosten Bauer zitiert (vgl. Satz 5.4 in [2]).

> Sei $\mid K \mid > 3$ und sei $E(A)$ als Gruppe auflösbar. Dann ist $E(A)/(1_A + rad(A))$ auflösbar. Da $A/rad(A)$ isomorph zu einer direkten Summe von Matrixringen ist, ist $E(A)/(1_A + rad(A))$ isomorph zu einem direkten Produkt von vollen linearen Gruppen. Die volle lineare Gruppe $GL(n, K)$ ist jedoch für Körper mit $\mid K \mid > 3$ nur dann auflösbar, wenn $n = 1$ gilt (vgl. [6], 6.10). Es folgt, daß $A/rad(A)$ isomorph zu einer direkten Summe von Grundkörpern ist.

Es ist zu erkennen, wie das Lemma 9 und der Satz von Stuth 45 diese Idee vervollständigen.

Wie angekündigt werden wir zum Abschluß dieses Anhangs den kompletten Satz 5.4 in [2] auf nicht notwendig unitäre Algebren erweitern.

Satz 47 *Seien K ein Körper und A eine endlich-dimensionale assoziative K-Algebra. Ist A auflösbar, so ist $Q(A)$ auflösbar. Besitzt K mehr als drei Elemente und ist $Q(A)$ auflösbar, so ist A auflösbar.*

Beweis. Sei zunächst A auflösbar. Dies ist nach Teil (i) von 16 dazu äquivalent, daß (K, A) auflösbar ist. Aus Satz 5.4 in [2] ergibt sich somit die Auflösbarkeit von $E(K, A)$ und daher nach Teil (v),(c) auch die von $Q(K, A)$. Da offenbar $Q(A)$ zu einer Untergruppe von $Q(K, A)$ isomorph ist, folgern wir die Auflösbarkeit von $Q(A)$.

Sei nun $Q(A)$ auflösbar und $\mid K \mid > 3$. Aus dem Lemma 2.1.2 in [22] folgern wir die Auflösbarkeit von $Q(K, A)$. Also ist nach Teil (v),(c) von 2 auch $E(K, A)$ auflösbar. Mit 46 ergibt sich daraus die Auflösbarkeit von (K, A), woraus wir mit Teil (i) von 16 die Auflösbarkeit von A erschließen.$\diamond$

Zusammen mit Satz 15 erhalten wir nun einen Zusammenhang zwischen auflösbaren Gruppen, Algebren und Lie-Algebren:

Satz 48 *Seien K ein Körper mit mindestens 4 Elementen und der Charakteristik ungleich 2 sowie A eine endlich-dimensionale assoziative K-Algebra. Es sind äquivalent:*

(i) A ist auflösbar.

(ii) A° ist auflösbar.

(iii) $Q(A)$ ist auflösbar.

Ist A zusätzlich unitär, so sind die Aussagen zu der Auflösbarkeit von $E(A)$ äquivalent.$\diamond$

A.2 Übungsaufgaben

Übungsaufgabe 238 *Seien A eine assoziative K-Algebra und I ein Ideal von A. Wahr oder falsch:*

(i) Ist I nilpotent, so ist $1 + I$ ist ein nilpotenter Normalteiler von $1 + rad(A)$ und von $E(A)$.

(ii) Ist I nilpotent, so ist I ein nilpotenter Normalteiler von $Q(A)$ und $rad(A^\star)$.

(iii) Ist I nilpotent, so ist $Q(A)/I$ zu $Q(A/I)$ isomorph.

(iv) Ist I nilpotent, so gilt $Q(A)/I = Q(A/I)$.

(v) Ist I nilpotent, so ist $E(A)/(1 + I)$ zu $E(A/I)$ isomorph.

(vi) Ist I nilpotent, so ist $E(A)/(1 + I) = E(A/I)$.

Übungsaufgabe 239 *Sei A eine endlich-dimensionale assoziative unitäre K-Algebra. Wahr oder falsch:*

(i) *Gilt char(K) = 2, so ist die Auflösbarkeit von A, E(A) und A° gleichwertig.*

(ii) *Gilt | K | ≤ 3, so ist die Auflösbarkeit von A, E(A) und A° gleichwertig.*

(iii) *Gilt char(K) ≠ 2 und | K | ≥ 4, so ist die Auflösbarkeit von A, E(A) und A° gleichwertig.*

Übungsaufgabe 240 *Sei A eine endlich-dimensionale assoziative K-Algebra. Wahr oder falsch:*

(i) *Gilt char(K) = 2, so ist die Auflösbarkeit von A, Q(A) und A° gleichwertig.*

(ii) *Gilt | K | ≤ 3, so ist die Auflösbarkeit von A, Q(A) und A° gleichwertig.*

(iii) *Gilt char(K) ≠ 2 und | K | ≥ 4, so ist die Auflösbarkeit von A, Q(A) und A° gleichwertig.*

Übungsaufgabe 241 *Seien K ein Körper, $a, b \in K$, $n \in \mathbb{N}$, A, B eine endlich-dimensionale assoziative unitäre K-Algebren, e ein zentrales Idempotent von A, M ein endliches Monoid und G eine endliche Gruppe. Bei den folgenden Algebren A untersuche man, wann A, A° und E(A) bzw. Q(A) auflösbar sind und berechne ihre auflösbare Stufe:*

(i) $\Delta_{u,n}$

(ii) $\Delta_{o,n}$

(iii) *KM für kommutatives idempotentes M*

(iv) *KG für abelsches G*

(v) *KG für $G = Q_8$ und $K := \mathbb{Q}$*

(vi) *KG für $G = D_8$ und $K := \mathbb{R}$*

(vii) *KG für $G = SD_8$ und $K := \mathbb{C}$*

(viii) $K^{n \times n}$

(ix) $\mathbb{H}$

(x) *eAe, wobei A auflösbar ist (siehe Übungsaufgabe 102)*

(xi) *Zero-Erweiterung für A, wobei A separabel und auflösbar ist (siehe Übungsaufgabe 103)*

(xii) $A(a, b, K)$ *für* $char(K) = 2$

(xiii) $A(a, b, K)$ *für* $char(K) \neq 2$

Abbildungsverzeichnis

Literaturverzeichnis

[1] Eiichi Abe, Hopf Algebras, Cambridge University Press, 1977

[2] Thorsten Bauer, Über die Struktur der Solomon-Algebren, Bayreuther Mathematische Schriften, Heft 63, 2001, 1-102

[3] Charles W. Curtis, Irving Reiner, Representation theory of finite groups and associative algebras, Interscience Publishers, New York, London, 1962

[4] Yurij A. Drozd, Vladimir V. Kirichenko, Finite dimensional algebras, Springer-Verlag, Berlin-Heidelberg, 1994

[5] L.K. Hua, Some properties of s-fields, Proc. Nat. Acad. Sci. U.S.A. 35, 1949, 533-537

[6] Bertram Huppert, Endliche Gruppen I, Springer-Verlag, Berlin, 1967

[7] Gregory Karpilovsky, The jacobson radical of group algebras, Elsevier, Amsterdam, 1987

[8] Gregory Karpilovsky, Unit groups of classical rings, Clarendon Press, Oxford, 1988

[9] Max-Albert Knus u.a., The book of involutions, AMS Colloquium Publications, Volume 44, 1998

[10] Hartmut Laue, Algebra II, Lecture Notes am Mathematischen Seminar der Christian-Albrechts-Universität zu Kiel, Sommersemester 2012

[11] Hartmut Laue, Assoziative Algebren, Vorlesung am Mathematischen Seminar der Christian-Albrechts-Universität zu Kiel, Wintersemester 1997/1998

[12] A. Malcev, On the represantation of an algebra as a direct sum of the radical and a semi-simple subalgebra, C. R. (Doklady) Acad. Sci. URSS (N.S.) 36, 1942, 42-45

[13] I. B. S. Passi, D. S. Passman, S. K. Sehgal, Lie solvable group rings, Can. J. Math., Vol. XXV, No. 4, 1973, 748-757

180

[14] D. S. Passman, Observations on group rings, Communications in Algebra, 5(11), 1977, 1119-1162

[15] S. Perlis - G.L. Walker, Abelian group algebras of finite order, Trans. Amer. Math. Soc. 68, 1950, pp. 420-426

[16] Richard Pierce, Associative algebras, Springer-Verlag, New York, 1982

[17] K. W. Roggenkamp, Cohomology of Lie-algebras, groups and algebras, Seminar Series in Mathematics, Algebra 1, Ovidius university, Mai 1994.

[18] Günter Scheja, Uwe Storch, Lehrbuch der Algebra, Teil 2, B.G. Teubner, Stuttgart, 1988

[19] Ian Stewart, Martin Golubitsky, Coordinate Changes for Network Dynamics, preprint, June 15, 2015

[20] Dimitrij A. Suprunenko, Matrix groups, AMS, Providence, Rhode Island, 1976, Translations of Mathematical Monographs, Volume 45

[21] David J. Winter, Abstact Lie algebras, Cambridge, Massachusetts, London, England, 1972

[22] Sven Wirsing, Über Einheitengruppen modularer Gruppenalgebren, AVM-Verlag, 2012

[23] Sven Wirsing, Über die Struktur der Solomon-Tits-Algebren der symmetrischen Gruppen, disserta-Verlag, 2015

[24] Sven Wirsing, Maximal nilpotente Teilstrukturen I, disserta-Verlag, 2015

[25] Fuzhen Zhang, Matrix-Theorie, Springer-Verlag, New York, 1999

[26] http://math.stackexchange.com/questions/1006540

[27] http://wikipedia.org/wiki/Companion matrix

[28] http://mathoverflow.net/questions/208713/irreducible-characters-of-finite-abelian-groups

Index

181

182